普通高等教育机械设计制造及其自动化系列教材

机械制图技术实践

主　编　朱　爽　　周文婷

副主编　彭　胡　　王　琳　　张　贺

　　　　赵　群

参　编　王炳达　　潘萍萍　　王　石

　　　　白　斌　　杜建军　　赵海翔

北京理工大学出版社

BEIJING INSTITUTE OF TECHNOLOGY PRESS

内 容 简 介

本书在内容编排上，包括零件测绘和 AutoCAD 实训两部分内容，力图使本书能够匹配机械类、近机类专业的应用。本书从工程实际出发，以应用为目的，采用项目导向、任务驱动的编写形式，以具体零件为例，根据零件的结构特点和复杂程度，按照渐进的教学模式设计项目任务。

本书中所有的标准件、公差选择、技术要求及附录都摘录自现行的国家标准，有利于学生跟紧时代步伐。

本书适合作为高等院校相关课程的教学用书。

图书在版编目(CIP)数据

机械制图技术实践 / 朱爽，周文婷主编. --北京：北京理工大学出版社，2023.11

ISBN 978-7-5763-3114-1

Ⅰ.①机… Ⅱ.①朱… ②周… Ⅲ.①机械制图-高等学校-教材 Ⅳ.①TH126

中国国家版本馆 CIP 数据核字(2023)第 211035 号

责任编辑：陆世立　　**文案编辑**：李　硕

责任校对：刘亚男　　**责任印制**：李志强

出版发行 / 北京理工大学出版社有限责任公司

社　　址 / 北京市丰台区四合庄路 6 号

邮　　编 / 100070

电　　话 / (010) 68914026（教材售后服务热线）

(010) 68944437（课件资源服务热线）

网　　址 / http://www.bitpress.com.cn

版 印 次 / 2023 年 11 月第 1 版第 1 次印刷

印　　刷 / 涿州市新华印刷有限公司

开　　本 / 787 mm×1092 mm　1/16

印　　张 / 13

字　　数 / 305 千字

定　　价 / 40.00 元

前　言

机械制图(工程制图)是高等院校机械类和近机类专业的一门重要基础课，机械制图技术实践则是这门课程的重要实践教学环节。本书通过零件测绘和AutoCAD实训，培养学生的空间想象能力、绘图能力和动手能力，巩固机械制图(工程制图)所学知识，为后续相关课程打下坚实的基础，同时也是学生综合运用所学知识解决工程实际问题的重要起点。

本书具有以下特点：

(1)内容全面，涵盖面广。本书在内容编排上，包括零件测绘和AutoCAD实训两部分内容，力图使本书能够匹配机械类、近机类专业的应用。

(2)从工程实际出发，以应用为目的。本书采用项目导向、任务驱动的编写形式，以具体零件为例，根据零件的结构特点和复杂程度，按照渐进的教学模式设计项目任务。

(3)理论联系实际。本书以培养学生动手能力、实践能力、空间想象能力、绘图能力及综合运用知识解决复杂问题能力为宗旨，紧密联系工程实际，采用大量的工程实际图例，注重培养学生的工程意识。

(4)紧跟时代脚步。本书中所有的标准件、公差选择、技术要求及附录都摘录自现行的国家标准，有利于学生跟紧时代步伐。

本书由沈阳工程学院朱爽、周文婷担任主编，彭胡、王琳、张贺、赵群担任副主编，王炳达、潘萍萍、王石、白斌担任参编，广联航发(沈阳)精密装备有限公司的高级工程师赵海翔和沈阳鼓风机集团有限公司的高级工程师杜建军参与编写并担任主审。在本书编写过程中，两位工程师对工程案例的内容编写给予了大力支持，在此致以诚挚谢意。

由于编者能力所限，书中难免存在错漏，在此，请广大读者批评指正。

编　者

目录

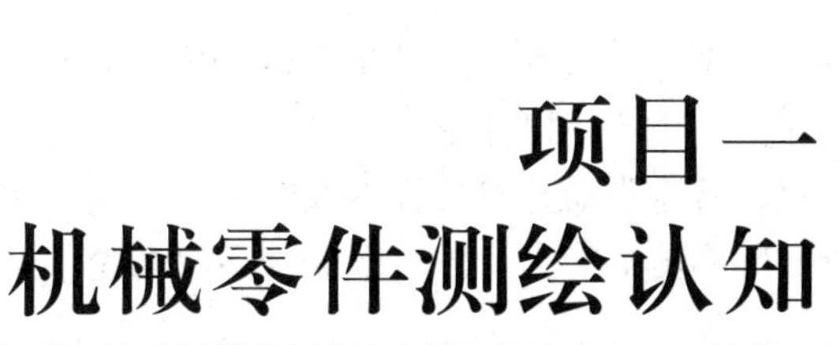

项目一 机械零件测绘认知

测绘就是根据实际物体，测量、绘制出实物图样的过程，其在工程中具有广泛应用，包括大地测绘、航空航天测绘、机械零件测绘等。在无特殊说明情况下，本书所说的测绘均指机械零件测绘。

零件是机械制造过程中的基本单元，其制造过程不需要装配工序，所有部件均由零件装配在一起得到。机械零件测绘就是对现有的机器或零部件实物进行拆卸与分析，并选择合适的表达方案，不用或者只用简单的测绘工具，通过目测，快速徒手绘制出所有零件草图和装配示意图，然后根据装配示意图和零件的实际装配关系，对测得的尺寸和数据进行圆整与标准化，确定零件的材料和技术要求，最后用尺规或计算机绘制出供生产使用的装配工程图样和零件工程图样的过程。零件测绘对推广先进技术、交流生产经验、改造现有设备、技术革新、修配零件等都有重要作用。因此，零件测绘是实际生产中的重要工作之一，是工程技术人员必须掌握的一项基本技能。机械类和近机类各专业的学生都必须参加零件测绘的实训，并把其当作一项基本能力进行训练。

项目描述

本项目重点对机械零件测绘的目的、要求、步骤及使用工具等内容进行讲解。

任务一　零件测绘的基本认知

任务描述：明确零件测绘的课程目标，分析零件测绘的基本要求、测绘步骤以及注意事项。

一、零件测绘课程目标

1. 知识目标

(1) 正确阐释零件测绘的全过程。

(2) 正确使用测绘工具并掌握相应测量方法。

(3) 正确绘制零件草图及工作图。

(4) 正确绘制装配示意图及装配图。

(5) 正确对图纸进行尺寸标注及技术要求注释。

2. 能力目标

(1) 综合运用所学知识进行草图、示意图、零件图和装配图的绘制，使学生能够把所学的理论与工程实际联系起来，达到学以致用的目的。

(2) 培养正确使用参考资料、技术手册、有关标准及规范等的基本能力。

(3) 培养独立分析和解决实际问题的能力，为后续课程学习及今后工作打下基础。

3. 情感目标

(1) 培养相互帮助、相互学习的团队合作精神。

(2) 培养严谨、耐心、细心的工作作风。

(3) 培养独立思考的能力，以及创新精神与意识。

二、零件测绘要求

(1) 各位同学要相互协作、共同讨论。先根据实物弄清装配体的工作原理、传动关系以及各零件的装配关系、结构，再开始绘图。

(2) 草图绘制在草图纸上，由指导教师具体规定。如箱体、箱盖等零件草图绘制在 A3 草图纸上，其余绘制在 A4 草图纸上。

(3) 结合所学知识正确地绘图。图形、尺寸、技术要求及标题栏等内容完整。

(4) 绘制零件有配合关系的尺寸要一致，并查阅相关资料进行确认。

(5) 装配图零件编号整齐、清晰，明细栏填写齐全，其中的标准件根据标准号和规格尺寸绘制，不能随意画。

(6) 绘图符合三等关系，布图均匀，图画整洁，线型字体工整。必要的尺寸标注完整，技术要求及标题栏填写正确。

三、零件测绘的步骤

1. 了解和分析测绘对象

首先应通过收集和查阅有关资料了解组成机器(部件)各零件的名称、材料、主要加工方法，以及它们在机器或部件中的位置、作用及与相邻零件的关系，然后对零件的内、外结构形状特征进行结构分析和形体分析。

2. 做好测绘前的准备工作

强调测绘过程中的设备、人身安全等注意事项。领取装配体和测量工具，准备好绘图工具如图纸、铅笔、橡皮、小刀等。同时，做好测绘场地的清洁工作。了解测绘实训的内容和任务要求，做好人员组织与分工工作，准备好有关资料、拆卸工具、测量工具和绘图工具等必备用品。

3. 零件拆卸

在全面了解机器(部件)后，要对被测机器(部件)进行拆卸。为保证安全和不损坏机件，拆卸前要仔细研究测绘对象的用途、性能、工作原理、结构特点及拆装顺序。零件按顺序拆卸，在桌上摆放整齐，轻拿轻放，对拆下的零件进行登记、分类、编号(使用即时贴标签)，小零件要妥善保管，以防丢失或发生混乱。要注意保护零件的加工面和配合面。测绘完成后，要及时将测绘对象还原为初始状态，零件记录如表 1-1 所示。

表 1-1 零件记录

序号	1	2	3	4	5	6	7	8
零件名称								
零件类别								

零件拆卸的一般方法有以下几种。

(1)螺纹连接的拆卸可用活扳手、梅花扳手、内六角扳手、套筒扳手、螺旋具等工具，圆螺母应该用专用扳手拆卸。

(2)销连接的拆卸。销连接有圆柱销、圆锥销、开口销三种，其中不通孔销连接用拔销专用工具拔销器拆卸，通孔销连接用铜棒从小直径端冲击拆卸，开口销用钳子或拔销钩将其拔出。

(3)键连接的拆卸。普通型平键、半圆键只要沿轴向将连接的盘类零件拆卸即可；钩头型楔键连接可垫钢条后用锤子击出，但最好使用专用工具拉出。

(4)配合轴孔件的拆卸。间隙配合要缓慢地顺着轴线相向推出，操作时要避免零件相对倾斜卡住而划伤配合面；过盈配合的轴孔件，一般不拆卸，如果必须拆卸，可先加热带孔零件，再用专门工具或压力机进行拆卸；过渡配合的轴孔件的拆卸方法是用专用工具顶拔器，也可用铜棒同时敲击轮毂或轮辐的对称部位，还可沿轮周围均匀敲击，使其脱开(注意：要避免打伤零件表面)。

4. 绘制装配示意图

运用国家标准《机械制图》中规定的机构及其组件的简图符号，并采用简化画法和习惯画法，用简单的图线(甚至单线)画出各零件的大致轮廓，表达部件装配关系的图称为装配示意图。它主要表达各零件之间的相对位置、装配与连接关系、传动路线及工作原理等内容，是绘制装配图的重要依据。

5. 确定表达方案

明确所画零件的类型，根据各类型零件的特点和对零件的结构与形体分析，按视图选择原则先确定主视图——最能反映零件形状特征的视图，再根据零件的复杂程度选取必要的其他视图和适当的表达方法，以完整、清晰、简便的表达方案表达清楚零件的内外结构形状。零件草图的视图选择和零件工作图的视图选择要求是相同的。

在方案表达过程中需要注意：

(1)对于同一个零件所选择的表达方案可有所不同，但必须以视图表达清晰和看图方便为前提来选择一组图形；

(2)选用视图、剖视图和断面图时应统一考虑、内外兼顾，同一视图中若出现投影重叠，则可根据需要选用几个图形(如视图、剖视图或断面图)分别表达不同层次的结构形状。

6. 绘制零件草图

根据拆卸的零件，按照大致比例用目测的方法徒手画出具有完整零件图内容的图样称零件草图。因为零件草图一般是测绘现场徒手绘制，尺寸比例需要用肉眼进行判断，因此零件草图只要求图上尺寸与被测零件的实际尺寸大体保持一致即可。同时，零件草图线宽不作严格区分，但线型仍要按国家标准的要求进行选择。零件草图应具有零件工作图的全部内容，包括一组图形、完整的尺寸标注、必要的技术要求和标题栏。草图应做到图形正确、比例匀称、表达清晰、线型分明、工整美观。

在绘制过程中需要注意：

(1)零件的制造缺陷，如砂眼、气孔、刀痕等，以及长期使用所造成的磨损，都不应画出；

(2)零件上有关制造、装配需要的工艺结构，如铸造圆角、倒角、倒圆、退刀槽、凸台、凹坑等都必须画出，不能省略。

7. 测量零件尺寸

尺寸测量应在画出主要图形(按目测尺寸绘制)之后集中进行，切不可边画图，边测量，边标注。要注意测量顺序，先测量各部分的定形尺寸，后测量定位尺寸。测量时应考虑零件各部位的精度要求，将粗略的尺寸和精度要求高的尺寸分开测量。对于某些不便直接测量的尺寸(如锥度、斜度等)，可在测量相关数据后，再利用几何知识进行计算。标注时，注意零件的结构特点，尤其要注意零件的基准及相关零件之间的配合尺寸和关联尺寸。

在标注尺寸时需要先选定基准，测量时，可以分工各自测量部分零件尺寸，同组测量尺寸可以共享并求出平均值后进行标注，防止一次测量误差。在标注过程中需要注意：

(1)集中画出所有的尺寸界线、尺寸线和箭头，再依次测量、逐个记入尺寸数字；

(2)对于零件上标准结构(如键槽、退刀槽、销孔、中心孔、螺纹等)的尺寸，必须查阅相应国家标准，并予以标准化；

(3)相邻零件的相关尺寸(如泵体上螺孔、销孔、沉孔的定位尺寸，以及有配合关系的尺寸等)一定要一致；

(4)处理尺寸数字时，零件的尺寸有的可以直接测量得到，有的要经过一定的运算后才能得到，如中心距等测量所得的尺寸还必须进行尺寸处理。

8. 绘制装配图

根据装配示意图和零件草图绘制装配图是测绘的主要任务之一。装配图不仅要表达装配体的工作原理、装配关系和主要零件的结构形状，还要检查零件草图上的尺寸是否协调合理。在绘制装配图的过程中，若发现零件草图上的形状或尺寸有错，应及时更正后方可继续绘制。画好装配图后必须注明该机械或者部件的规格、性能以及装配、检验和安装尺寸，还必须用文字说明机械或部件在装配调试、安装使用中必须具备的技术条件，最后按规格要求填写零件序号、明细栏和标题栏的各项内容。

9. 绘制零件工作图

根据零件草图，并结合有关零件的图纸资料，用尺规或计算机绘制出零件工作图。由于绘制零件草图时，往往受地点条件的限制，有些问题有可能处理得不够完善。因此在画零件工作图时，还需要对草图进行进一步检查和校对，然后用绘图工具或计算机画出零件工作图。经批准后，整个零件测绘的工作就进行完了。

10. 测绘总结与答辩

测绘工作进行完后，学生对所学知识、技能及学习体会、收获等内容以书面形式写出总结报告，并参加答辩。

任务二　零件测绘常用拆卸工具

任务描述：拆卸零件时，为了不损坏零件和影响装配精度，应在了解装配体结构的基础上选择适当的工具。本任务中介绍常用的拆卸工具，如扳手类、螺钉旋具类、手钳类和手动拉拔器等。

一、扳手类

扳手是一种常用的安装与拆卸工具，是利用杠杆原理拧转螺栓、螺钉、螺母和其他螺纹紧固件的开口或套孔的手工工具。扳手通常用碳素钢或合金材料的结构钢制造。扳手的种类也较多，常用的有活扳手、呆扳手、梅花扳手、内六角扳手、套筒扳手等。

1. 活扳手(GB/T 4440—2022)

活扳手(见图 1-1)又称络扳手，是一种旋紧或拧松有角螺丝钉或螺母的工具。因其开口可以在一定的范围内进行调节，故使用起来很方便。

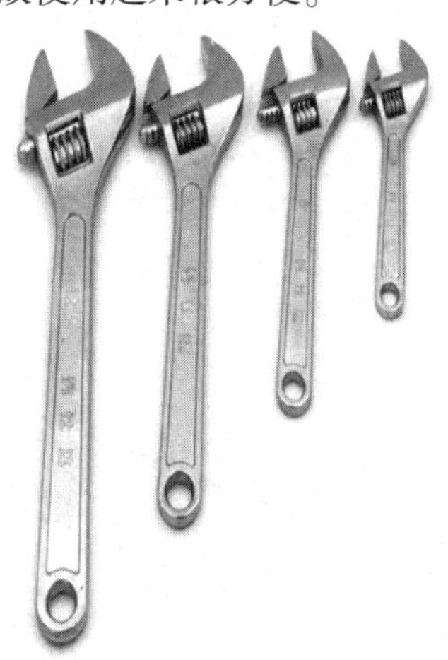

图 1-1　活扳手

活扳手的标记由产品名称、规格和标准编号组成。活扳手由头部和柄部构成，头部由活动板唇、呆板唇、板口、蜗轮和轴销构成。旋转蜗轮可调节板口的大小。规格以长度×最大开口宽度(单位：mm)表示，例如：150×19 表示长度为 150 mm，最大开口宽度为 19 mm。

2. 呆扳手(GB/T 4388—2008)

呆扳手又称开口扳手或死扳手，常用的有 6 件套、8 件套两种，适用范围为 5.5~27 mm。按结构形式不同，呆扳手可分为单头呆扳手(见图 1-2)和双头呆扳手(见图 1-3)两种。

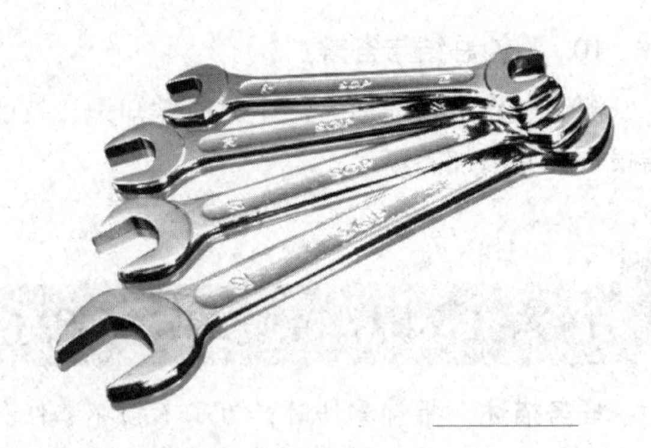

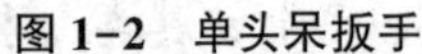

图 1–2　单头呆扳手　　　　图 1–3　双头呆扳手

单头呆扳手由优质中碳钢或优质合金钢整体锻造而成，具有设计合理、结构稳定、材质密度高、抗打击能力强、不折、不断、不弯曲、产品尺寸精度高、经久耐用等特点。其规格以开口宽度(mm)表示，如 8、10、12、14、17 等。

双头呆扳手的制造材料一般选用优质碳钢，通过锻造、整体热处理加工而成。产品必须通过质量检验验证，避免使用过程中由于产品质量问题所造成的人身伤害。双头呆扳手的型号规格以两头开口宽度(mm)表示，如 8×10、9×11、12×14、41×46、50×55、65×75 等。

呆扳手的开口宽度为固定值，使用时不需调整，具有工作效率高的优点；缺点则是每把扳手只适用于一种或两种规格的螺杆、螺母，工作时常常需要成套携带，并且由于只有两个接触面，容易造成被拆卸件的机械损伤。

3. 梅花扳手(GB/T 4388—2008)

梅花扳手又称梅花扭力扳手，分为双头梅花扳手(见图 1–4)和单头梅花扳手两种型式，并按颈部形状不同分为矮颈型、高颈型、直颈型和弯颈型。双头梅花扳手两端呈花环状，内孔是由 2 个正六边形相互同心错开 30°而成。常见的弯头角度在 10°～45°之间，从侧面看旋转螺栓部分和手柄部分是错开的。

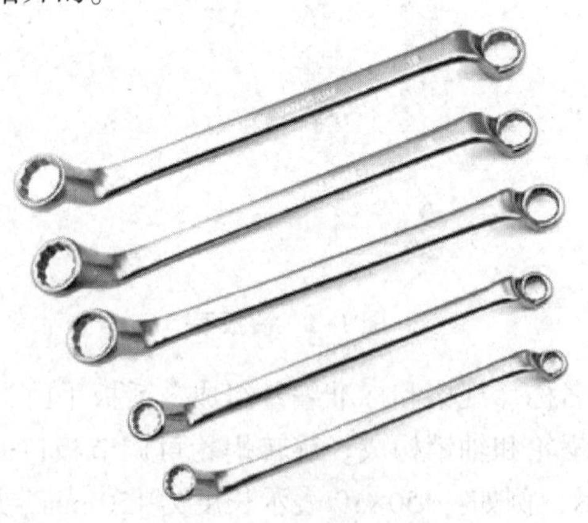

图 1–4　双头梅花扳手

单头梅花扳手的规格以适用的六角头对边宽度(mm)表示，如 8、10、12、14、17、19 等。双头梅花扳手的规格以两头适用的六角头对边宽度(mm)表示，如 8×10、10×11、17×19 等，每次转动角度大于 15°。

梅花扳手占用空间较小，特有的结构使其便于拆卸装配在凹陷空间的螺栓、螺母，并可以为手指提供操作间隙，以防止擦伤。使用时因开口宽度为固定值不需要调整，所以与活扳手相比具有较高的工作效率。用在补充拧紧和类似操作中，可以使用梅花扳手对螺栓或螺母施加大扭矩。梅花扳手的缺点是需要成套装配，使用时要选择与螺栓或螺母大小对应的扳手。

4. 内六角扳手(GB/T 5356—2021)

内六角扳手也叫艾伦扳手，如图 1-5 所示。内六角扳手和其他常见工具之间最重要的差别是它通过扭矩施加对螺钉的作用力，大大降低了使用者的用力强度。

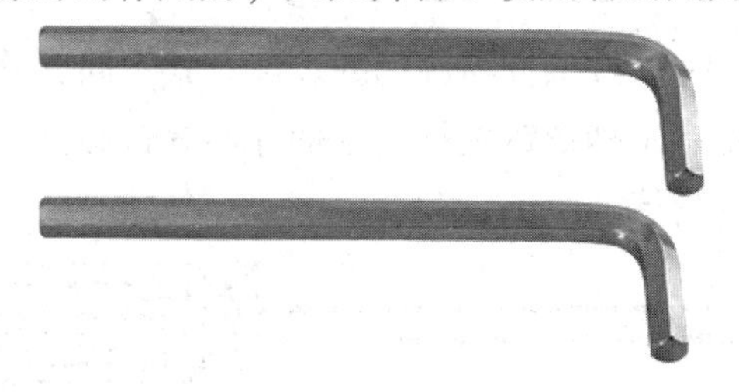

图 1-5　内六角扳手

内六角扳手专用于拆装标准内六角螺钉，其规格以使用的六角孔对边宽度(mm)表示，如 2、2.5、3、4、5、6、7、8、10、12 等。其标记由产品名称、文件编号、规格、长柄型式组成。例如，规格为 12 的标准型内六角扳手标记为：内六角扳手 GB/T 5356-12；规格为 10 的长型内六角扳手标记为：内六角扳手 GB/T 5356-10L；规格为 8 mm 的加长型内六角扳手标记为：内六角扳手 GB/T 5356-8XL。

内六角扳手能够流传至今，并成为工业制造业中不可或缺的得力工具，关键在于它本身所具有的诸多优点，如：结构简单、轻巧；内六角螺丝与扳手之间有 6 个接触面，受力充分且不容易损坏零件；容易制造，成本低廉等。

5. 套筒扳手(GB/T 3390.1—2013～GB/T 3390.5—2013)

套筒扳手(见图 1-6)简称为套筒，由套筒、连接件和传动附件等组成，一般由多个不同规格的组件组成扳手套装。

图 1-6　套筒扳手

套筒扳手的规格以适用的六角孔对边宽度(mm)表示，如10、11、12等。每套内的件数有9件、13件、17件、24件、28件、32件等。套筒扳手用于紧固或拆卸六角头螺栓、螺母，特别适用于拧转位置十分狭小或凹陷很深处的螺栓或螺母。

二、螺钉旋具类

螺钉旋具俗称螺丝刀或起子，常见的螺钉旋具按工作端形状不同分为一字槽、十字槽、内六角花形螺钉旋具等。

1. 一字槽螺钉旋具(QB/T 2564.4—2012)

一字槽螺钉旋具(见图1-7)按旋杆与旋柄的装配方式不同，分为普通式(代号P)和穿心式(代号C)两种，常见类型有木柄螺钉旋具、木柄穿心螺钉旋具、塑料柄螺钉旋具、方形旋杆螺钉旋具、短形柄螺钉旋具等。

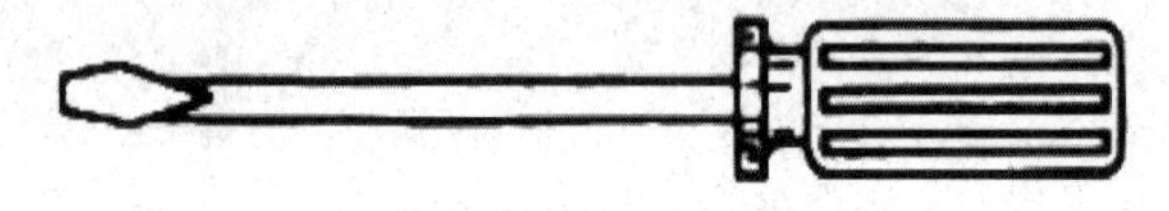

图1-7　一字槽螺钉旋具

一字槽螺钉旋具的规格用旋杆长度(mm)×工作端口厚(mm)×工作端口宽(mm)表示，如50×0.4×2.5、100×0.6×4等。其主要功能是拆装一字槽的螺钉、木螺钉等。

2. 十字槽螺钉旋具(QB/T 2564.5—2012)

十字槽螺钉旋具(见图1-8)按旋杆与旋柄的装配方式不同，分为普通式(代号P)和穿心式(代号C)两种，按旋杆的强度不同分为A级和B级两个等级，常见类型有木柄螺钉旋具、木柄穿心螺钉旋具、塑料柄螺钉旋具、方形旋杆螺钉旋具、短形柄螺钉旋具等。

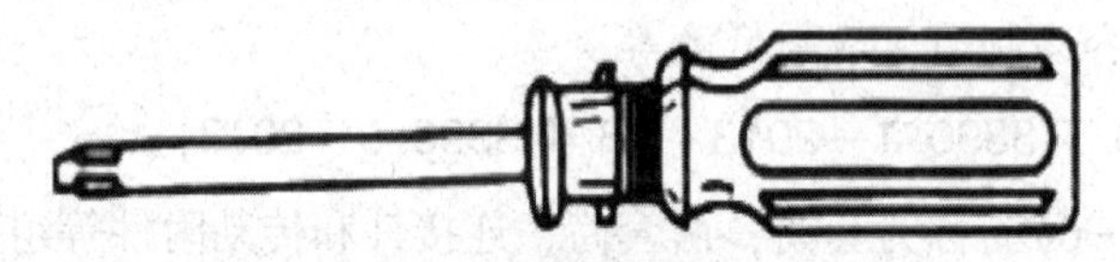

图1-8　十字槽螺钉旋具

十字槽螺钉旋具以旋杆槽号表示，如0、2、3、4等，主要用于紧固或拆卸各种标准十字槽螺钉。

3. 内六角花形螺钉旋具(GB/T 5358—2021)

内六角花形螺钉旋具专用于旋拧内六角螺钉，其外形如图1-9所示。内六角花形螺钉旋具的标记由产品名称、文件编号、工作部槽号、旋杆长度、工作部有无带孔与有无磁性组成。例如，工作部槽号为T8、工作部不带孔的、旋杆长度为75 mm、不带磁性的内六角花形螺钉旋具标记为：内六角花形螺钉旋具GB/T 5358-T8×75。

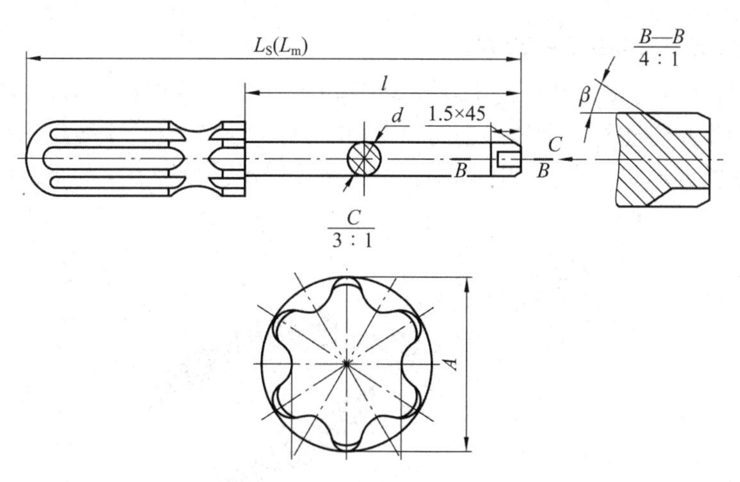

图 1-9　内六角花形螺钉旋具

螺钉旋具除了上述常用的几种之外，还有夹柄螺钉旋具(用于旋拧一字槽螺钉，必要时允许敲击尾部)、多用螺钉旋具(用于旋拧一字槽、十字槽螺钉及木螺钉，可在软质木料上钻孔，并兼作测电笔用)及双弯头螺钉旋具(用于装拆一字槽、十字槽螺钉，适于螺钉工作空间有障碍的场合)等。

三、手钳类

手钳是一种用于夹持、固定加工工件或者扭转、弯曲、剪断金属丝线的手工工具。钳子的外形呈 V 形，通常包括手柄、钳腮和钳嘴 3 个部分。钳子一般用碳素结构钢制造，先锻压轧制成钳胚形状，然后经过磨铣、抛光等金属切削加工，最后进行热处理。手钳类型要是按照形状进行划分，可以分为：尖嘴钳、扁嘴钳、圆嘴钳、弯嘴钳、斜嘴钳、针嘴钳、顶切钳、钢丝钳、花鳃钳等。

1. 尖嘴钳(QB/T 2440. 1—2007)

尖嘴钳(见图 1-10)又称修口钳、尖头钳，它由尖头、刀口和钳柄组成。电工用尖嘴钳的材质一般由 45 钢制作，含碳量 0. 45%，韧性硬度都合适。尖嘴钳是运用杠杆原理的典型工具之一，适合在狭小工作空间夹持小零件和扭曲细金属丝，带刃尖嘴钳还可以切断金属丝。尖嘴钳主要用于仪表、电信器材、电器等的安装及其他维修工作。

常用尖嘴钳的基本尺寸有：140 mm、160 mm、180 mm 等。尖嘴钳的标记由产品名称、公称长度 L 和标准编号组成，例如，公称长度 L 为 140 mm 的尖嘴钳标记为：尖嘴钳 140 mm QB/T 2440. 1—2007。

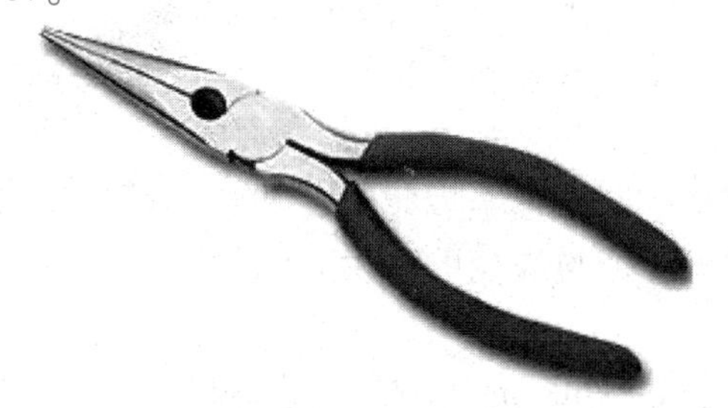

图 1-10　尖嘴钳

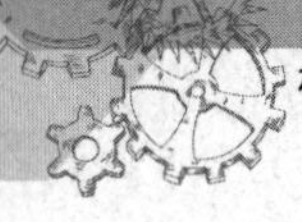

2. 扁嘴钳(QB/T 2440.2—2007)

扁嘴钳(见图 1-11)按钳嘴形式不同分为长嘴(代号 L)和短嘴(代号 S)两种，按手柄是否带塑料套分为带塑料套与不带塑料套两种。扁嘴钳为五金工具，主要用于弯曲金属薄片及金属细丝成为所需的形状。在修理工作中，用以装拔销子、弹簧等，为金属机件装配及电讯工程常用的工具。

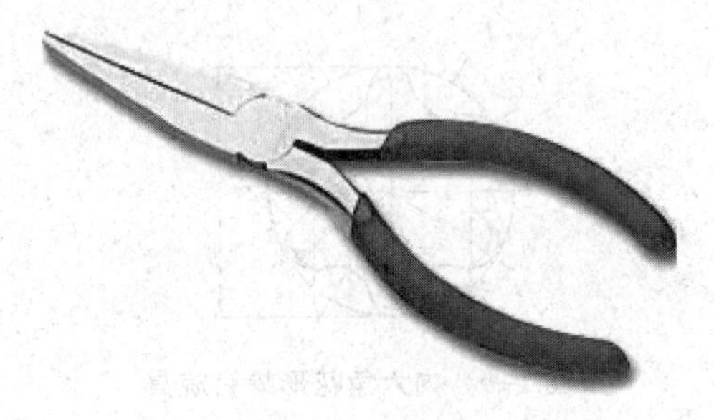

图 1-11 扁嘴钳

常用扁嘴钳的基本尺寸有：短嘴 125 mm、140 mm、160 mm；长嘴 140 mm、160 mm、180 mm 等。扁嘴钳的标记由产品名称、公称长度 *L*、钳嘴类型和标准编号组成，例如，短嘴型，公称长度 *L* 为 140 mm 的扁嘴钳标记为：扁嘴钳 140 mm(S)QB/T 2440.2—2007；长嘴型，公称长度 *L* 为 160 mm 的扁嘴钳标记为：扁嘴钳 160 mm(L)QB/T 2440.2—2007。

3. 弯嘴钳(QB/T 2440.3—2007)

弯嘴钳(见图 1-12)又称弯头钳，分手柄不带塑料套和带塑料套两种。弯嘴钳用于在狭窄或凹陷下的工作空间中夹持零件，以钳全长(mm)表示，有 125、140、160、180、200 等型号。

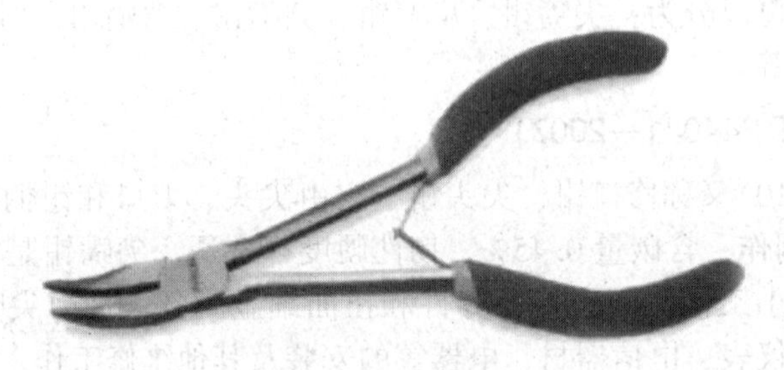

图 1-12 弯嘴钳

4. 钢丝钳(QB/T 2442.1—2007)

钢丝钳(见图 1-13)又称老虎钳、平口钳、综合钳，由钳头和钳柄组成，钳头包括钳口、齿口、刀口和铡口；钳柄分为带塑料套与不带塑料套两种。钢丝钳常用于夹持或弯折薄片形、圆柱形金属零件，其旁刃口也可用于切断细金属丝，带绝缘柄的可供有电的场合使用(工作电压 500 V)。

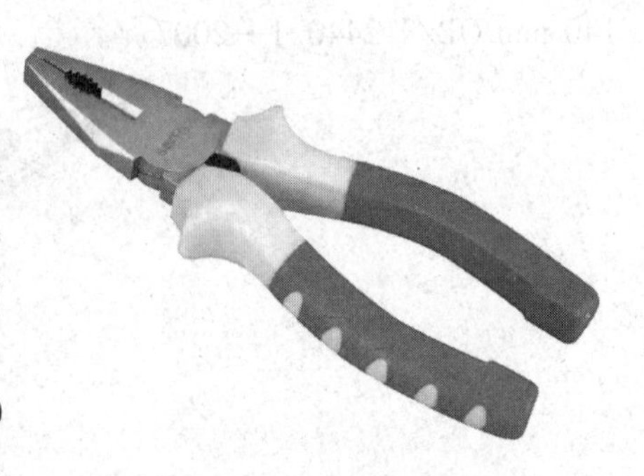

图 1-13 钢丝钳

常用钢丝钳的基本尺寸有：140 mm、160 mm、180 mm、200 mm 等。钢丝钳的标记由产品名称、公称长

度 L 和标准编号组成，例如，公称长度 L 为 200 mm 的钢丝钳标记为：钢丝钳 200 mm QB/T 2442. 1—2007。

5. 管子钳(QB/T 2508—2016)

管子钳如图 1-14 所示，按照钳柄所用材料不同分为铸钢(铁)型(代号 Z)、锻钢型(代号 D)、铸铝型(代号 L)。按管子钳活动钳口螺纹部与钳柄体的位置关系不同分为通用型(无代号)和角度型；按钳柄体是否伸缩分为伸缩型(代号 S)和非伸缩型(无代号)。管子钳主要用于紧固或拆卸金属管和其他圆柱形零件，为管路安装和修理工作的常用工具。

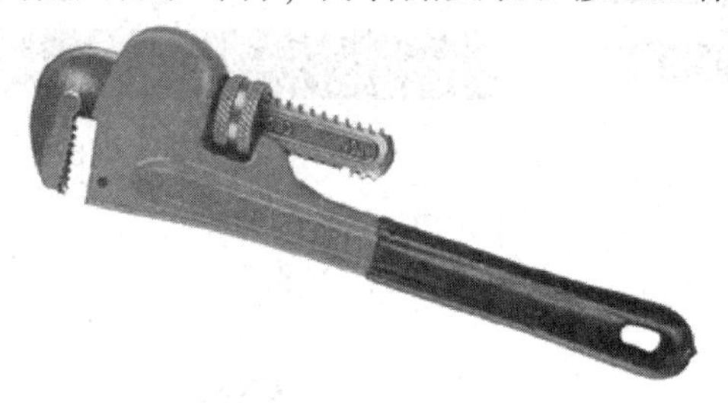

图 1-14　管子钳

常用管子钳的基本尺寸有：200 mm、250 mm、300 mm 等。管子钳的标记由产品名称、标准编号、规格和产品型式代号组成，示例如下。

规格为 350 mm 的锻造通用型管子钳的产品标记为：管子钳 QB/T 2508-350D。

规格为 600 mm 的铸铝通用型管子钳的产品标记为：管子钳 QB/T 2508-600L。

规格为 450 mm 的铸钢(铁)通用型管子钳的产品标记为：管子钳 QB/T 2508-450ZJ。

规格为 108 mm 的伸缩型通用型管子钳的产品标记为：管子钳 QB/T 2508-108S。

四、手动拉拔器(QB/T 5537—2020)

手动拉拔器如图 1-15、图 1-16 所示，主要作用是拉卸轴及轴上零件，如齿轮、轴承、端盖等。常用的形式有机械式拉拔器和液压拉马等。手动拉拔器按照外形不同分为常规型手动拉拔器(代号 C)、横梁手动拉拔器(代号 H)、卡式手动拉拔器(代号 K)；按照拉爪数量不同分为二爪(代号 E)、三爪(代号 S)、二/三爪互换式(代号 T)；按照拉爪形状不同分为双钩(代号 Q)和单钩(代号 B)。

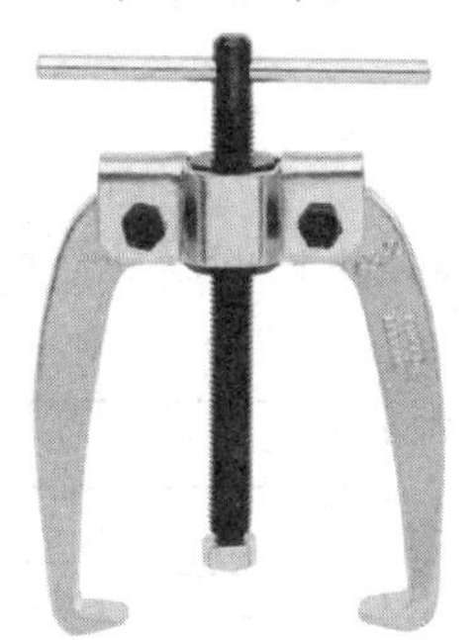

图 1-15　二爪手动拉拔器

图 1-16　三爪手动拉拔器

手动拉拔器的产品标记由产品名称、标准编号、型式代号和规格组成，示例如下。

规格为 200 mm 的常规型二爪双钩手动拉拔器，标记为：手动拉拔器 QB/T 5537-

CEQ-200。

规格为 150 mm 的卡式三爪手动拉拔器，标记为：手动拉拔器 QB/T 5537-KS-150。

五、其他拆卸工具

除了上述介绍的拆卸工具之外，常用的还有铜冲、铜棒，如图 1-17(a)、(b)所示；木锤、橡胶锤、铁锤，如图 1-18(a)、(b)、(c)所示。

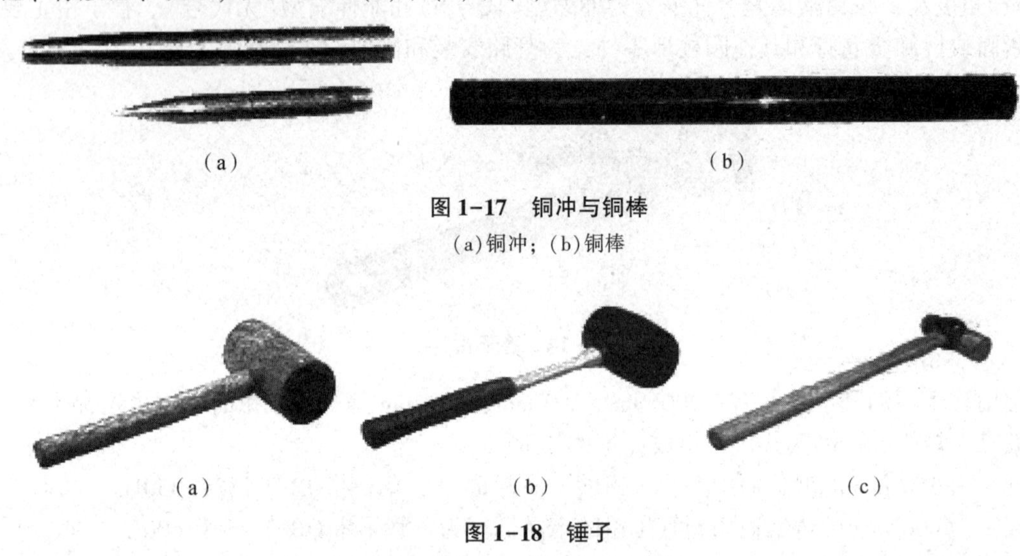

(a)　　(b)

图 1-17　铜冲与铜棒

(a)铜冲；(b)铜棒

(a)　　(b)　　(c)

图 1-18　锤子

(a)木锤；(b)橡胶锤；(c)铁锤

任务三　零件测绘常用测量工具及使用方法

任务描述：一个完整的测绘图，需要具有完备的尺寸、材料、加工面结构要求、精度要求及其他必备的内容。一般测绘图的尺寸，都是用测量工具在零件各个表面测量得到的。测量工具简称量具，是专门用来测量零件尺寸、检验零件形状或者安放位置的工具。各种不同的量具都有不同的适用范围，因此在测绘中应选择合适的量具，按操作规范使用量具。本任务带领同学熟悉量具的种类和用途。

1. 钢板尺的使用方法

钢板尺的外形如图 1-19(a)所示，可以用它来直接测量工件的尺寸。钢板尺测量长度的方法如图 1-19(b)所示。

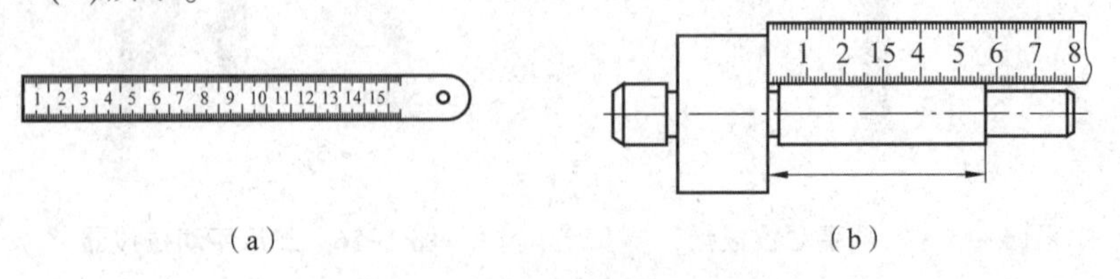

(a)　　(b)

图 1-19　钢板尺的外形及其使用方法

(a)钢板尺的外形；(b)钢板尺测量长度的方法

2. 游标卡尺的使用

游标卡尺是一种常用的量具，具有结构简单、使用方便、精度中等和测量的尺寸范围大等特点，可以用它来测量零件的外径、内径、长度、宽度、厚度、高度、深度、角度、孔距和齿轮的齿厚等，应用范围很广。游标卡尺测量工件内、外径的方法如图 1-20(a)所示，游标卡尺测量工件深度的方法如图 1-20(b)所示。

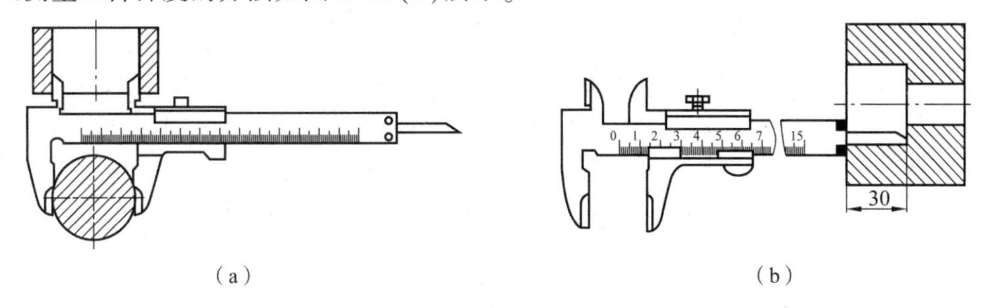

图 1-20　游标卡尺的使用方法

(a)游标卡尺测量工件内、外径的方法；(b)游标卡尺测量工件深度的方法

3. 卡钳的使用

卡钳可以和钢板尺、游标卡尺等结合起来测量工件长度、壁厚、中心距和内腔尺寸等。使用卡钳测量零件尺寸时，经常在卡钳上画辅助线，作为测量位置的标记。卡钳的使用方法如图 1-21 所示。

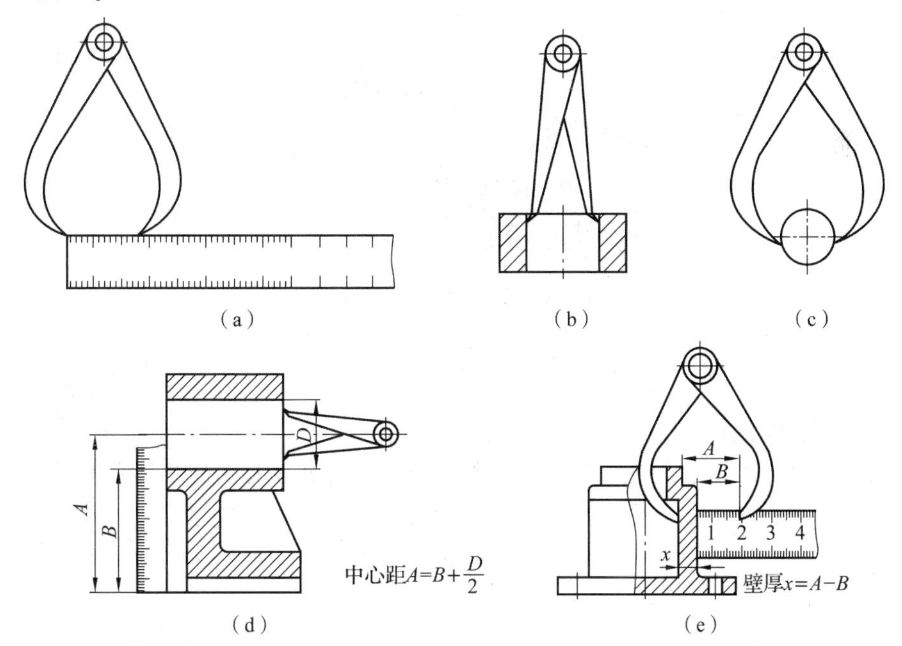

图 1-21　卡钳的使用方法

4. 圆弧规的使用

圆弧规是一组具有不同圆弧的量规，可以用于测量轴类零件变截面处的过渡圆弧。过渡圆弧是轴类零件减少应力集中的有效措施，而过渡圆弧的大小直接影响轴类零件的强度和周

上零件的定位。

圆弧规的使用方法如图 1-22 所示。

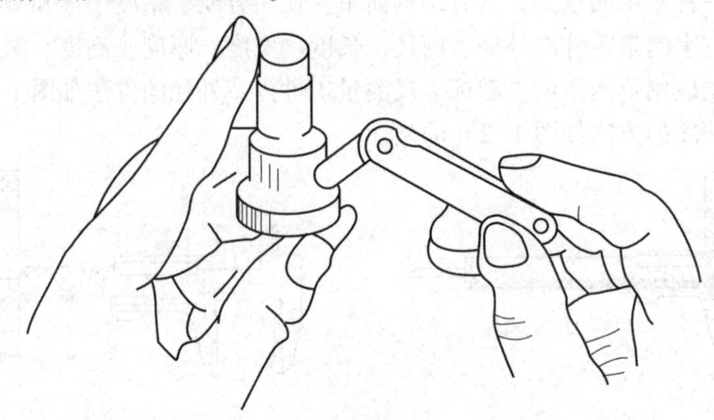

图 1-22　圆弧规的使用方法

5. 螺纹规的使用

螺纹连接是使用最多的一种连接，工业产品和民用产品都使用了大量的螺纹连接。螺纹的主要参数是螺距，螺距的大小主要与螺纹的直径和螺纹类型有关。螺纹规是一组具有不同螺距的样板，可以用来直接测量螺距的大小。三角螺纹规的使用方法如图 1-23 所示。

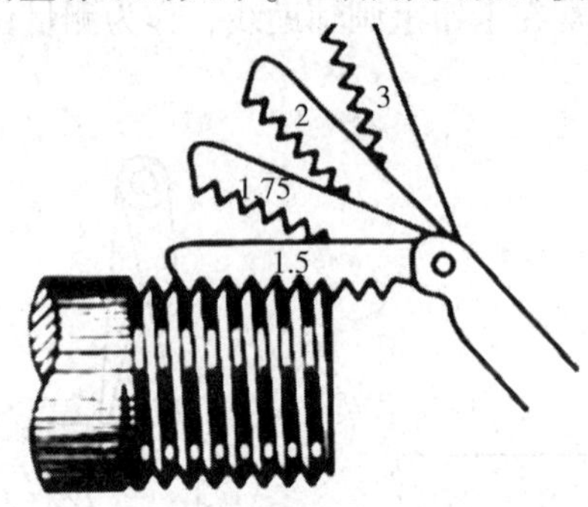

图 1-23　三角螺纹规的使用方法

项目总结

本项目通过 3 个任务，阐明机械测绘的课程目标，叙述零件测绘的要求和步骤，详细介绍了拆卸工具、测量工具的种类和使用方法，为后续零件测绘奠定基础。

项目二 轴套类零件测绘

轴套类零件是轴类与套类零件的总称，是机械部件上的重要零件，包括各种轴、丝杆、套筒等。轴一般用来支承传动零件(如齿轮、带轮等)和传递动力；套一般装在轴上，起轴向定位、传动或连接等作用。

项目描述

本项目介绍轴套类零件的特点和表达方法，通过阶梯轴、螺纹轴和齿轮轴的零件测绘，学习轴套类零件的测绘方法。

任务一　轴套类零件认知

任务描述：分析轴套类零件的作用与结构，制订合理的表达方案，学习尺寸和技术要求的标注方法。

一、轴套类零件的作用与基本结构

轴类零件一般是由同一轴线、不同直径的圆柱体(或圆锥体)所构成，如图 2-1(a)所示。其一般设有键槽、砂轮越程槽(或退刀槽)，为使传动件(或滚动轴承)在轴上定位，有时还要设置挡圈槽、销孔、螺纹等标准结构，还有倒角、中心孔等工艺结构。套类零件是指在回转体零件中的空心薄壁件，由于功用不同，其形状结构和尺寸有很大的差异，常见的有支撑回转轴的各种形式的轴承圈、轴套等，如图 2-1(b)所示。轴套类零件的基本形状是同轴回转体，并且主要在车床上加工，所以其工艺结构以倒角和倒圆、退刀槽和越程槽为主。

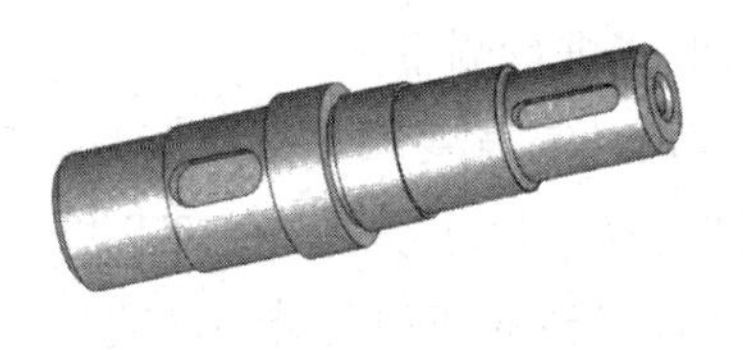

(a)　　(b)

图 2-1　轴套类零件

(a)轴；(b)轴套

二、轴套类零件的视图表达方案

(1)轴套类零件通常在车床上进行加工，为了便于加工看图，轴套类零件的主视图按照其加工位置选择，即将轴线水平放置作为主视图方向。

(2)轴套类零件的其他结构形状如键槽、螺纹退刀槽、砂轮越程槽和螺纹孔等，可以用剖视图、断面图、局部视图和局部放大图等加以补充。对形状简单且较长的零件还可以采用折断的方法表示。

(3)重要的退刀槽、圆角等细节、结构，常用局部放大图表达。

(4)空心套类零件中多存在内部结构，一般采用全剖、半剖或局部剖绘制；实心轴没有剖开的必要。

图 2-2 所示为轴的零件草图，采用一个基本视图加上一系列尺寸，就能表达轴的主要形状及大小。对于轴上的键槽等，采用移出断面图；对于倒角、圆角结构，采用局部放大视图表示，既表达了它们的形状，又便于以后标注尺寸。

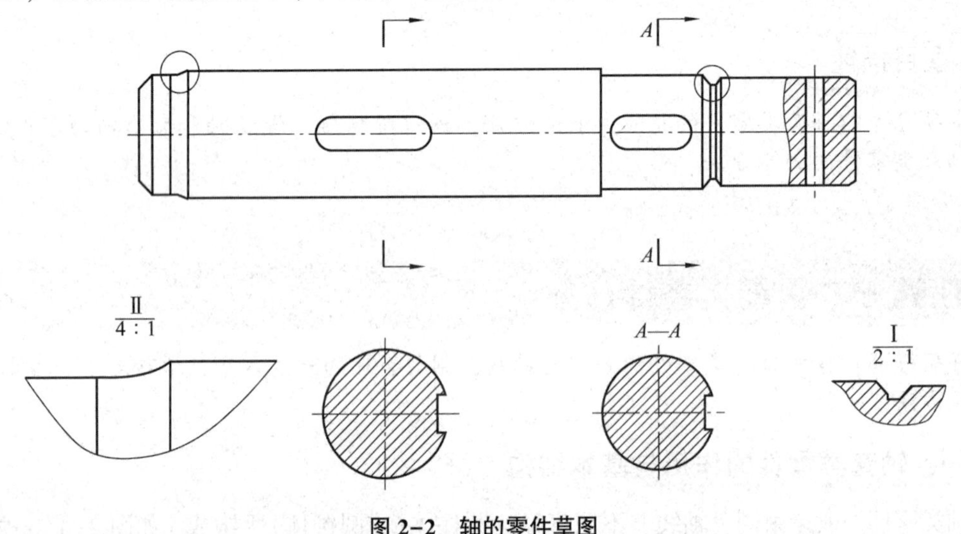

图 2-2　轴的零件草图

三、轴套类零件的尺寸测量

(1)测量前应选择合理的量具，将量具的测量面和零件的外侧表面擦干净，以免脏物影响测量精度。

(2)选择测量基准：尽量按照尺寸标注的形式进行测量。

(3)轴套类零件的尺寸分径向尺寸(即高度尺寸与宽度尺寸)和轴向尺寸。径向尺寸表示轴上各回转体的直径，它以水平放置的轴线作为径向尺寸基准。轴向长度尺寸一般为非功能尺寸，用钢直尺、游标卡尺或千分尺测量各段阶梯长度和轴套类零件的总长度，测出的数据圆整成整数。需要注意的是，轴套类零件的总长度尺寸应直接测量，不要用各段轴向的长度进行累加计算。

(4)键槽尺寸的测量：用游标卡尺测量键槽长度，取整数，如图 2-3(a)所示。键槽宽

度 b、键槽深度 t 需要查表获得，如图 2-3(b)所示。

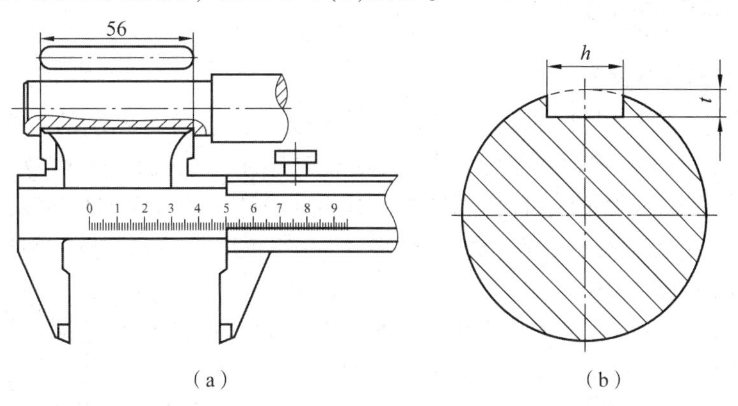

图 2-3　键槽尺寸的测量

(a)键槽长度；(b)键槽宽度、深度

四、轴套类零件的尺寸标注

(1)重要尺寸(如配合部分的轴向长度)应直接标注，加工工序一致的尺寸应集中标注，尺寸标注要便于加工和测量。注意不要将轴标注成封闭尺寸链。

(2)轴与轴上传动零件、滚动轴承的配合关系一般为过渡配合，配合部分需要进行精加工。轴向尺寸应考虑与其他零件有配合关系的轴段。

(3)关键槽的尺寸应集中标注。与孔有关的尺寸应集中标注。明显与车削加工的轴向尺寸不在同一侧，如键槽的尺寸与孔尺寸标在视图上方，轴向尺寸标在视图下方。

(4)对于轴类零件上的标准结构(倒角、退刀槽、越程槽、键槽、中心孔等)，其尺寸应查阅标准手册，按规定标注。

(5)定形尺寸、定位尺寸及总体尺寸应标注。

五、轴套类零件的材料及热处理选择

(1)轴类零件材料：对高转速、受载荷大、精度高的曲轴、汽油机传动轴等零件，常用 20Cr、20CrMnTi、40Cr、40MnB 等合金结构钢或 38CrMoAlA 高级优质合金结构钢；对中等载荷、中等精度要求的机床主轴、减速器轴等零件，常用 35、45、50、40Cr 等结构钢；对受力不大、低转速的螺栓、拉杆、销轴等零件，常用 Q235A、Q275 等普通碳素钢。

(2)套类零件材料：套类零件一般用钢、铸铁、青铜或黄铜制造。滑动轴承宜选用铜料。对于有些要求较高的滑动轴承，为节省贵重材料，采用金属结构，即用离心铸造法，在钢或者铸件的内壁上浇注一层巴氏合金等材料，用来提高轴承的寿命。有些强度要求较高的套则选用优质合金钢。

(3)轴类零件热处理：热处理方法根据所选材料、工作条件和使用要求而确定，轴类零件常用正火、退火、时效、调质、渗碳、渗氮和表面淬火等热处理方法。

(4)套类零件热处理：套类零件常用渗碳、淬火、表面淬火、调质、高温失效和渗氮等热处理方法。

六、轴套类零件的技术要求

1. 轴类零件的技术要求

(1)尺寸精度：轴类零件的要紧表面通常为两类，一类是与轴承的内圈配合的外圆轴颈，即支承轴颈，用于确定轴的位置并支承轴，尺寸精度要求较高，一般为 IT5~IT7；另一类为与各类传动件配合的轴颈，即配合轴颈，其精度稍低，通常为 IT6~IT9。

(2)几何形状精度：轴颈表面、外圆锥面、锥孔等重要表面的圆度、圆柱度，其误差一般应限制在尺寸公差范围内。

(3)位置精度：包括内/外表面、重要轴面的同轴度、圆的径向跳动、重要端面对轴心线的垂直度、端面间的平行度等。

(4)表面粗糙度：轴的加工表面都有粗糙度的要求，一般依照加工的可能性和经济性来确信，如支承轴颈的表面粗糙度为 *Ra*1.6~*Ra*0.4，传动件配合轴颈的表面粗糙度为 *Ra*3.2~*Ra*1.6，接触表面的表面粗糙度为 *Ra*6.3~*Ra*3.2。

(5)其他：热处置、倒角、倒棱及外观修饰等要求。

2. 套类零件的技术要求

(1)内孔与外圆的精度要求：外圆直径精度通常为 IT5~IT7，表面粗糙度为 *Ra*5~*Ra*0.63，要求较高的可达 *Ra*0.04；内孔作为套筒类零件支承或导向的主要表面，要求其尺寸精度一般为 IT6~IT7，为保证其耐磨性要求，对表面粗糙度要求较高(*Ra*2.5~*Ra*0.16)。有的精密套筒及阀套的内孔尺寸精度要求为 IT4~IT5，也有的套筒(如油缸、气缸缸筒)由于与其相配的活塞上有密封圈，故对尺寸精度要求较低，一般为 IT8~IT9，但对表面粗糙度要求较高，一般为 *Ra*2.5~*Ra*1.6。

(2)几何形状精度要求：通常将外圆与内孔的几何形状精度控制在直径公差以内即可；对精密轴套，有时控制在孔径公差的 1/2~1/3，甚至更严格。对较长套筒，除圆度有要求以外，还应有孔的圆柱度要求。为提高耐磨性，有的内孔表面粗糙度要求为 *Ra*1.6~*Ra*0.1，有的甚至高达 *Ra*0.025。套筒类零件外圆形状精度一般应在外径公差内，表面粗糙度为 *Ra*3.2~*Ra*0.4。

(3)位置精度要求：位置精度要求主要应根据套筒类零件在机器中的功用和要求而定。若内孔的最终加工是在套筒装配之后进行，则可降低对套筒内、外圆表面的同轴度要求；若内孔的最终加工是在套筒装配之前进行，则同轴度要求较高，通常同轴度为 0.01~0.06 mm。套筒端面(或凸缘端)常用来定位或承受载荷，对端面与外圆和内孔轴心线的垂直度要求较高，一般为 0.05~0.02 mm。

任务二　阶梯轴测绘

任务描述：测绘图 2-4 所示阶梯轴的零件图。

任务分析：阶梯轴通过连接两个零件，起到连接、支承、传递动力等一系列的作用。阶梯轴的断面形状为中间粗、两端细，这样不仅便于轴上零件的定位、固定和装拆，也有利于各个轴段达到或接近等强度，还能满足不同轴段的不同配合特性、精度和表面粗糙度的要求。图 2-4 所示阶梯轴的形状特征是回转体，在车床上加工时轴线横放，轴上还有螺纹、键槽、退刀槽、倒角等结构，需要注意画法。

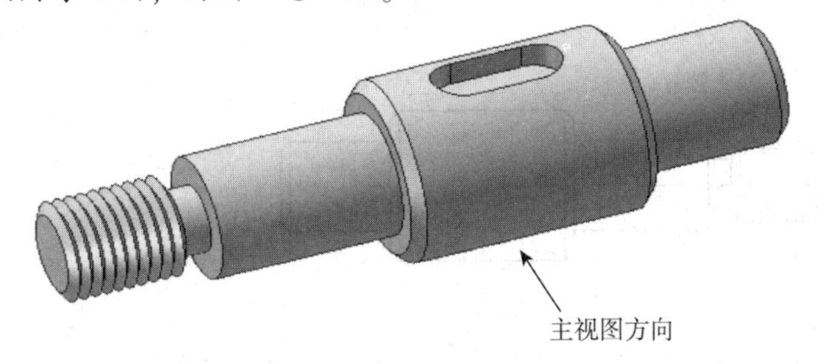

图 2-4　阶梯轴

任务操作步骤：

1. 绘制阶梯轴零件草图

(1) 确定阶梯轴的表达方法。图 2-4 所示阶梯轴在车床上加工时轴线横放，通常用图上标注的主视图方向来表达它的整体结构形状。轴上键槽采用移除断面图和局部剖视图，退刀槽采用局部放大图。

(2) 确定比例和图幅。该阶梯轴的最大尺寸为长度尺寸，用钢板尺测量可知其长度尺寸为 123 mm，结合零件的复杂程度，可采用 1∶1 的绘图比例和 A4 图幅进行绘制。

(3) 定位布局。画出阶梯轴的轴线，然后目测各轴段的大概尺寸，依次画出各轴段左(或右)端面的基准线，如图 2-5 所示。

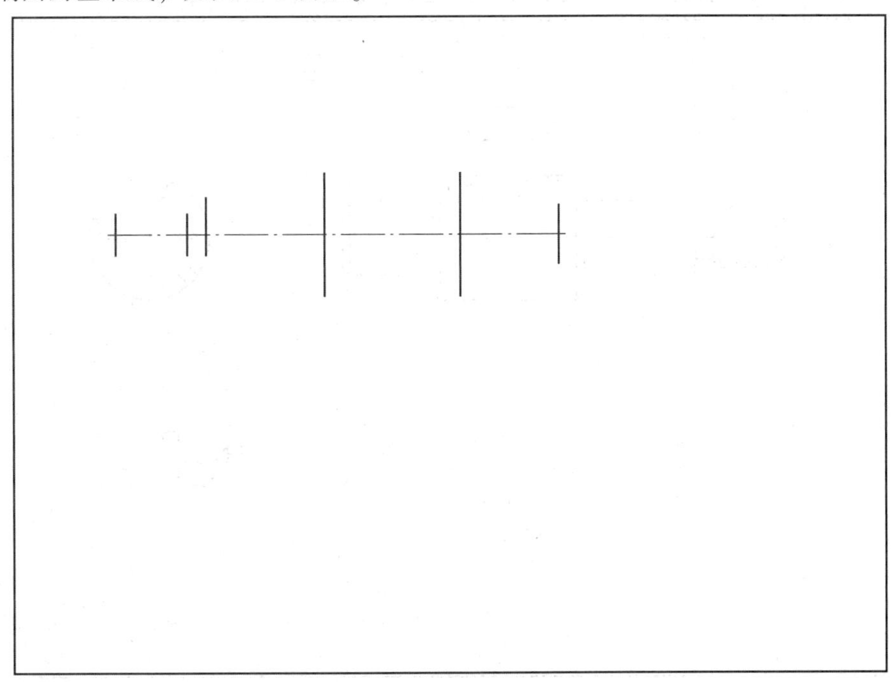

图 2-5　阶梯轴定位布局

(4) 画主视图。图 2-5 所示方向为主视图方向，按照其结构要求，绘制出阶梯轴的外轮廓，如图 2-6 所示。注意阶梯轴中的倒角、砂轮越程槽等结构要绘制清楚。

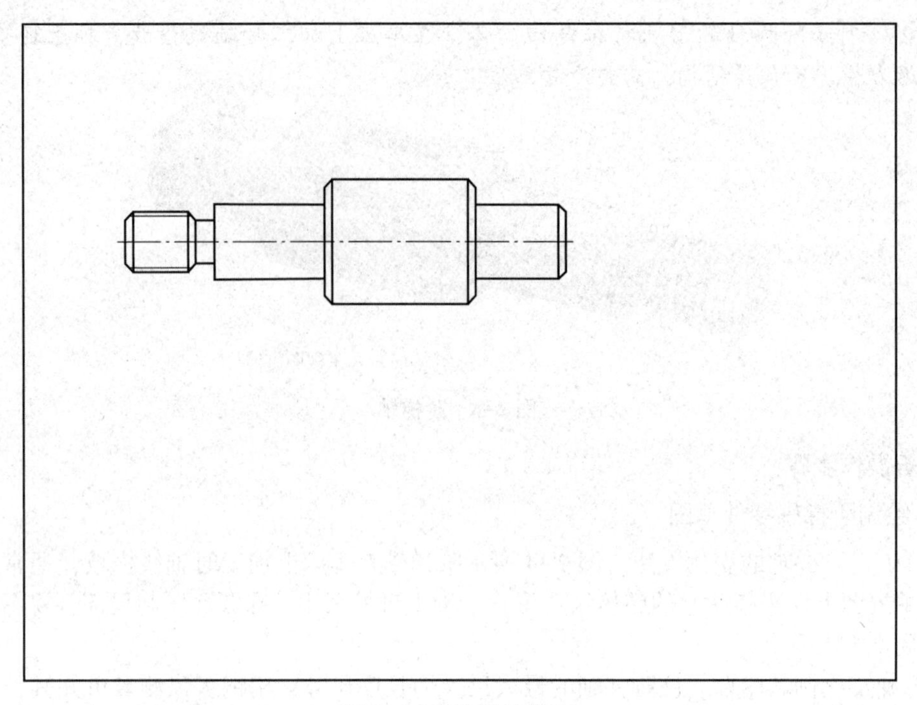

图 2-6　阶梯轴外轮廓

(5)画出其他各视图、断面图等必要的视图。本阶梯轴采用局部剖视图、移出断面图、剖视图和局部放大图等表达方法，表示轴上的键槽、砂轮越程槽。结果如图 2-7 所示。

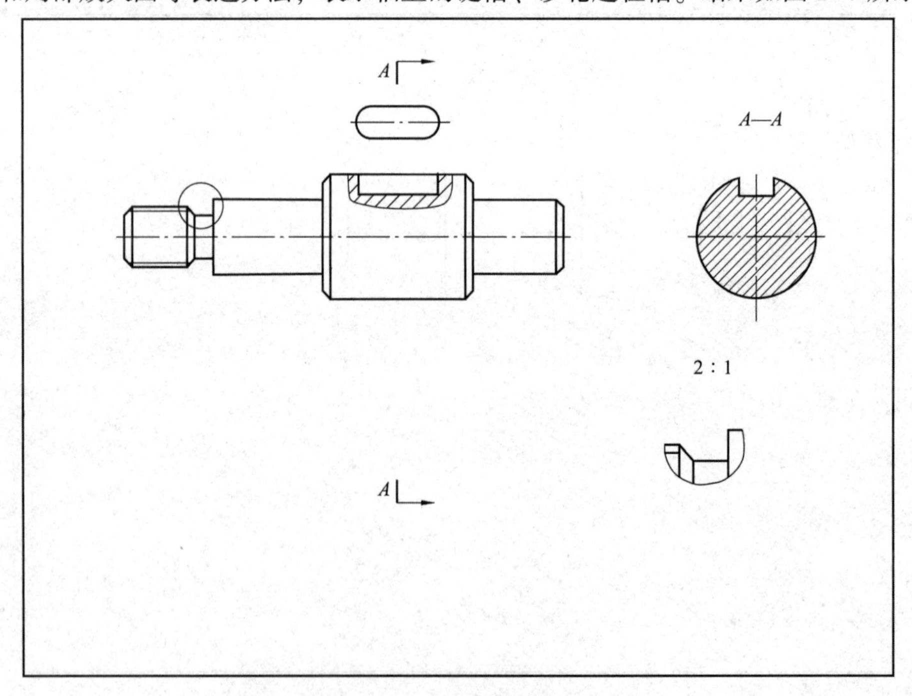

图 2-7　阶梯轴其他视图

2. 测量零件尺寸并标注

(1)量具选用。为测量本阶梯轴尺寸，量具选用钢直尺、螺纹规、游标卡尺等，如图2-8所示。

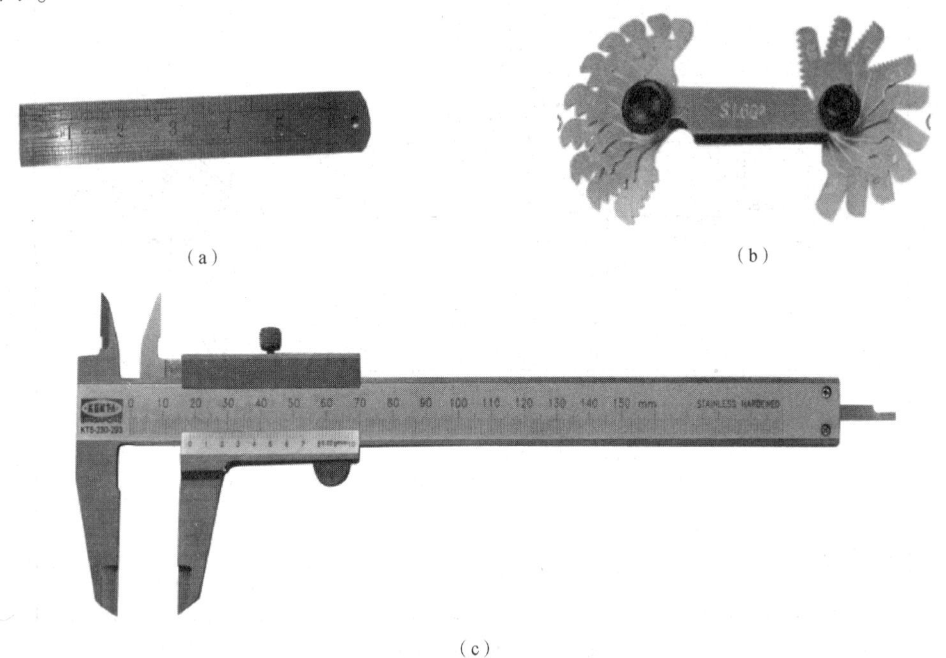

图 2-8　量具

(a)钢直尺；(b)螺纹规；(c)游标卡尺

(2)测量要领。工具要合适；基准要合理；方法要正确、尺寸要圆整。结合该轴的形状及其上的键槽、螺纹等结构可知，轴上带键槽的轴段尺寸比其他轴段的尺寸精度要求高，因此，长度尺寸以轴的左端面作为主要基准，右端面作为辅助基准；径向尺寸以轴的中心线为基准。具体测量方法如图2-9所示。

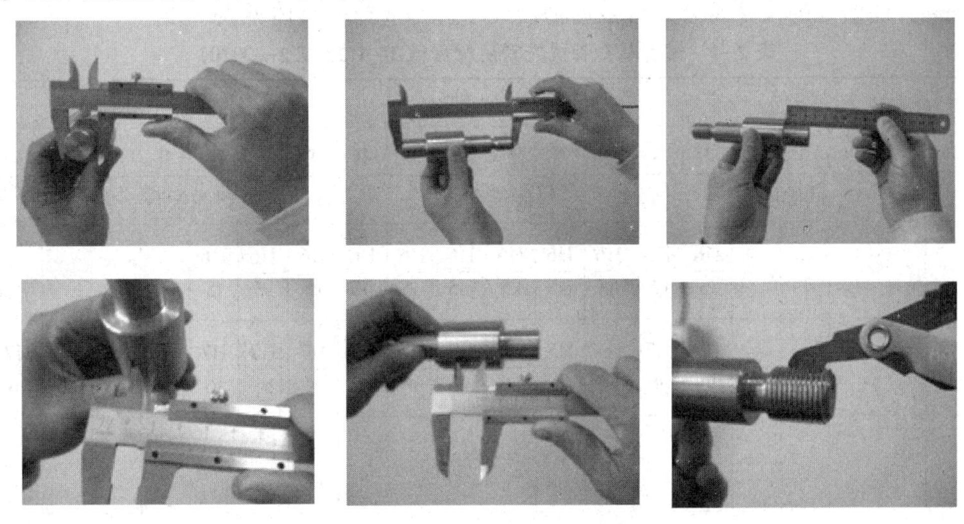

图 2-9　阶梯轴具体测量方法

(3)尺寸标注。根据测量出的结果，在零件图中标注出各部分的尺寸数据，如图 2-10 所示。要注意螺纹的标注方法和键槽尺寸的查表方法。

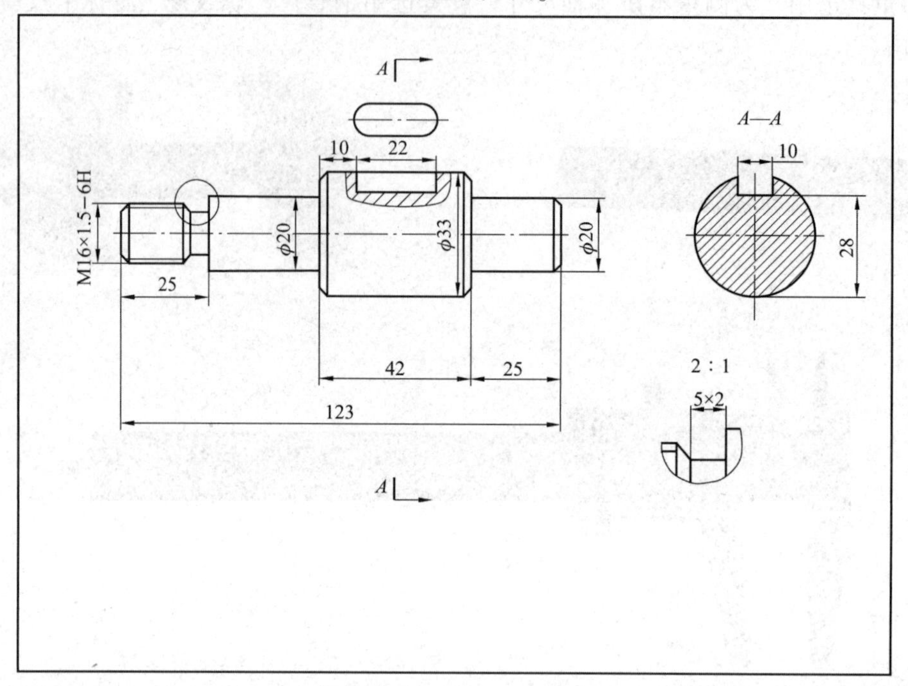

图 2-10　阶梯轴尺寸标注

3. 确定技术要求

(1)尺寸公差的选择。选择公差的一个基本原则：在能够满足使用要求的前提下，应尽量选择低的公差等级。通常在公称尺寸不大于 500 mm 且标准公差不大于 IT8 时，考虑孔比轴难加工，国家标准规定通常轴的公差等级要比孔高一级。

本阶梯轴不经常拆卸，因此选择过渡配合，根据表 2-1，尺寸公差选为 k6。因轴的直径为 33 mm，键槽处的尺寸及公差可根据轴径尺寸进行选择，具体见表 2-2。

表 2-1　轴的基孔制优先常用配合(GB/T 1800.2—2020)

基准孔	轴																				
	a	b	c	d	e	f	g	h	js	k	m	n	p	r	s	t	u	v	x	y	z
	间隙配合								过渡配合					过盈配合							
H6						H6/f5	H6/g5	H6/h5	H6/js5	H6/k5	H6/m5	H6/n5	H6/p5	H6/r5	H6/s5	H6/t5					
H7						H7/f6	H7/g6	H7/h6	H7/js6	H7/k6	H7/m6	H7/n6	H7/p6	H7/r6	H7/s6	H7/t6	H7/u6	H7/r6	H7/x6	H7/y6	H7/z6

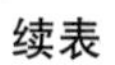

续表

基准孔	轴																				
	a	b	c	d	e	f	g	h	js	k	m	n	p	r	s	t	u	v	x	y	z
	间隙配合								过渡配合			过盈配合									
H8					$\frac{H8}{e7}$	$\boxed{\frac{H8}{f7}}$	$\frac{H8}{g7}$	$\boxed{\frac{H8}{h7}}$	$\frac{H8}{js7}$	$\frac{H8}{k7}$	$\frac{H8}{m7}$	$\frac{H8}{m7}$	$\frac{H8}{p7}$	$\frac{H8}{r7}$	$\frac{H8}{s7}$	$\frac{H8}{t7}$	$\frac{H8}{u7}$				
				$\frac{H8}{d8}$	$\frac{H8}{e8}$	$\frac{H8}{f8}$		$\frac{H8}{h8}$													
H9			$\frac{H9}{c9}$	$\boxed{\frac{H9}{d9}}$	$\frac{H9}{e9}$	$\frac{H9}{f9}$		$\boxed{\frac{H9}{h9}}$													
H10			$\frac{H10}{c10}$	$\frac{H10}{d10}$				$\frac{H10}{h10}$													
H11	$\frac{H11}{a11}$	$\frac{H11}{b11}$	$\boxed{\frac{H11}{c11}}$	$\frac{H11}{d11}$				$\boxed{\frac{H11}{h11}}$													
H12		$\frac{H12}{b12}$						$\frac{H12}{h12}$													

注：1. H6/n5、H7/p6 在基本尺寸小于或等于 3 mm 和 H8/r7 在小于或等于 100 mm 时，为过渡配合。

2. 有边框的配合为优先配合。

表 2-2　普通平键和键槽尺寸（GB/T 1096—2003，GB/T 1095—2003）　mm

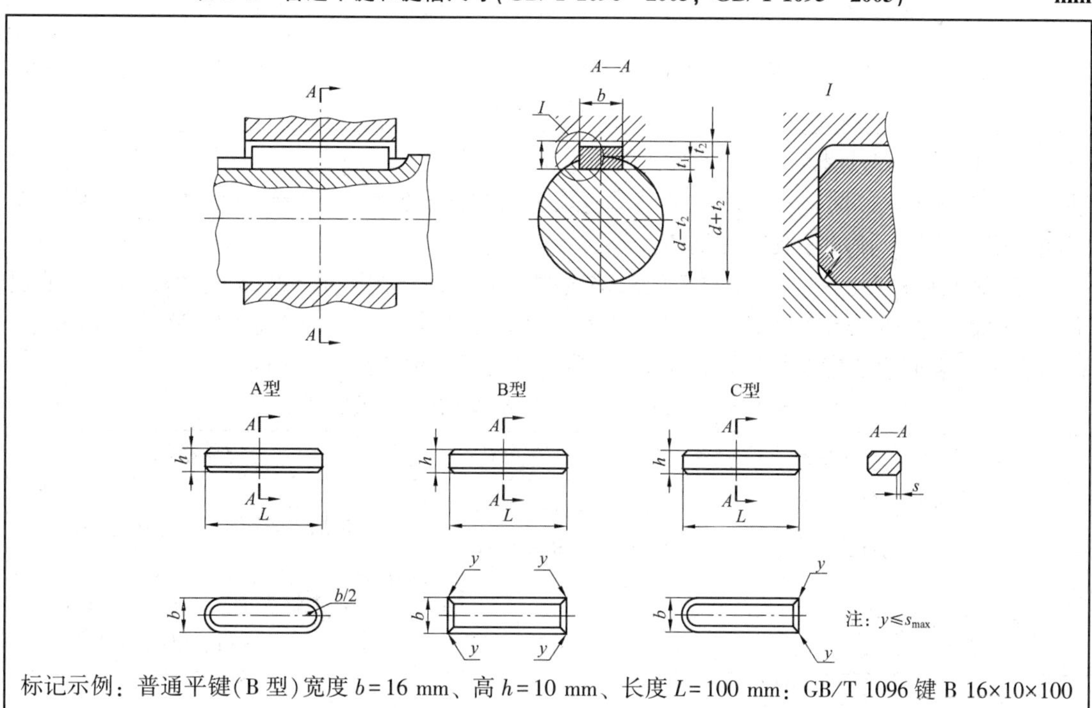

标记示例：普通平键（B 型）宽度 $b=16$ mm、高 $h=10$ mm、长度 $L=100$ mm：GB/T 1096 键 B 16×10×100

续表

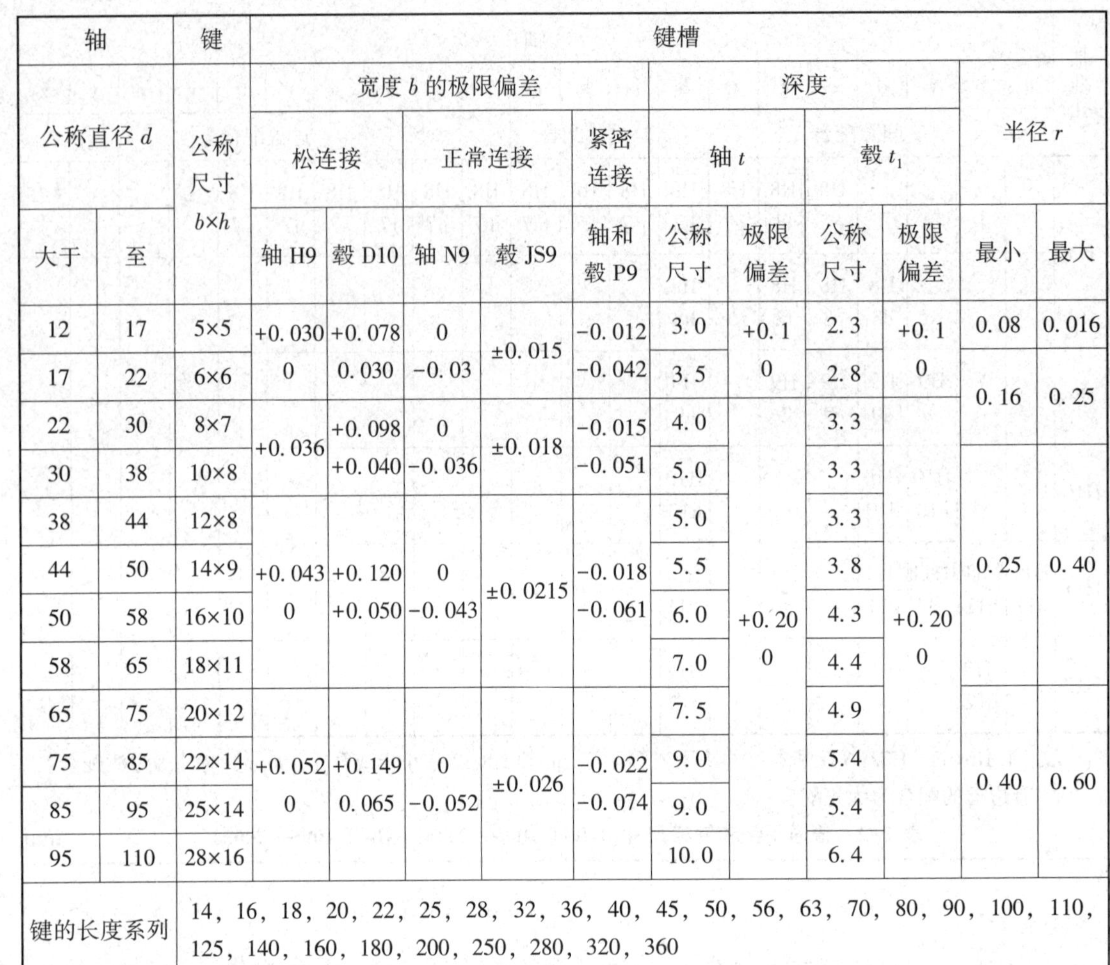

轴		键	键槽										
公称直径 d		公称尺寸 $b \times h$	宽度 b 的极限偏差					深度				半径 r	
			松连接		正常连接		紧密连接	轴 t		毂 t_1			
大于	至		轴 H9	毂 D10	轴 N9	毂 JS9	轴和毂 P9	公称尺寸	极限偏差	公称尺寸	极限偏差	最小	最大
12	17	5×5	+0.030 0	+0.078 0.030	0 −0.03	±0.015	−0.012 −0.042	3.0	+0.1 0	2.3	+0.1 0	0.08	0.016
17	22	6×6						3.5		2.8		0.16	0.25
22	30	8×7	+0.036	+0.098 +0.040	0 −0.036	±0.018	−0.015 −0.051	4.0	+0.20 0	3.3	+0.20 0		
30	38	10×8						5.0		3.3		0.25	0.40
38	44	12×8	+0.043 0	+0.120 +0.050	0 −0.043	±0.0215	−0.018 −0.061	5.0		3.3			
44	50	14×9						5.5		3.8			
50	58	16×10						6.0		4.3			
58	65	18×11						7.0		4.4			
65	75	20×12	+0.052 0	+0.149 0.065	0 −0.052	±0.026	−0.022 −0.074	7.5		4.9		0.40	0.60
75	85	22×14						9.0		5.4			
85	95	25×14						9.0		5.4			
95	110	28×16						10.0		6.4			
键的长度系列		14，16，18，20，22，25，28，32，36，40，45，50，56，63，70，80，90，100，110，125，140，160，180，200，250，280，320，360											

(2)几何公差的选择。本阶梯轴以两端为支承，中间安装传动件，以两端公共轴线为基准，选择同轴度。同时，一般的平键键槽应该标注对称度公差。若键槽对称度不好，则不易装配，或装配时，键的一侧容易刮伤。

(3)表面粗糙度的选择。根据表面粗糙度的选用原则，在满足零件表面使用功能的前提下，表面粗糙度的要求尽可能低，即尽量选用大的参数值以减小加工难度，降低制造成本。根据表 2-3 表面粗糙度参数值及加工方法应用举例，选择 $Ra1.6$ 的表面粗糙度。

表 2-3 表面粗糙度参数值及加工方法应用举例

$Ra/\mu m$	表面特征	主要加工方法	应用举例
50	明显可见刀痕	粗车、粗铣、粗刨、钻、粗纹锉刀和粗砂轮加工	粗加工表面，一般很少应用
25	可见刀痕		
12.5	微见刀痕	粗车、刨、立铣、卧铣、钻	非接触表面、不重要的接触面，如螺钉孔、倒角、机座底面等

续表

Ra/μm	表面特征	主要加工方法	应用举例
6.3	可见加工痕迹	精车、精铣、精刨、铰、镗、粗磨等	没有相对运动的零件接触面，如箱、盖、套筒；要求紧贴的表面、键和键槽工作表面；相对运动速度不高的接触面，如支架孔、衬套、带轮轴孔的工作表面
3.2	微见加工痕迹		
1.6	看不见加工痕迹		
0.8	可辨加工痕迹方向	精车、精铰、精拉、精镗、精磨等	要求密合很好的接触面，如与滚动轴承配合的表面、锥销孔等；相对运动速度较高的接触面、齿轮轮齿的工作表面等
0.4	微辨加工痕迹方向		
0.2	不可辨加工痕迹方向		
0.1	暗光泽面	研磨、抛光、超级精细研磨等	精密量具的表面、极重要零件的摩擦面，如气缸的内表面、精密机床的主轴颈、坐标镗床的主轴颈等
0.05	亮光泽面		
0.025	镜状光泽面		
0.012	雾状光泽面		
0.006	镜面		

(4)其他技术要求。阶梯轴的其他技术要求包括图中未注倒角、圆角的说明；未注表面粗糙度的说明；热处理及表面处理等说明。

4. 绘制图框、填写标题栏

本项内容需根据国家标准进行绘制及填写。绘制完成的阶梯轴零件图如图 2-11 所示。

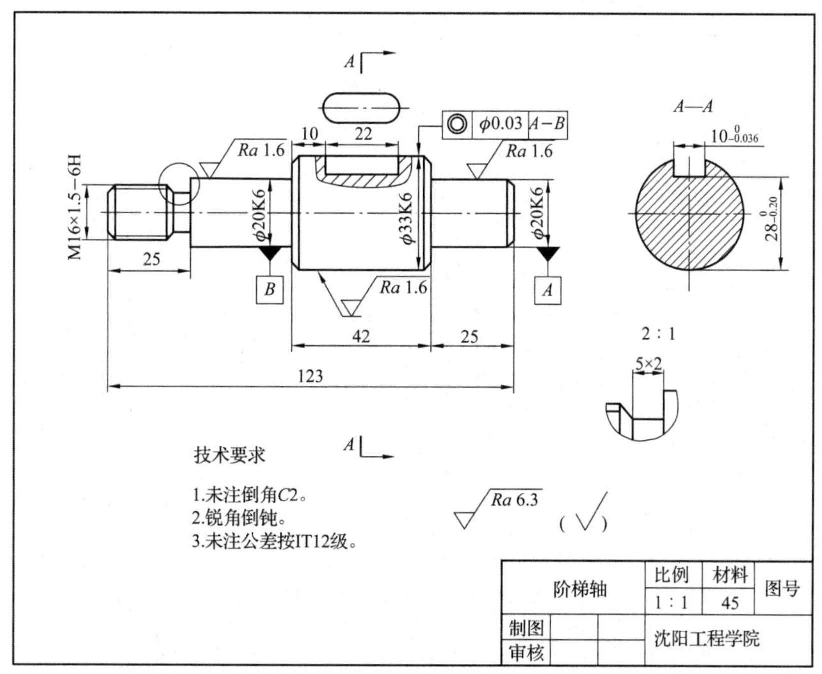

图 2-11　阶梯轴零件图

任务三 螺纹轴测绘

任务描述：测绘图 2-12 所示螺纹轴的零件图。

图 2-12 螺纹轴

任务分析：螺纹轴是指在通过数控加工等手段在轴上人为制造一段螺纹，从而起到固定零件或者调整轴承间隙作用的一种零件。图 2-12 所示螺纹轴的形状特征是回转体，在车床上加工时轴线横放，轴上除了螺纹结构外，还有退刀槽和倒角结构，需要注意画法。

任务操作步骤：

1. 绘制螺纹轴零件草图

(1) 确定螺纹轴的表达方法。因本螺纹轴在车床上加工时轴线横放，通常用主视图来表达它的整体结构形状。轴上退刀槽采用局部放大图。

(2) 确定比例和图幅。该螺纹轴的最大尺寸为长度尺寸，用钢板尺测量可知其长度尺寸为 150 mm，结合零件的复杂程度，可采用 1∶1 的绘图比例和 A4 图幅进行绘制。

(3) 定位布局。画出螺纹轴的轴线，然后目测各轴段的大概尺寸，依次画出各轴段左(或右)端面的基准线，如图 2-13 所示。

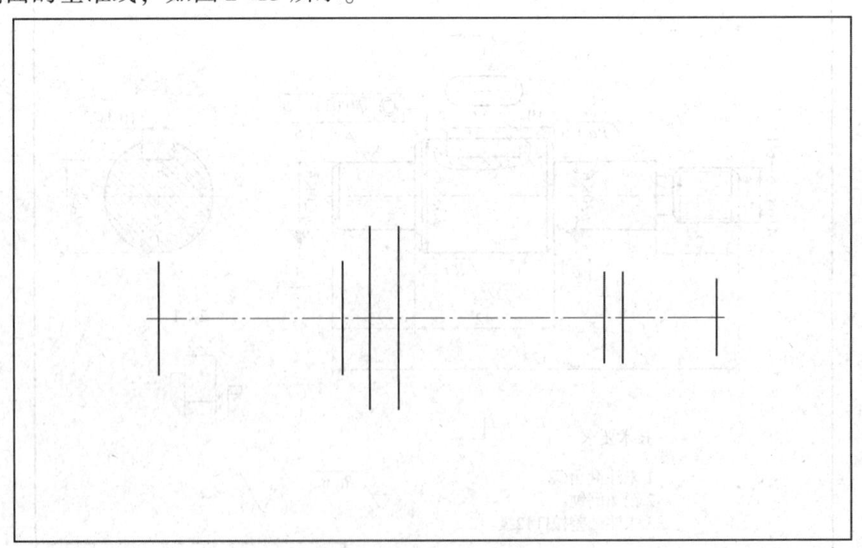

图 2-13 螺纹轴定位布局

(4) 画主视图。图 2-12 所示方向为主视图方向，按照其结构要求，绘制出螺纹轴的外轮廓，如图 2-14 所示。螺纹轴中的螺纹结构、倒角、退刀槽等结构要绘制清楚。

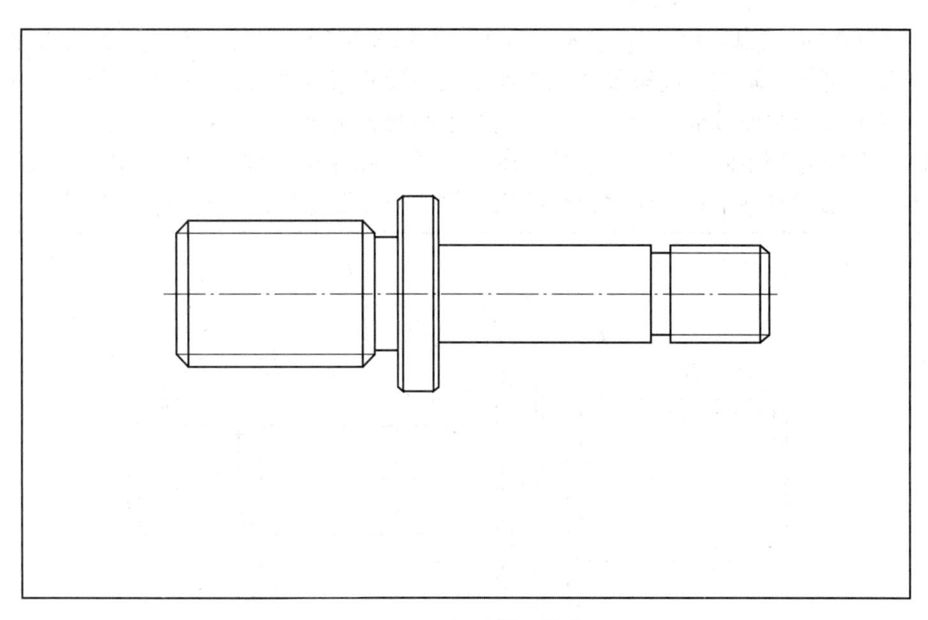

图 2-14　螺纹轴外轮廓

(5)画出其他视图。本螺纹轴采用局部放大图等表达方法，表示轴上的螺纹结构。结果如图 2-15 所示。

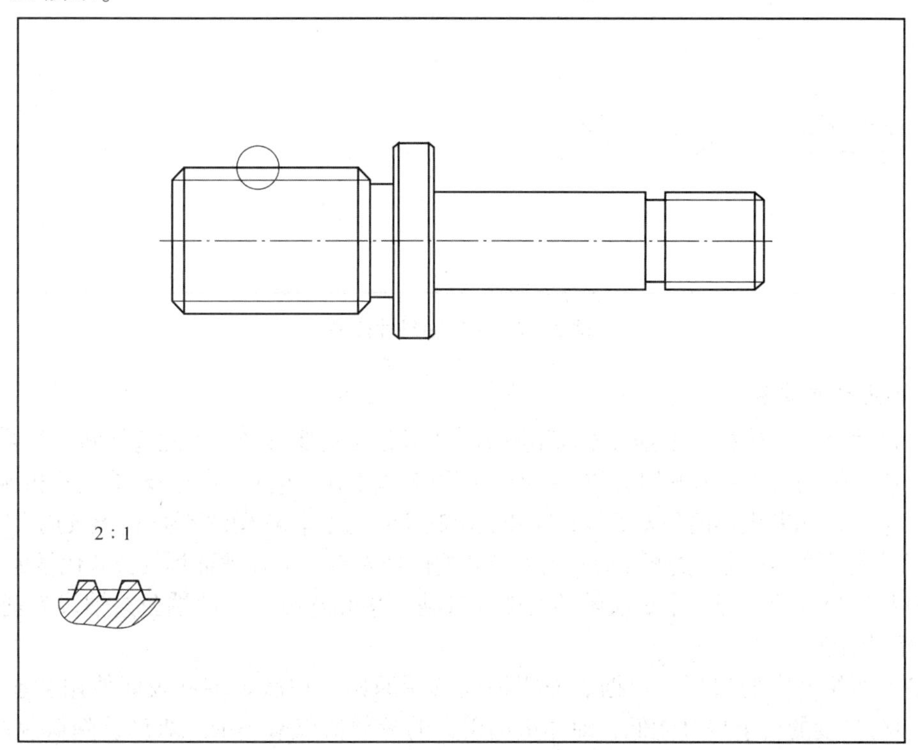

图 2-15　螺纹轴其他视图

2. 测量零件尺寸并标注

(1)量具选用。为测量本螺纹轴尺寸，量具选用钢直尺、螺纹规、游标卡尺等。

(2)测量要领。工具要合适；基准要合理；方法要正确、尺寸要圆整。结合该轴的形状及其上的结构可知，轴上中间段尺寸比其他轴段的尺寸精度要求高，因此，长度尺寸以轴的中间段左端面作为主要基准；径向尺寸以轴的中心线为基准。

(3)尺寸标注。根据测量出的结果，在零件图中标注出各部分的尺寸数据，如图 2-16 所示。要注意本螺纹轴中具有两种螺纹结构，左侧为梯形螺纹，右侧为普通螺纹。

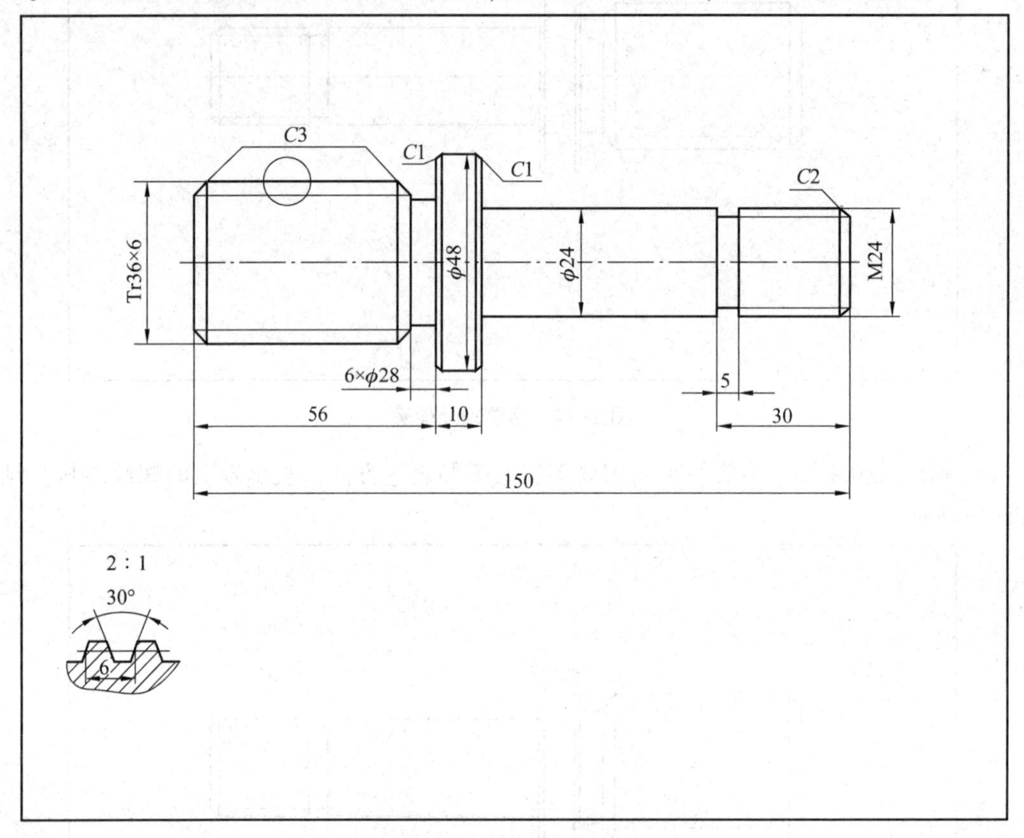

图 2-16　螺纹轴尺寸标注

3. 确定技术要求

(1)尺寸公差的选择。根据公差选用原则，本螺纹轴需要拆卸，因此选择间隙配合，根据表 2-1，中段轴的尺寸公差选用为 f7。同时，螺纹公差带代号包括中径公差带代号和顶径公差带代号，它由表示其大小的公差等级数字和表示其位置的基本偏差的字母(内螺纹用大写字母，外螺纹用小写字母)组成，左侧梯形螺纹中径公差代号为 8e，右侧普通螺纹公差代号为 6h。

(2)几何公差的选择。本螺纹轴的两端与其他结构相连接，以两端公共轴线为基准，轴段都选择同轴度。

(3)表面粗糙度的选择。根据表面粗糙度选用原则，在满足零件表面使用功能的前提下，表面粗糙度的要求尽可能低，即尽量选用大的参数值以减小加工难度，降低制造成本。根据附录中的附表 43，$\phi48$ 处轴段和梯形螺纹选用 $Ra1.6$ 的表面粗糙度，普通螺纹连接处选用 $Ra3.2$ 的表面粗糙度。

(4)其他技术要求。螺纹轴的其他技术要求包括图中未注倒角、圆角的说明；未注表面粗糙度的说明；热处理及表面处理等说明。

4. 绘制图框、填写标题栏

本项内容需根据国家标准进行绘制及填写。绘制完成的螺纹轴零件图如图 2-17 所示。

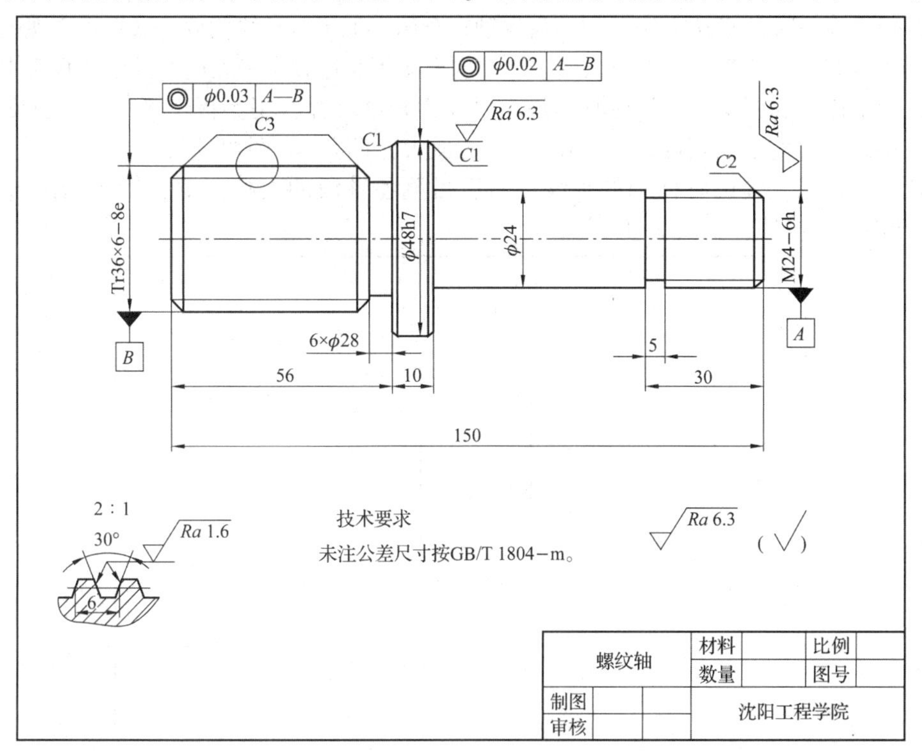

图 2-17　螺纹轴零件图

任务四　齿轮轴测绘

任务描述：测绘图 2-18 所示齿轮轴的零件图。

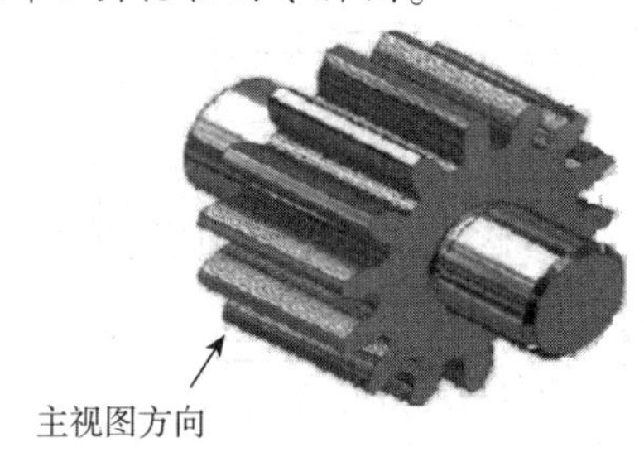

图 2-18　齿轮轴

任务分析：齿轮轴指支承转动零件并与之一起回转以传递运动、扭矩或弯矩的机械零件。一般为金属圆杆状，各段可以有不同的直径。

图 2-18 所示的齿轮轴结构由左到右共有 3 段。第一段是与轴承配合的支承轴颈，第二段是齿轮结构部分，第三段是另一个与轴承配合的支承轴颈。3 段主要结构同轴顺次连接，两段轴间有退刀槽，需要在图纸中进行表达。

任务操作步骤：

1. 绘制齿轮轴零件草图

(1)确定齿轮轴的表达方法。因本齿轮轴在车床上加工时轴线横放，通常用主视图来表达它的整体结构形状。再辅以局部放大图、局部剖视图等表达方案来表达本齿轮轴的其他结构。

(2)确定比例和图幅。本齿轮轴的最大尺寸为长度尺寸，用钢板尺测量可其长度尺寸为61 mm，结合零件的复杂程度，可采用 2∶1 的放大比例和 A4 图幅进行绘制。

(3)定位布局。画出阶梯轴的轴线，然后目测各轴段的大概尺寸，依次画出各轴段左(或右)端面的基准线，如图 2-19 所示。

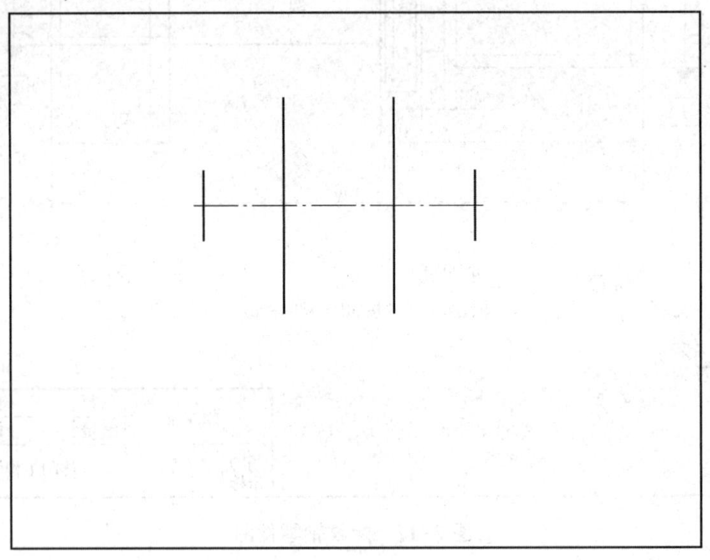

图 2-19　齿轮轴定位布局

(4)画主视图。图 2-18 所示方向为主视图方向，按照其结构要求，绘制出齿轮轴的外轮廓，如图 2-20 所示。注意齿轮轴中的齿轮、倒角、退刀槽等结构要绘制清楚。

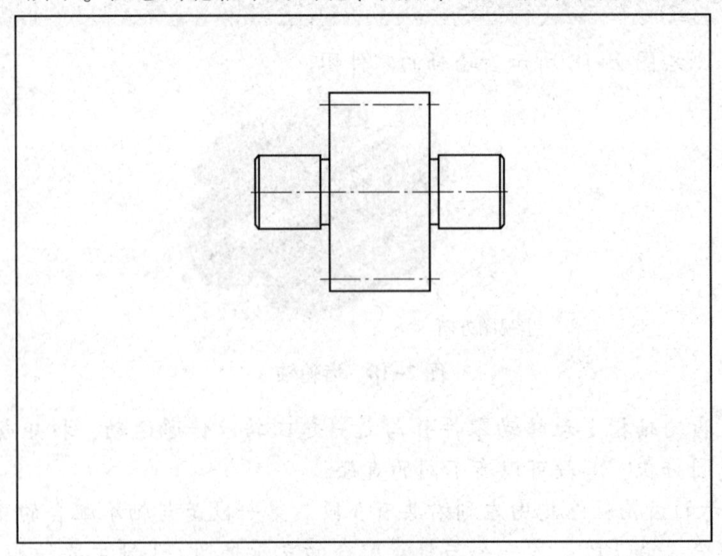

图 2-20　齿轮轴外轮廓

(5)画出其他各视图。本齿轮轴采用局部剖视图、局部放大图的表达方法，表示轴上的齿轮、退刀槽。结果如图 2-21 所示。

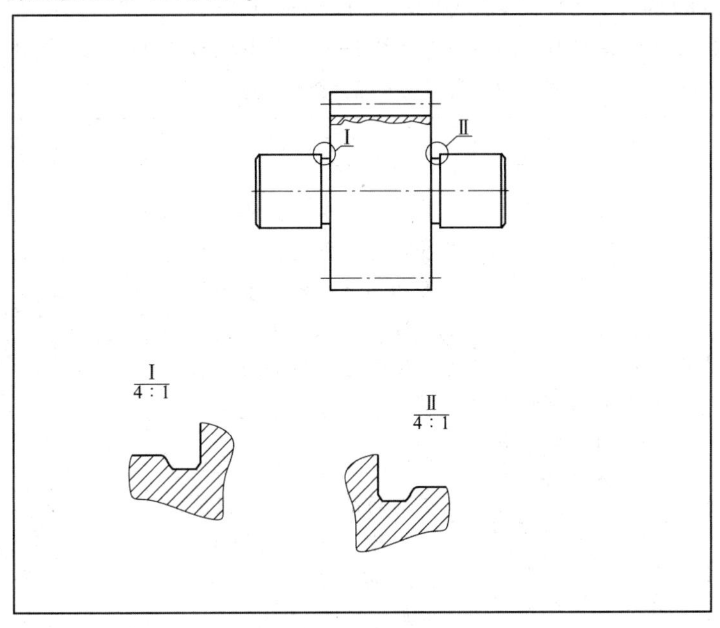

图 2-21 齿轮轴其他视图

2. 测量零件尺寸并标注

(1)量具选用。选用钢直尺、螺纹规、游标卡尺等。

(2)尺寸标注。根据测量出的结果，在零件图中标注出各部分的尺寸数据。要注意齿轮的标注方法，结果如图 2-22 所示。

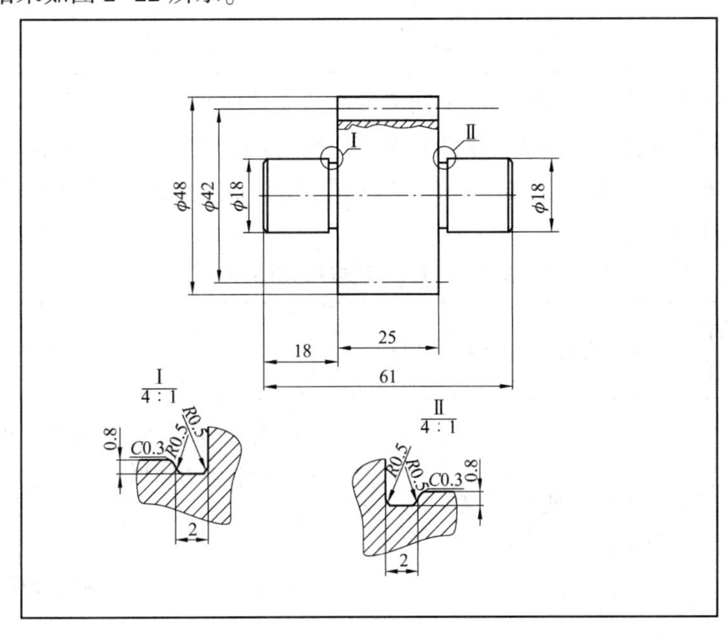

图 2-22 齿轮轴尺寸标注

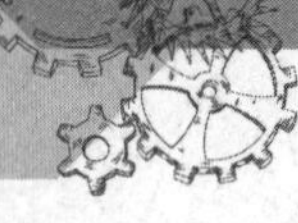

3. 确定技术要求

(1)尺寸公差的选择。本齿轮轴装配后有相对运动要求，因此选择间隙配合。根据表2-1，中间齿轮处尺寸公差选用为f7；根据表2-4，两边轴段处尺寸公差选用f6。

表2-4　常用优先配合特性及选用举例

配合特性			适用场合	应用举例	图形示例
$\frac{H6}{f5}$	$\frac{F6}{h5}$	手推滑进	具有中等间隙，广泛适用于普通机械中转速不大，用普通润滑油或润滑脂润滑的滑动轴承，以及要求在轴上自由转动或移动的配合场合	精密机床中变速箱，进给箱的转动件配合，或其他重要滑动轴承、高精度齿轮轴套与轴承衬套及采油机的凸轮轴与衬套孔等的配合	$\frac{H7}{js6}$　$\frac{H7}{f9}$　$\frac{H11}{h11}$
$\frac{H7}{f6}$	$\frac{H7}{f6}$			爪形离合器与轴，机床中一般轴与滑动轴承，机床夹具、砖模、镗模的导套孔，柴油机机体套孔与气缸套、柱塞与缸体等的配合	G7　钻套　衬套　钻模板　$\frac{H7}{g6}$　$\frac{H7}{n6}$
$\frac{H8}{f7}$	$\frac{H8}{f7}$			中等速度、中等载荷的滑动轴承，机床滑移齿轮与轴，蜗杆减速器的轴承端盖与孔，离合器活动爪与轴，齿轮轴套与轴	间隙　$\frac{H7}{js6}$　$\frac{H7}{f6}$

(2)几何公差的选择。本齿轮轴的中间齿轮需要与两侧轴颈有垂直度要求。

(3)表面粗糙度的选择。在满足零件表面使用功能的前提下，尽量选用大的参数值以减小加工难度，降低制造成本。根据表2-5，ϕ18的轴径、齿轮轴端面和齿面选择Ra3.2的表面粗糙度，其余选用Ra12.5。

表2-5　表面粗糙度选用举例

Ra/μm	相当表面光洁度	表面状况	加工方法	应用举例
100	∇_1	明显可见刀痕	粗车、镗、刨、钻	粗加工的表面，如粗车、粗刨、切断等表面，用粗锉刀和粗砂轮等加工的表面，一般很少采用
25.50	∇_2 ∇_3			粗加工后的表面，焊接前的焊缝、粗钻孔壁等

续表

Ra/μm	相当表面光洁度	表面状况	加工方法	应用举例
12.5	∇_4 ∇_3	可见刀痕	粗车、刨、铣、钻	一般非结合表面，如轴的端面、倒角、齿轮及带轮的侧面、键槽的非工作表面，减重孔眼表面等
6.3	∇_5 ∇_4	可见加工痕迹	车、镗、刨、钻、铣、锉、磨、粗铰、铣齿	不重要零件的非配合表面，如支柱、支架、外壳、衬套、轴、盖等的端面，紧固件的自由表面，紧固件通孔的表面，内、外花键的非定心表面，不作为计量基准的齿轮顶圆表面等
3.2	∇_6 ∇_5	微见加工痕迹	车、镗、刨、铣、刮 1 ~ 2 点/cm^2、拉、磨、锉、滚压、铣齿	和其他零件连接不形成配合的表面，如箱体、外壳、端盖等零件的端面；要求有定心及配合特性的固定支承面，如定心的轴肩、键和键槽的工作表面；不重要的紧固螺纹的表面；需要滚花或氧化处理的表面等
1.6	∇_7 ∇_6	看不清加工痕迹	车、镗、刨、铣、铰、拉、磨、滚压、刮 1 ~ 2 点/cm^2、铣齿	安装直径超过 80 mm 的 0 级轴承的外壳孔，普通精度齿轮的齿面，定位销孔，V 带轮的表面，外径定心的内花键外径，轴承盖的定中心凸肩表面等
0.8	∇_8 ∇_7	可辨加工痕迹的方向	车、镗、拉、磨、立铣、刮 3 ~ 10 点/cm^2、滚压	要求保证定心及配合特性的表面，如锥销与圆柱销的表面，与 0 级精度滚动轴承相配合的轴颈和外壳孔，中速转动的轴径，直径超过 80 mm 的 5、6 级滚动轴承配合的轴径与外壳孔及内、外花键的定心内径，外花键键侧及定心外径，过盈配合 IT7 级的孔(H7)，间隙配合 IT8、IT9 级的孔(H8、H9)，磨削的轮齿表面等

(4)其他技术要求。齿轮轴的其他技术要求包括：图中未注倒角、未注表面粗糙度的说明，热处理及表面处理等说明。

4. 绘制图框、填写标题栏

本项内容需根据国家标准进行绘制及填写。绘制完成的齿轮轴零件图如图 2-23 所示。

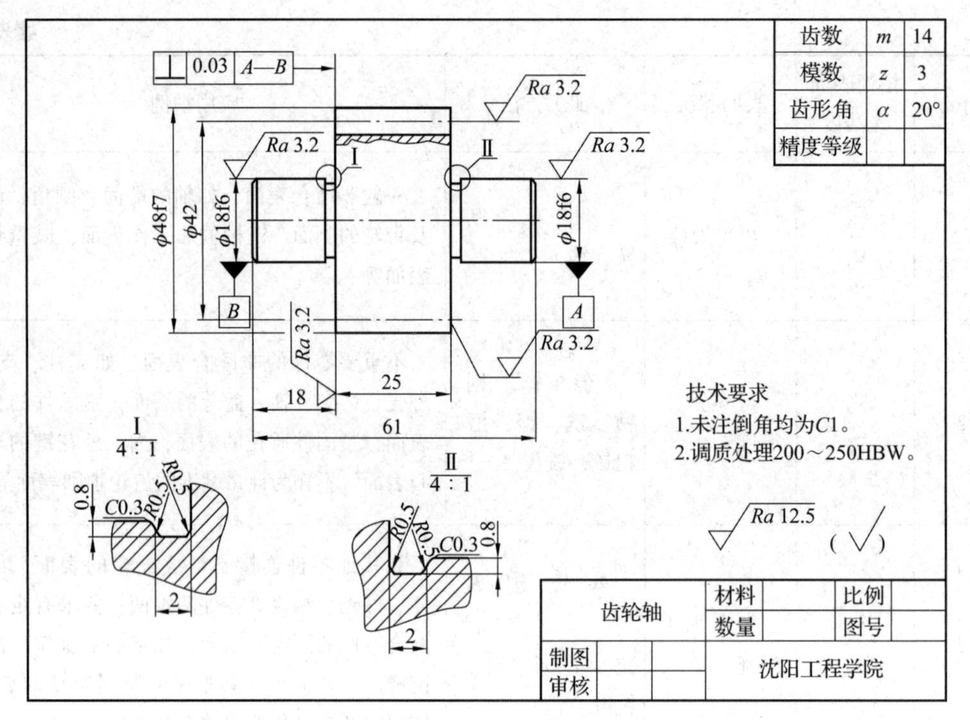

图 2-23　齿轮轴零件图

项目总结

本项目首先总体概括介绍了轴套类零件的特点和测绘方法，通过阶梯轴、螺纹轴、齿轮轴 3 个零件的测绘案例，详细分析了轴套类零件测绘的步骤，以及尺寸标注、公差标注的具体方法。

项目三 盘盖类零件测绘

盘盖零件是盘类与套盖类零件的总称，一般是指法兰盘、端盖、透盖、齿轮等零件。

项目描述

本项目介绍盘盖类零件的特点和表达方法，通过法兰盘、阀盖和泵盖的零件测绘，学习盘盖类零件的测绘方法。

任务一　盘盖类零件认知

任务描述：分析盘盖类零件的作用与结构，制订合理的表达方案，学习尺寸和技术要求的标注方法。

一、盘盖类零件的作用与基本结构

常见的盘盖类零件是具有同一轴线内外回转的零件，其轴向(纵向)尺寸一般小于径向(横向)尺寸，或者两个方向的尺寸相差不大，也有一些盖类零件其主体是方形的。盘盖类零件的结构一般由孔(光控和花键孔)、外圆、端面和沟槽组成，如图3-1(a)、(b)所示的端盖和泵盖，有的零件上还有齿形(齿轮)。盘盖类零件主要起支承、导向、轴向定位或密封等作用，另有连接孔、定位孔起连接或定位作用，在工作中承受径向力和摩擦力。

(a)

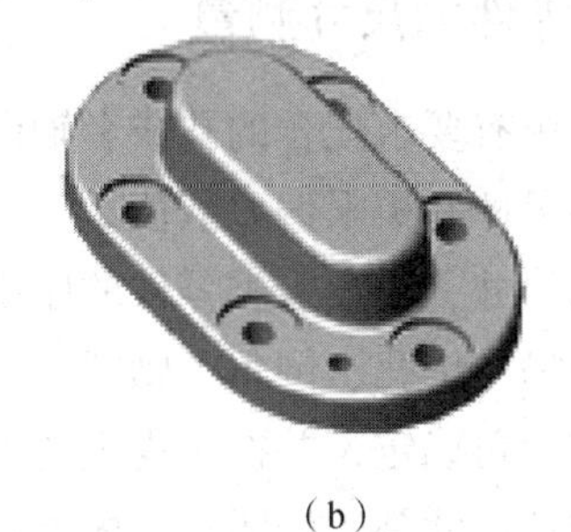

(b)

图3-1　盘盖类零件

(a)端盖；(b)泵盖

二、盘盖类零件的视图表达方案

(1) 盘盖类零件的毛坯有铸件或锻件，机械加工以车削为主，主视图一般按加工位置水平放置，但有些较复杂的盘盖，因加工工序较多，主视图也可按工作位置画出。为了表达零件内部结构，主视图常取全剖视图。

(2) 盘盖类零件一般需要两个以上基本视图表达，除主视图外，为了表达零件上均布的孔、槽、肋、轮辐等结构，还需选用一个端面视图(左视图或右视图)，以表达凸缘和 3 个均布的通孔。

(3) 此外，为了表达细小结构，有时还常采用局部放大图。

图 3-2 所示为端盖的零件草图，采用两个基本视图加上一系列尺寸，就能表达端盖的主要形状及大小。对于里面细小的结构采用局部放大视图表达，既表达了它们的形状，又便于以后标注尺寸。

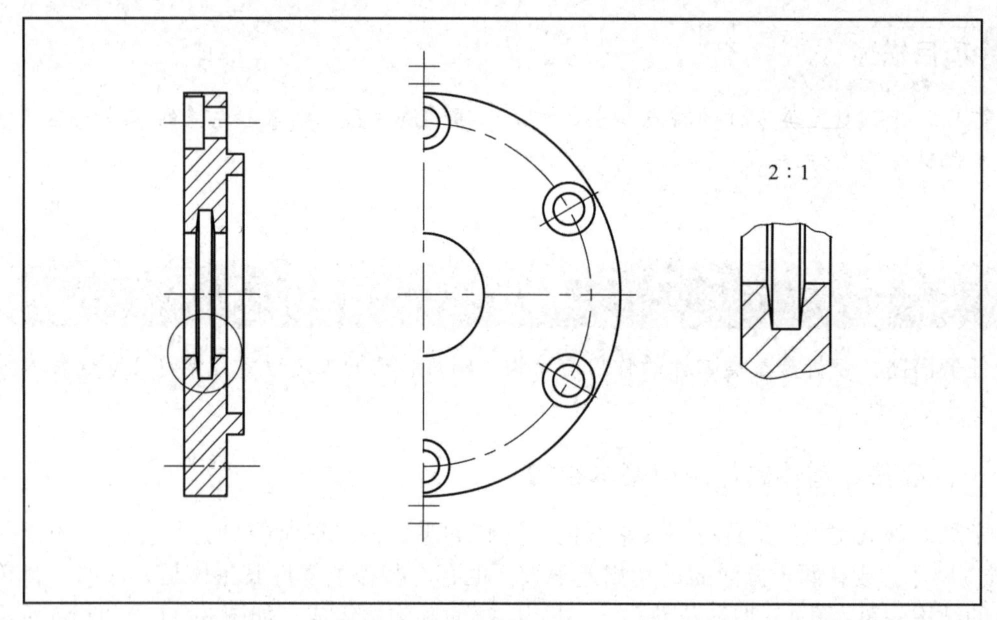

图 3-2　端盖的零件草图

三、盘盖类零件的尺寸测量

若盘盖类零件中有要求配合的孔或者轴向的尺寸，则可用游标卡尺测量，再查表选择符合国家标准的公称尺寸和极限偏差数值。

对于一般性的尺寸，如盘盖类零件的厚度、铸造结构的尺寸，可直接测量并圆整。

对于螺纹、键槽、销孔、倒角、倒圆、退刀槽和砂轮越程槽等结构的尺寸，测量后要对照相应的国家标准后再确定，并按照规定的方式进行标注。

定形尺寸、定位尺寸都比较明显，内外尺寸应分开标注。测绘零件上的曲线轮廓时，可用拓印法、铅丝法或坐标法获得其尺寸。测量各安装孔直径，并且确定各安装孔的中心定位尺寸。当零件上有辐射状均匀分布的孔时，一般应测出各均布孔圆心所在定位圆的直径。孔为偶数时，定位圆直径的测量与测两相同孔径中心距的方法相同。孔为奇数时，若在定位圆的圆心处，有一同心圆孔，可用两不等孔径中心距的测量方法测量；若在定位圆的圆心处无同心圆孔，可用间接方法测得。

对于一般性的尺寸(如轮盘零件的厚度)、铸造结构尺寸，可直接测量；对于标准件尺寸(如螺纹、键槽、销孔、倒角和倒圆等)，要按照通用测量方法。

四、盘盖类零件的尺寸标注

盘盖类零件常以主要回转轴的轴线作为径向基准，以切削加工的大端面或安装的定位端面作为轴向基准。在投影为圆的视图上标注分布在盘盖上的各孔、轮辐等尺寸。对于某些细小结构的尺寸，多集中标注在相应的断面图上。

五、盘盖类零件的材料及热处理选择

盘盖类零件坯料多为铸、锻件，不重要零件的铸造材料多为 HT150 或 HT200，一般不需要进行热处理，但重要的、受力较大的锻造件常采用正火、调质、渗碳和表面淬火等热处理工艺。

六、盘盖类零件的技术要求

1. 尺寸公差的选择

盘盖类零件有配合要求的孔与轴的公差等级一般选 IT6~IT9。

2. 表面粗糙度的选择

盘盖类零件有相对运动的配合表面，表面粗糙度一般选 *Ra*1.6~*Ra*0.8，相对静止的配合表面的表面粗糙度一般选 *Ra*6.3~*Ra*3.2，非配合表面的表面粗糙度一般选 *Ra*12.5~*Ra*6.3。许多盘盖类零件的非配合表面是铸造面，不需要标注参数值。

3. 几何公差的选择

盘盖类零件与其他零件接触的表面应有平面度、平行度和垂直度要求。外圆柱面与内孔表面应有同轴度要求。

任务二　法兰盘测绘

任务描述：测绘图 3-3 所示法兰盘的零件图。

任务分析：法兰盘是一种盘状零件，在管道工程中最为常见，通常都是成对使用。它的作用是使管子与管子相互连接，一般连接于管端。法兰连接由一对法兰盘、一个垫片及若干个螺栓螺母组成。垫片放在两法兰盘密封面之间，拧紧螺母后，垫片表面上的比压达到一定数值后产生变形，并填满密封面上凹凸不平处，使连接严密不漏。

图 3-3　法兰盘

图 3-3 所示的法兰盘是一个过渡连接件，用于轴与其他部件的连接，轴与中间 ϕ20H7 孔配合，并通过键槽传递扭矩，6 个 ϕ7 的孔用于部件的紧定。

任务操作步骤：

1. 绘制法兰盘零件草图

(1)确定法兰盘的表达方法。法兰盘零件选用两个基本视图来表达，即反映轴向内部结构和端面形状结构。为了表达某些局部结构，也常采用局部剖等方法，轮缘的横截面常采用端面图表达。

(2)确定比例和图幅。该法兰盘的最大尺寸为直径，用游标卡尺测得其直径为 62 mm，结合零件的复杂程度，可采用 1∶1 的绘图比例和 A4 图幅进行绘制。

(3)定位布局。画出法兰盘的中心线，确定基准线，如图 3-4 所示。

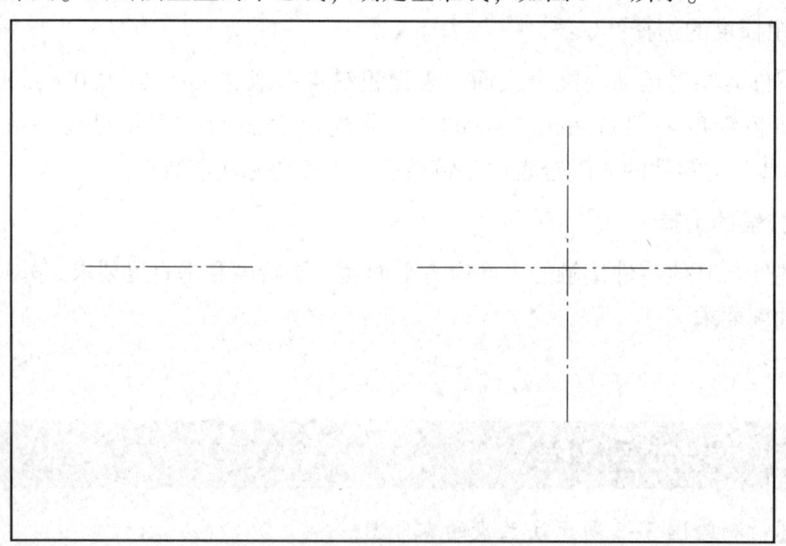

图 3-4　法兰盘定位布局

(4)绘制视图。按照其结构要求，绘制出法兰盘的轮廓，如图 3-5 所示。法兰盘中的凸台、键槽、内孔等结构要注意绘制清楚。

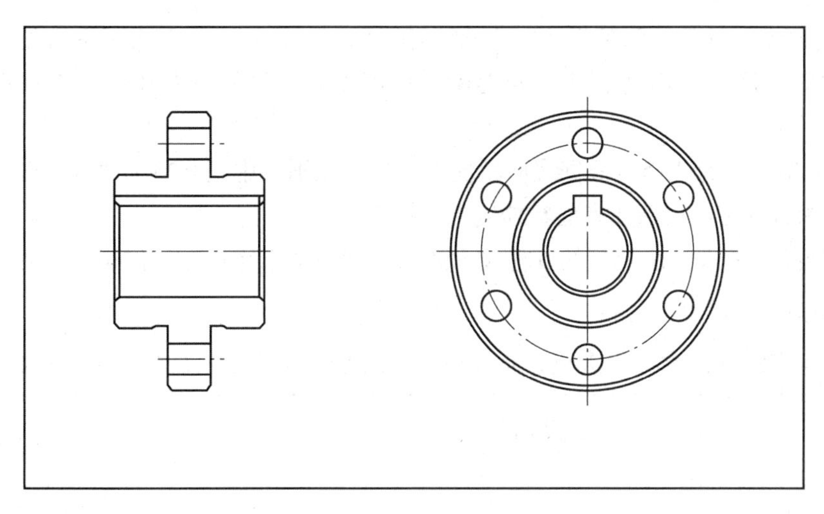

图 3-5　法兰盘轮廓

2. 测量零件尺寸并标注

(1)量具选用。为测量本法兰盘，量具选用螺旋千分尺、游标卡尺。

(2)尺寸标注。使用游标卡尺和螺旋千分尺测量法兰盘的径向尺寸和轴向尺寸，并标注所测尺寸，如图 3-6 所示。

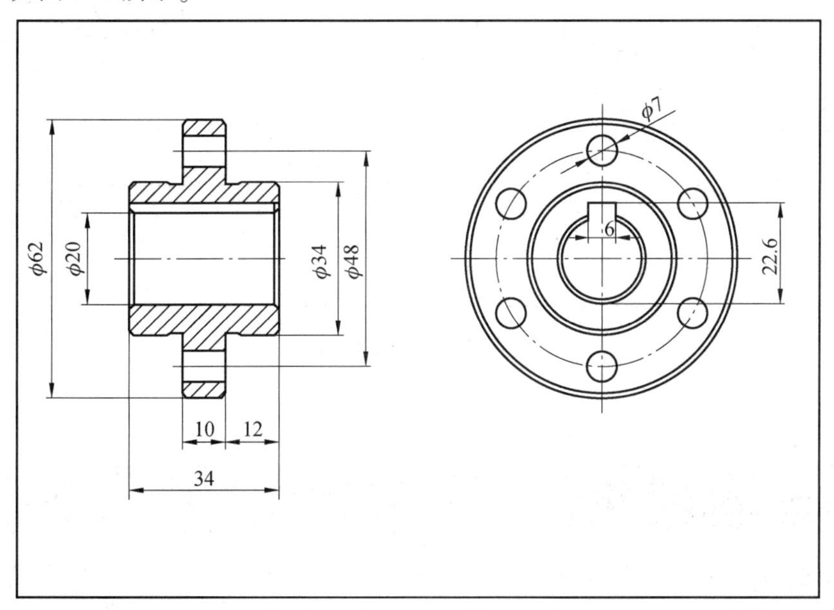

图 3-6　法兰盘尺寸标注

3. 确定技术要求

(1)尺寸公差的选择。按照优先配合表，本法兰盘与轴相连，ϕ20 中间处选择基孔制配合，共公差尺寸选择 H7，两侧 ϕ34 处与其他孔径部件配合，尺寸公差选择 h6。因孔的直径为 20 mm，键槽处的尺寸及公差可根据轴径尺寸进行选择。

(2)几何公差的选择。本法兰盘大部分的尺寸和形位公差都是以 ϕ20H7 孔中心线及其

端面为设计基准。在车外圆的时候，选择同轴度；外侧面与中心线有垂直度要求；一般的平键键槽应该标注对称度公差。若键槽对称度不好，则不易装配，或装配时键的一侧容易刮伤。

（3）表面粗糙度的选择。根据表面粗糙度的选用原则，中间 ϕ20H7 处有配合要求，表面粗糙度要求为 *Ra*1.6；轮辐处表面粗糙度为 *Ra*3.2。

（4）其他技术要求。法兰盘的其他技术要求包括图中未注尺寸、倒角的说明。

4. 绘制图框、填写标题栏

本项内容需根据国家标准进行绘制及填写。绘制完成的法兰盘零件图如图 3-7 所示。

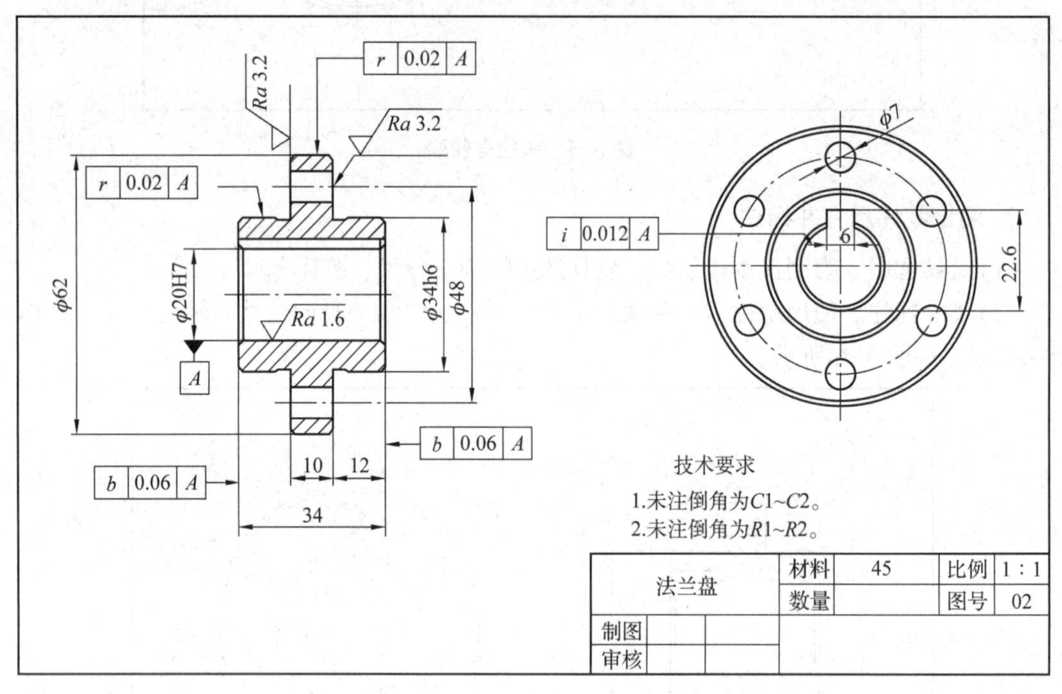

图 3-7 法兰盘零件图

任务三 阀盖测绘

任务描述： 测绘图 3-8 所示阀盖的零件图。

任务分析： 阀盖的主要加工部位为孔，外圆表面加工根据精度要要求可选择车削和磨削。孔加工方法的选择比较复杂，需要考虑零件的结构点、孔径大小、长径比、精度和粗糙度要求以及生产规模等各种因素。对于精度要求较高的孔往往还要采用几种不同的方法顺次进行加工。

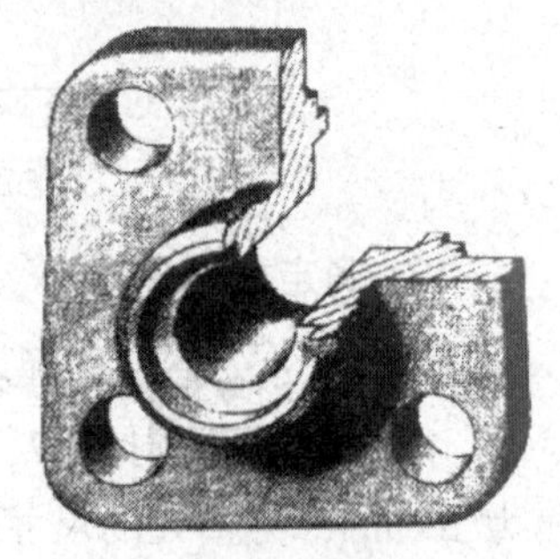

图 3-8 阀盖

任务操作步骤：

1. 绘制阀盖零件草图

（1）确定阀盖的表达方法。阀盖零件图用两个基本视图表达，主视图采用全剖视图，表达零件的空腔结构。阀盖属于盘盖类零件，主视图的安放既符合主要加工位置，也符合阀盖在部件中的工作位置。左视图表达了带圆角的方形凸缘和4个均布的通孔。

（2）确定比例和图幅。该阀盖的最大尺寸为方形凸缘，用游标卡尺测量可知其最大尺寸为75 mm，结合零件的复杂程度，可采用1∶1的绘图比例和A4图幅进行绘制。

（3）定位布局。在图纸上定出各视图的位置，画出主、左视图的对称中心线和作图基准线。布置可选视图时，要考虑到各视图间应留有标注尺寸的位置，以目测比例画出零件的结构形状，如图3-9所示。

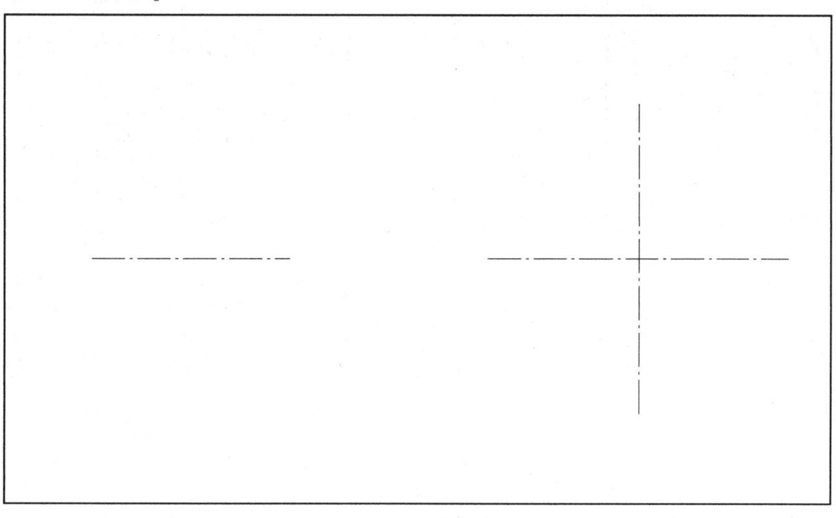

图3-9　阀盖定位布局

（4）绘制视图。按照结构要求，绘制出阀盖的轮廓，如图3-10所示。注意阀盖零件中的凸缘、4个均布的通孔和螺纹等结构要绘制清楚。

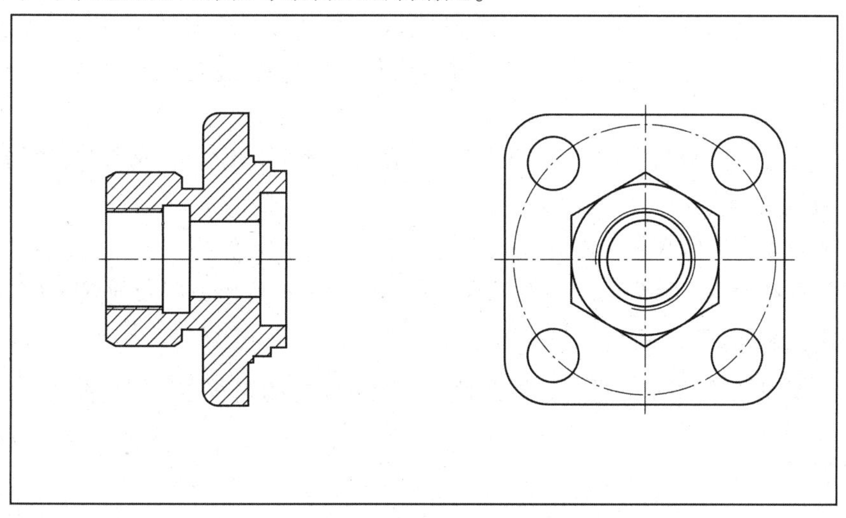

图3-10　阀盖轮廓

2. 测量零件尺寸并标注

逐个测量尺寸。可用游标卡尺或外径千分尺测量各径向尺寸，用游标卡尺或钢尺测量轴向尺寸，但要从主要尺寸基准开始测量并圆整，用内、外卡钳测量凸缘上均布的4个孔的中心距尺寸，用圆角规测量各圆角半径。对于左端外螺纹，可先用游标卡尺测量外径，螺纹规测量螺距，然后查阅有关《机械制图》国家标准，校核螺纹大径和螺距，取标准倒角尺寸时可查阅螺纹手册。阀盖尺寸标注如图3-11所示。

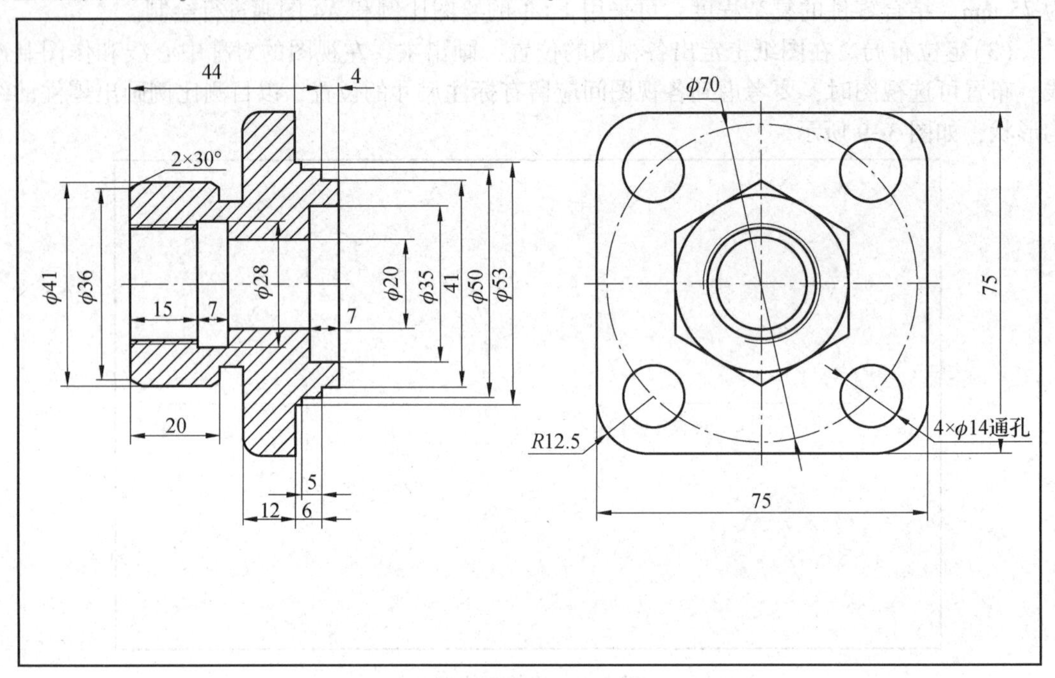

图3-11 阀盖尺寸标注

3. 确定技术要求

(1)表面粗糙度：凡是阀盖上有与其他表面配合的部位，均需标注表面粗糙度。与阀盖配合面质量要求不高，表面粗糙度值可选择较大值，如选择 *Ra*25 ~ *Ra*12.5，其余保留工序的要求。

(2)尺寸公差：阀盖与阀体之间有配合，可采用最小间隙配合，阀盖与密封圈之间也有配合，可采用基孔制配合。

(3)几何公差：本阀盖具有垂直度要求。

(4)其他技术要求：铸件应经时效处理，消除内应力；未铸造圆角为 *R*1 ~ *R*3。

4. 绘制图框、填写标题栏

本项内容需根据国家标准进行绘制及填写。绘制完成的阀盖零件图如图3-12所示。

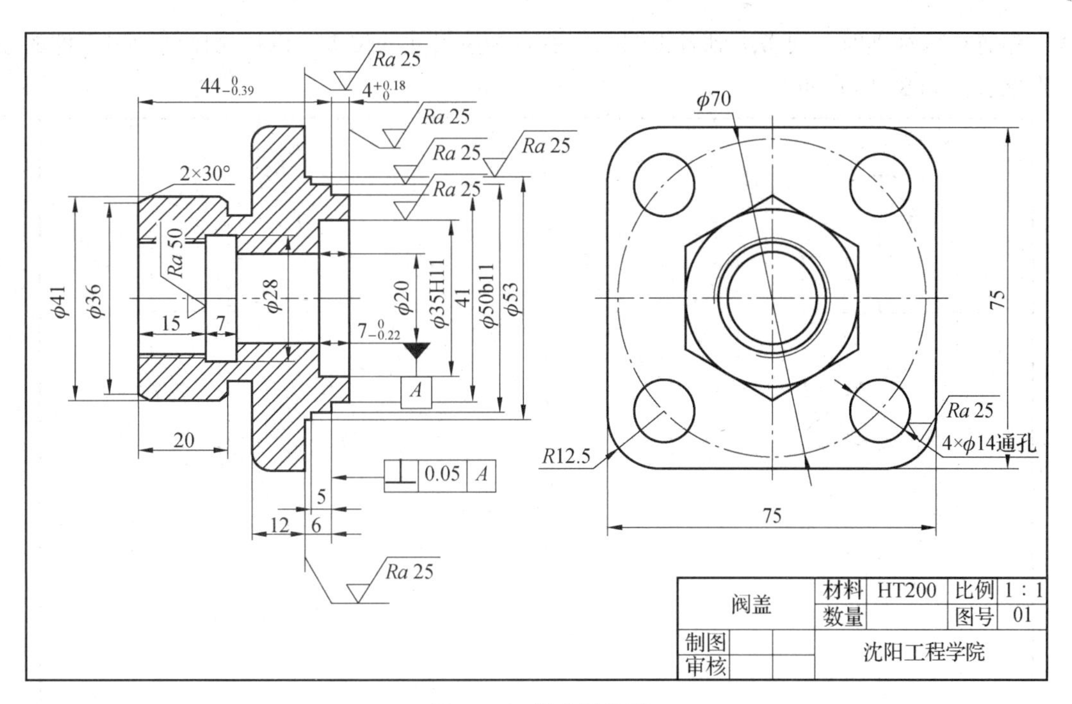

图 3-12　阀盖零件图

任务四　泵盖测绘

任务描述：测绘图 3-13 所示泵盖的零件图。

任务分析：泵盖属于机油泵的一部分，其结构形状复杂，壁厚不均匀，有许多精度要求较高的轴承孔和装配用的基准平面、孔。此外，还有一些精度要求不高的紧固孔和次要平面。主体部分常由回转体组成，也可能是方形或组合形体。零件通常有键槽、轮辐、均布孔等结构，并且常有一个端面与部件中的其他零件结合。

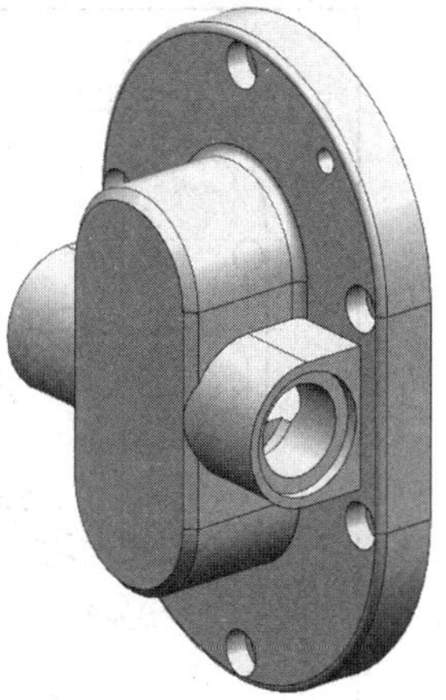

任务操作步骤：

1. 绘制泵盖零件草图

图 3-13　泵盖

(1)确定泵盖的表达方法。本泵盖采用主、左两个基本视图和一系列向视图表达。主视图按加工位置原则，轴线水平放置(对于不以车削为主的零件则按形状特征选择主视图)，采用了旋转剖表达两轴安装位置、螺孔及销孔的轴向结构特征；左视图反映泵盖外部结构上的螺孔、销孔分布情况；向视图表达其他未展现的结构。

(2)确定比例和图幅。该泵盖的最大尺寸为外轮廓，用直尺测量可知其最大尺寸为 102 mm，结合零件的复杂程度，可采用 1∶1 的绘图比例和 A4 图幅进行绘制。

(3)定位布局。在图纸上定出各视图的位置，画出主、左视图的对称中心线和作图基准线。布置可选视图时，要考虑到各视图间应留有标注尺寸的位置，以目测比例画出零件的结构形状，如图 3-14 所示。

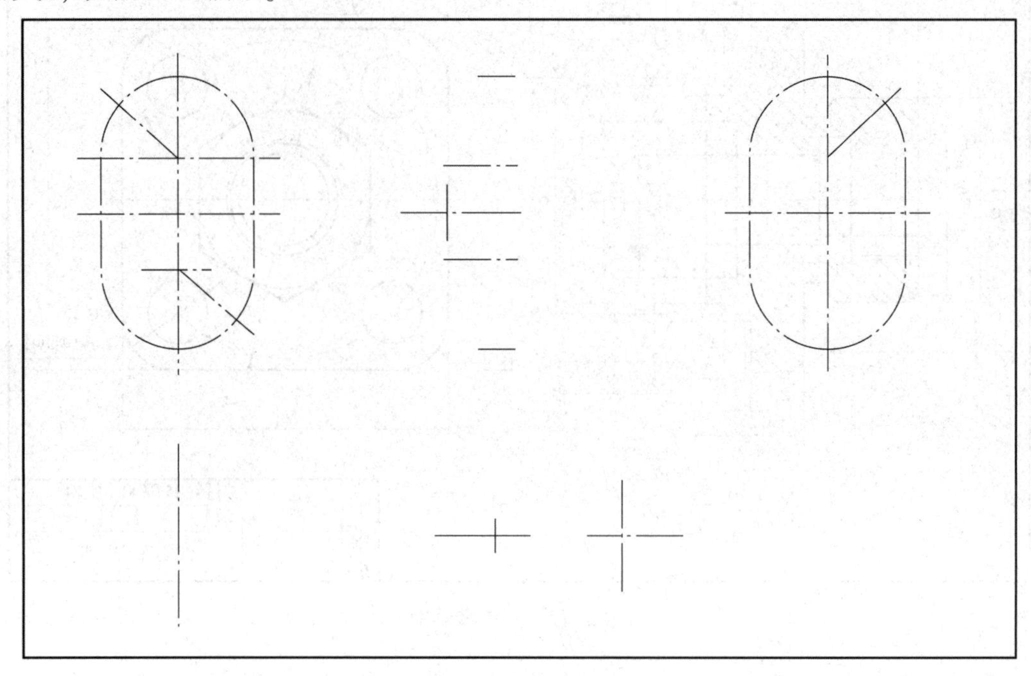

图 3-14　泵盖定位布局

（4）绘制视图。绘制出泵盖的轮廓，如图 3-15 所示。注意泵盖零件中内部的槽孔、两侧的凸台等结构需要用向视图和剖视图表达。

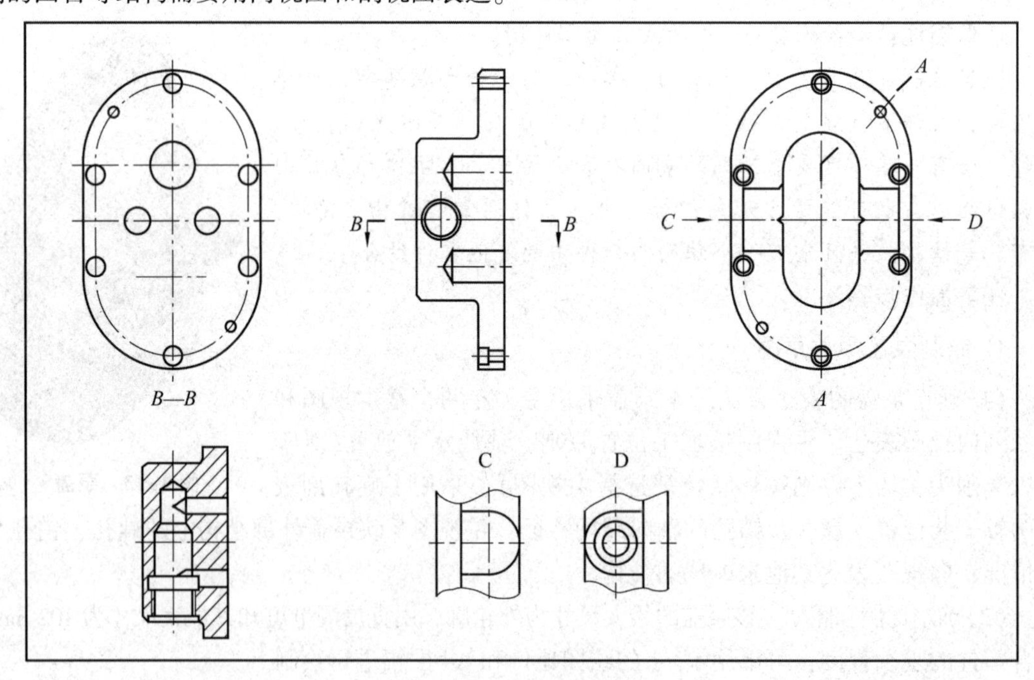

图 3-15　泵盖轮廓

2. 测量零件尺寸并标注

逐个测量尺寸。可用游标卡尺、直尺、外径千分尺测量各尺寸，泵体长度方向的基准为泵盖的右端面。宽度方向的基准为前后对称面。对于螺纹结构，可先用游标卡尺测量外径，用螺纹规测量螺距，然后查阅有关《机械制图》国家标准，校核螺纹大径和螺距，取标准倒角尺寸时可查阅螺纹手册。对于孔、槽等结构，可以用内卡钳等工具测量，并采用“$n\times\phi m$”的形式标注，具体尺寸标注如图 3-16 所示。

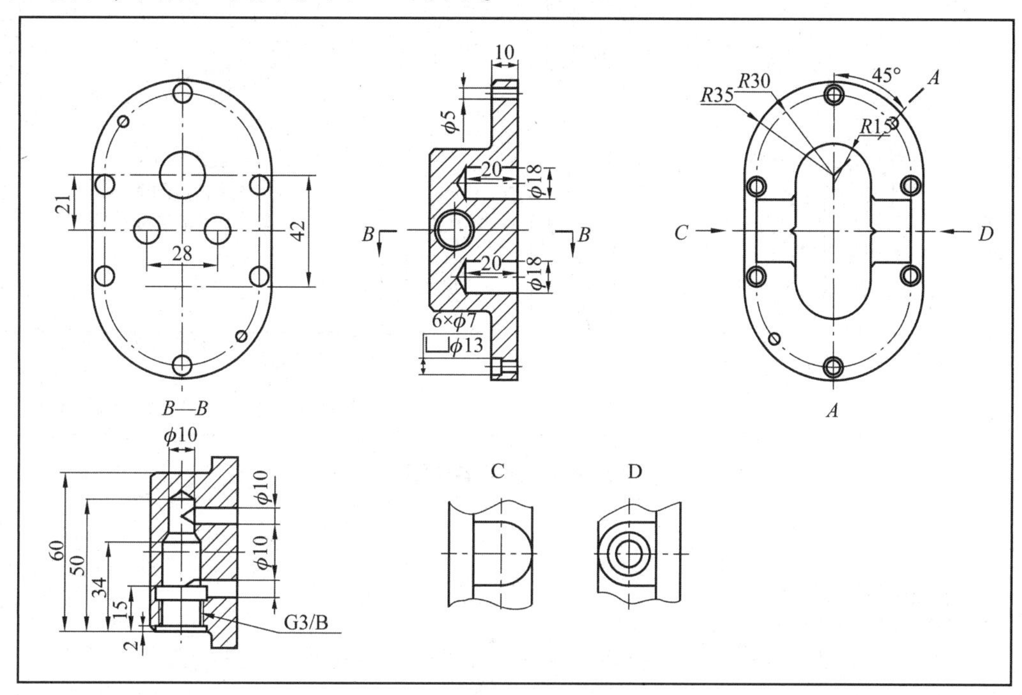

图 3-16　泵盖尺寸标注

3. 确定技术要求

(1) 表面粗糙度：凡是泵盖上有与其他表面配合的部位，均需标注表面粗糙度。与泵体连接的端面、两齿轮轴孔及与泵体连接的螺纹孔具有较高的表面粗糙度，分别为 *Ra*3. 2 和 *Ra*1. 6，其他未注部分的表面粗糙度采用不去除材料的方法。

(2) 尺寸公差：盘盖与轴之间有配合，可采用基孔制进行配合。在机械加工中孔的加工难度较高，因此选择 IT7。

(3) 几何公差：主视图上标注有平行度和垂直度形位公差，主要表示泵盖两轴孔的轴线相互平行、端盖右端面与两轴孔的轴线垂直，主要保证端盖与泵体连接的密封性及齿轮传动平稳性。

(4) 其他技术要求：泵盖应涂漆防锈；未注铸造圆角为 *R*3。

4. 绘制图框、填写标题栏

本项内容需根据国家标准进行绘制及填写。绘制完成的泵盖零件图如图 3-17 所示。

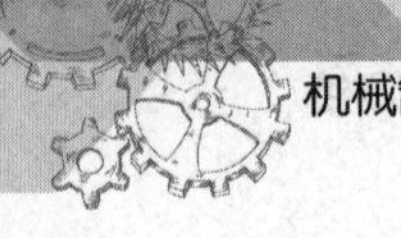

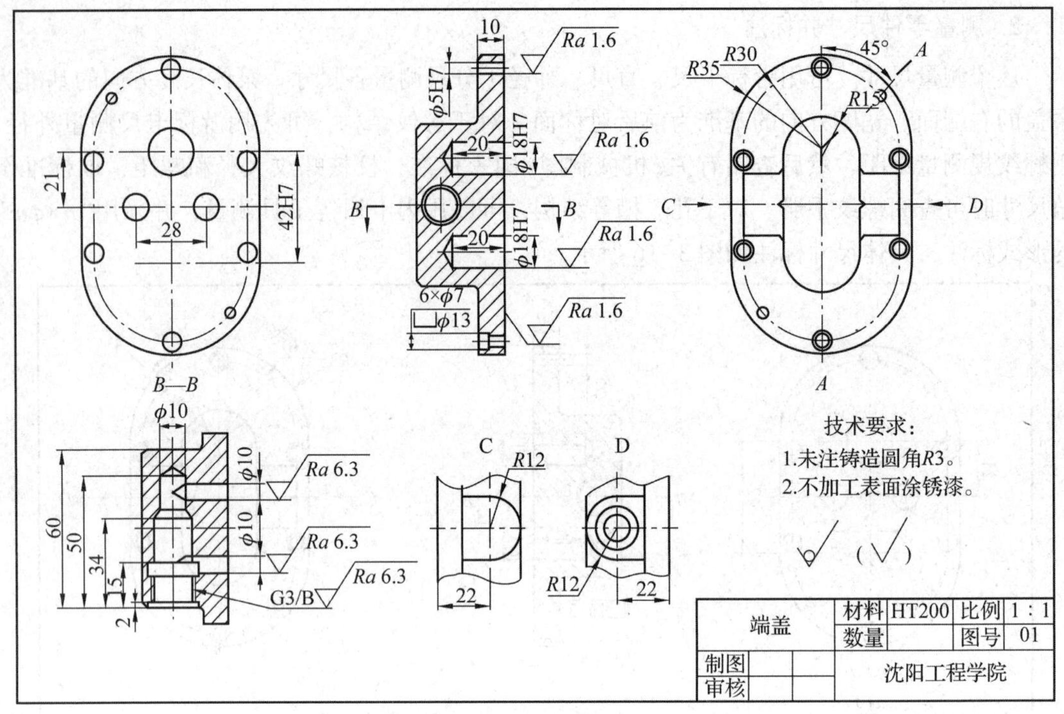

图 3-17　泵盖零件图

项目总结

本项目首先介绍了盘盖类零件的特点和测绘方法，然后通过法兰盘、阀盖、泵盖 3 个零件的测绘案例，详细分析了盘盖类零件测绘的步骤，以及尺寸标注、公差标注的具体方法。

项目四 叉架类零件测绘

叉架类零件包括杠杆、连杆、摇杆、拨叉、支架、轴承座等零件，在机器或设备中主要起操纵、连接或支承作用，如图 4-1 所示。

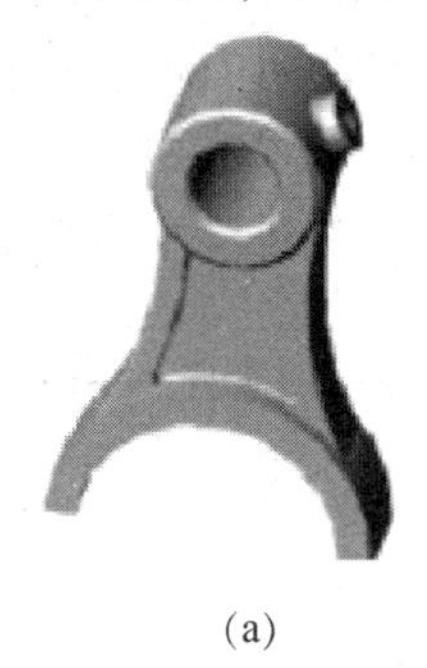

(a)

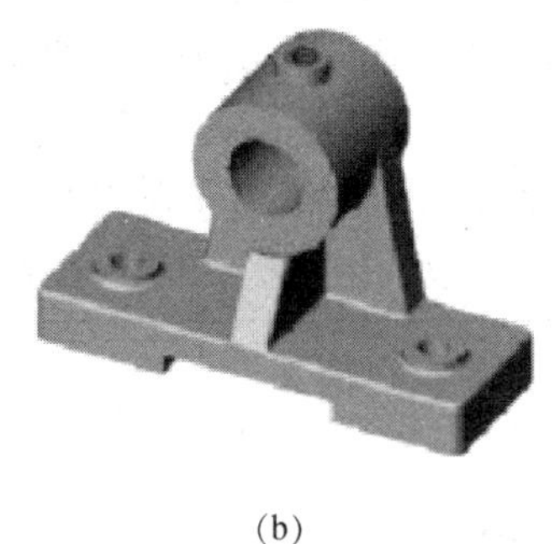

(b)

图 4-1　叉架类零件

(a)拨叉；(b)轴承座

项目描述

本项目介绍叉架类零件的特点和表达方法，通过拨叉、支架和轴承座的零件测绘，学习叉架类零件的测绘方法。

任务一　叉架类零件认知

任务描述：分析叉架类零件的作用与结构，制订合理的表达方案，学习尺寸和技术要求的标注方法。

一、叉架类零件的作用与基本结构

叉架类零件多数形状不规则，结构较复杂，毛坯多为铸件，经多道工序加工而成，一般可分为工作部分、连接部分和支承部分，工作部分和支承部分细部结构较多，如孔、螺孔、油槽、油孔、凸台和凹坑等；连接部分多为肋板结构，且形状有弯曲。

二、叉架类零件的视图表达方案

叉架类零件多由铸造或锻压成型，获得毛坯后再进行切削加工，且加工位置变化较大，故主视图主要是根据它们的形状特征选择，并常以工作位置或习惯位置配置视图。由于叉架类零件形状一般不规则，倾斜结构较多，因此除必要的基本视图外，常常采用斜视图、局部视图和断面图等表达方式表达零件的局部结构。

叉架类零件具有铸(锻)造圆角、拔模斜度等结构。

1)主视图的选择

由于叉架类零件的加工工序较多，加工位置多变，因此选择主视图时，常以工作位置安放，按形状特征确定投射方向。绘制叉架类零件常采用剖视图(形状不规则时多用局部剖视图)表达主体内形和局部内形。

2)其他视图的选择

叉架类零件结构形状(尤其外形)较复杂，通常需要两个或两个以上的基本视图，并多用局部剖视图兼顾内外形状来表达。叉架类零件的倾斜结构常用向视图、斜视图、局部视图、斜剖视图、断面图等表达，此类零件应适当分散地表达其结构形状。

图 4-2 所示为拨叉零件草图，采用两个基本视图加上一系列尺寸，就能表达拨叉的主要形状及大小，对于里面的肋板结构，采用断面视图表达。

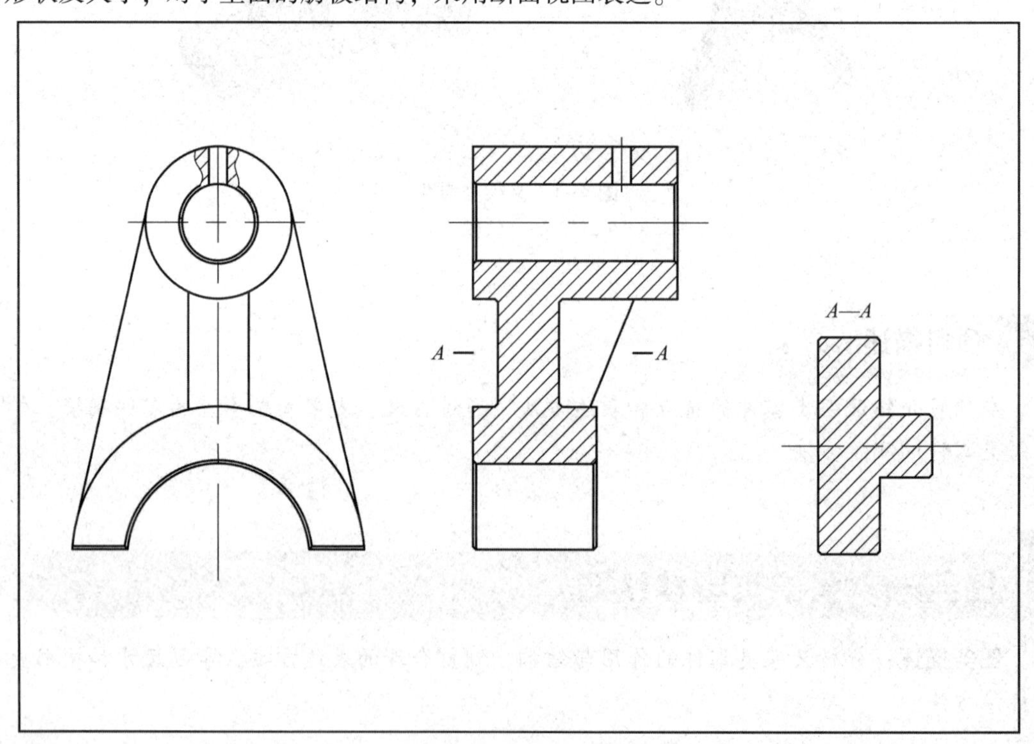

图 4-2　拨叉零件草图

三、叉架类零件的尺寸测量

叉架类零件上的重要尺寸应精确测量，并进行必要的计算、核对，不能随意圆整；有配合关系的尺寸一般只测出其公称尺寸，再依其配合性质，从极限偏差表中查出其极限偏差；对于零件上损坏或磨损部分的尺寸，应参照相关零件和有关资料进行确定；对于零件上的标准结构要素，如螺纹、倒角、键槽、退刀槽、螺栓孔、锥度、中心孔等，应将测量尺寸按有关标准圆整。表 4-1 所示为叉架类零件测量示例。

表 4-1　叉架类零件测量示例

测量内容	测量示例	说明
壁厚	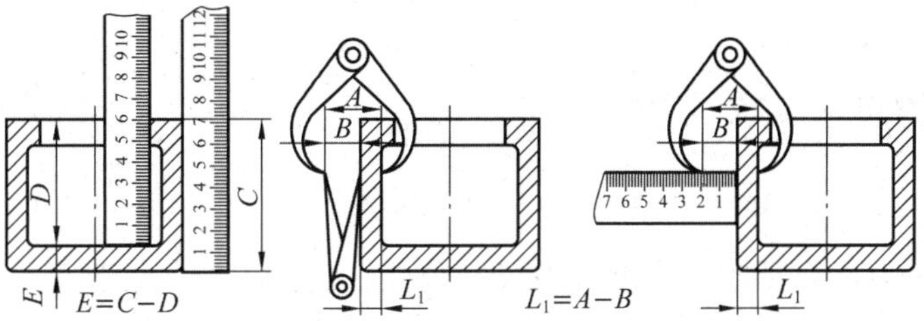 $E=C-D$　$L_1=A-B$	可用直尺、钢板和游标卡尺直接测量
孔心距	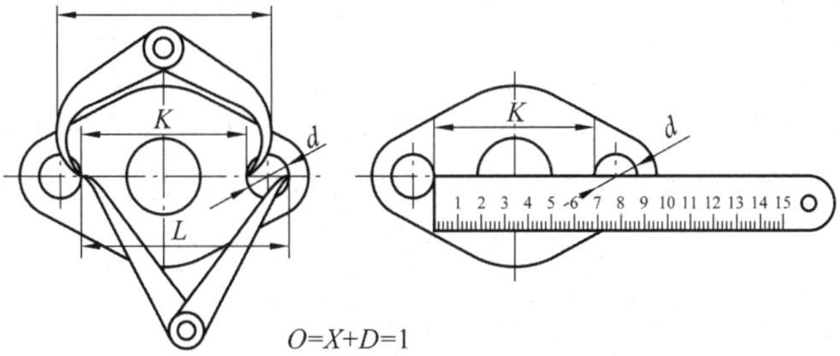 $O=X+D=1$	可用外卡钳测外圆直径，用内卡钳测内圆直径，也可用游标卡尺测外径
中心高	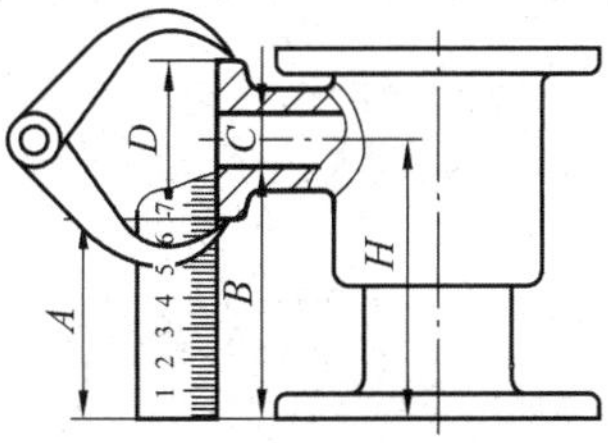	可用内卡钳与直尺配合测内径
圆角	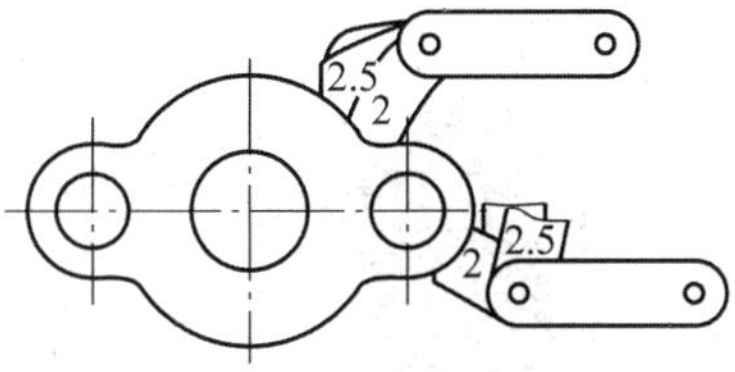	在圆弧规中找出与被测部分完全吻合的一片，从片上的数值可知圆角半径的大小
螺纹螺距	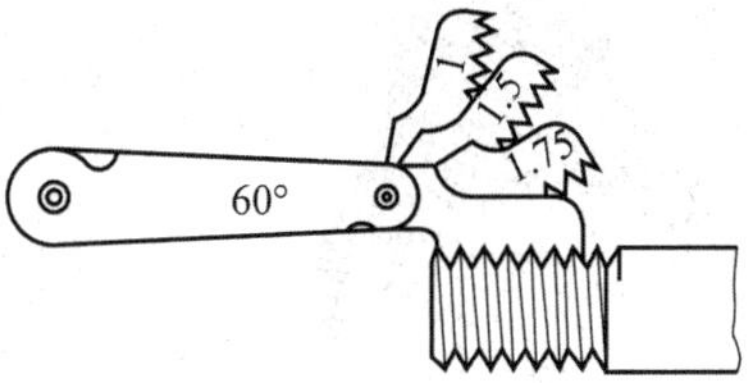	在螺纹规中找出与被测部分完全吻合的一片，从片上的数值可知螺距的大小

四、叉架类零件的尺寸标注

叉架类零件的尺寸基准一般为孔的轴线、对称平面或者较大的加工平面。这类零件的定位尺寸较多，要注意保证定位的精度。一般要注出孔中心线间的距离、孔中心线到平面间的距离或平面到平面间的距离。倒角、倒圆、退刀槽、砂轮越程槽和螺纹等结构按照规定方式标注。

五、叉架类零件的材料及热处理选择

叉架类零件的坯料多为铸、锻件，零件材料多为 HT150 或 HT200，一般不需要进行热处理，但重要的、做周期运动且受力较大的锻件常采用正火、调质、渗碳和表面淬火等热处理工艺。

六、叉架类零件的技术要求

1. 尺寸公差的选择

叉架类零件支承部分有配合要求的孔要标注尺寸公差，公差等级一般选 IT7~IT9 级。配合孔的中心定位尺寸常标注有尺寸公差。

2. 表面粗糙度的选择

一般叉架类零件支承孔的表面粗糙度为 *Ra*3. 2~*Ra*1. 6，安装地板的接触面的表面粗糙度一般选 *Ra*6. 3~*Ra*3. 2，非配合表面的表面粗糙度一般选 *Ra*12. 5~*Ra*6. 3，其余表面都是铸造面，不作要求。

3. 几何公差的选择

叉架类零件的安装板一般与其他零件接触，故应该有几何公差要求，重要的孔内表面也应该标注几何公差，实测中可参照同类零件进行标注。

任务二　拔叉测绘

任务描述：测绘图 4-3 所示拔叉的零件图。

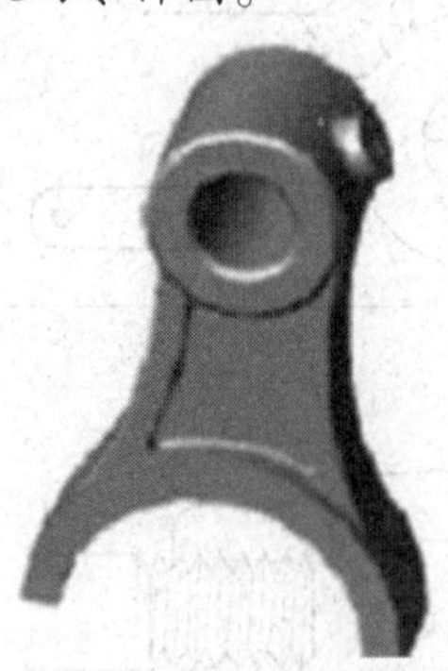

图 4-3　拔叉

任务分析：拔叉主要用在操纵机构中，如改变车床滑移齿轮的位置，实现变速；或者应用于控制离合器的啮合断开的机构中，从而控制横向或纵向进给，如汽车变速箱上的拔叉，与变速手柄相连，位于手柄下端，拔动中间变速轮，使输入/输出转速比改变。

图 4-3 所示拨叉的工作部分是一个接近半圆形的圆柱环，安装部分是一个圆筒，在圆筒斜上方有一凸台，并钻有一通孔，连接板为三角形肋板，有铸造圆角、倒角等工艺结构。

任务操作步骤：

1. 绘制拨叉零件草图

(1)确定拨叉的表达方法。图 4-3 所示的拨叉结构比较简单，采用主视图、旋转剖视图、局部视图及重合断面图表达。主视图侧重反映了拨叉各部分的上下关系；全剖左视图不仅表达了连接板、工作圆筒与肋的形体特征和上下、左右位置关系，还表达了叉和圆筒的内部结构；局部视图表达了上方凸台的形状特征；重合断面图表达了肋板结构。此零件连接结构常是倾斜或不对称的，还需要采用斜视图、局部视图、局部剖视图、断面图等来表达局部结构。

(2)确定比例和图幅。该拨叉的最大尺寸为高度尺寸，通过测量可知其最大尺寸小于 100 mm，结合零件的复杂程度，可采用 1 : 1 的绘图比例和 A4 图幅进行绘制。

(3)定位布局。在图纸上定出各视图的位置，画出主、剖视图的对称中心线和作图基准线。布置可选视图时，要考虑到各视图间应留有标注尺寸的位置，以目测比例画出零件的结构形状，如图 4-4 所示。

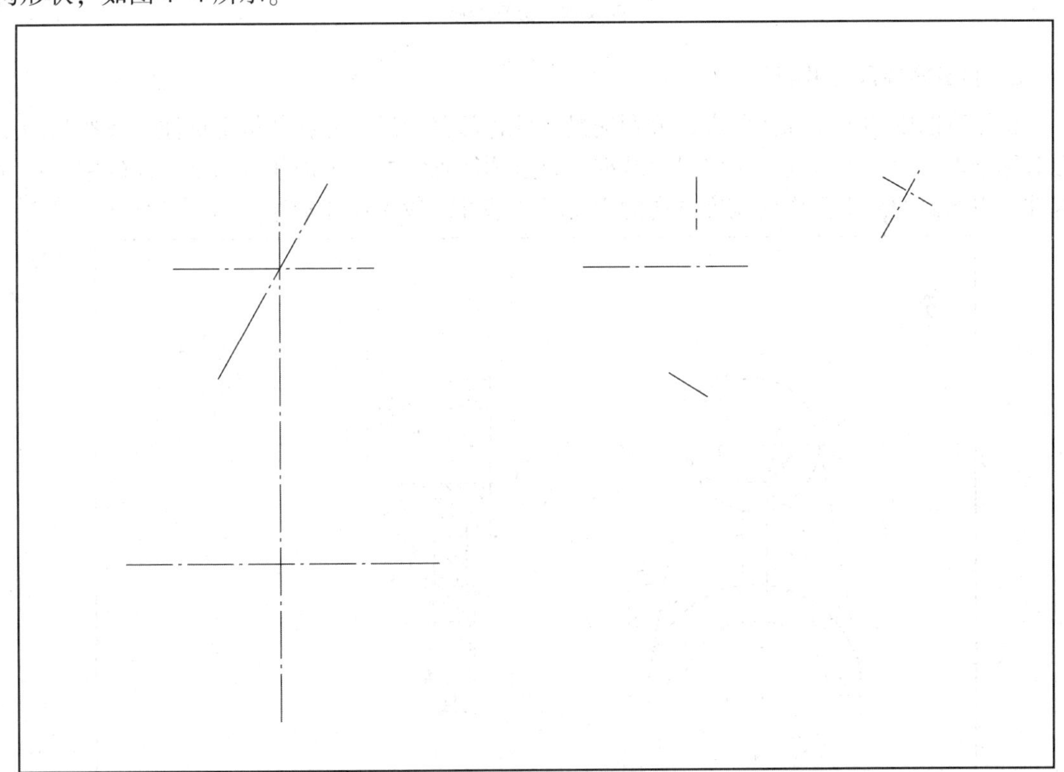

图 4-4 拨叉定位布局

(4)绘制视图。按照拨叉的结构要求，绘制出其轮廓，如图 4-5 所示。注意拨叉零件中的肋板、凸台和工作圆筒等结构要绘制清楚。

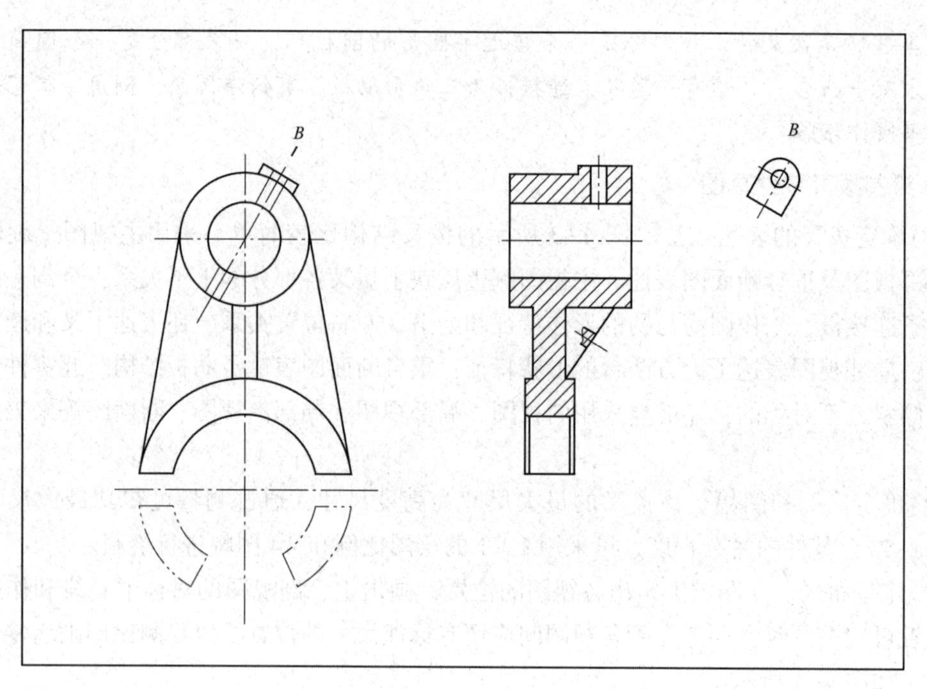

图 4-5　拨叉轮廓

2. 测量零件尺寸并标注

根据草图中的尺寸标注要求，分别测量零件各部分的尺寸并在图纸上标注。以拨叉的中心对称平面作为长度方向的主要尺寸基准，以过圆筒轴线的水平面作为高度方向的主要尺寸基准，以圆筒的后端面作为宽度方向的主要尺寸基准。拨叉尺寸标注如图 4-6 所示。

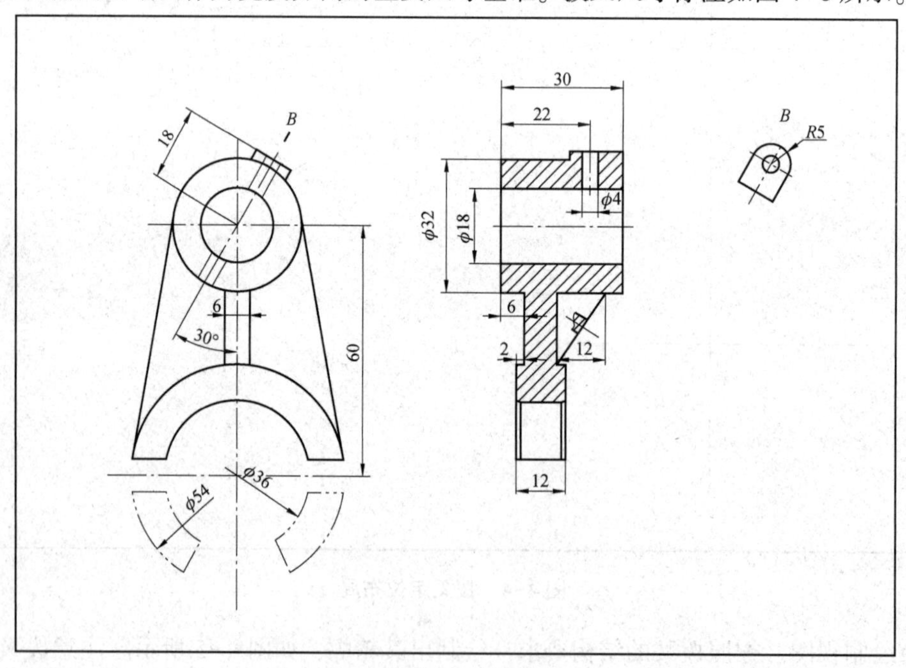

图 4-6　拨叉尺寸标注

3. 确定技术要求

(1)表面粗糙度：本例中拨叉支承孔的表面粗糙度为 *Ra*1.6，凸台孔的表面粗糙度为 *Ra*3.2，非配合表面的表面粗糙度为 *Ra*12.5。

(2)尺寸公差：叉架类零件工作部分有配合要求的孔要标注尺寸公差，按照配合要求选择基本偏差，公差等级一般为 IT7 ~ IT9 级。配合孔的中心定位尺寸常标注有尺寸公差。本例中圆筒支承孔的公差带代号为 ϕ18H7，叉口直径为 ϕ36H8，叉部宽度为 12h8。

(3)几何公差：叉架类零件支承部分、运动配合表面及安装表面均有较严格的形位公差要求。本例中拨叉的支承内孔轴线应有平行度要求，公差等级为 IT7 级。

(4)其他技术要求：拨叉的其他技术要求包括图中未注尺寸、倒角的说明。

4. 绘制图框、填写标题栏

本项内容需根据国家标准进行绘制及填写。绘制完成的拨叉零件图如图 4-7 所示。

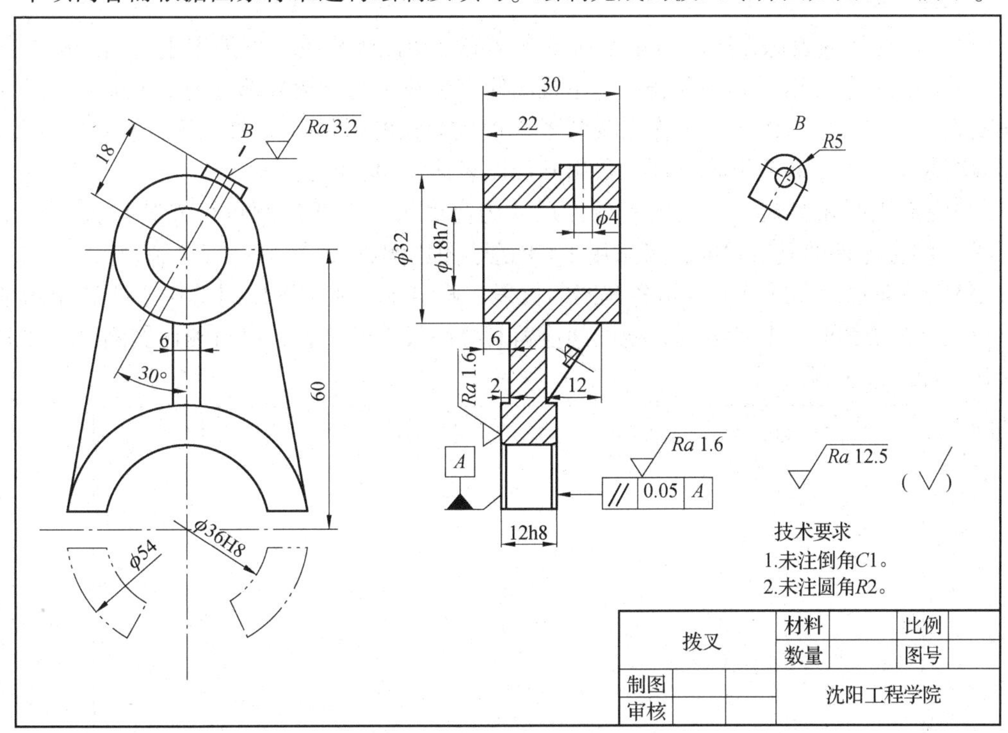

图 4-7　拨叉零件图

任务三　支架测绘

任务描述：测绘图 4-8 所示支架的零件图。

任务分析：支架零件主要起支承和连接作用，其形状结构按功能分为 3 部分：工作部分、安装定位部分和连接部分。由图 4-8 可看出，它由 3 个部分所组成，上面由夹头及夹紧装置构成；最下面是支架零件的安装座，其上有两个沉孔造型；中间为厚度不同的 T 字形肋板，它是连接夹头与安装座的部分。

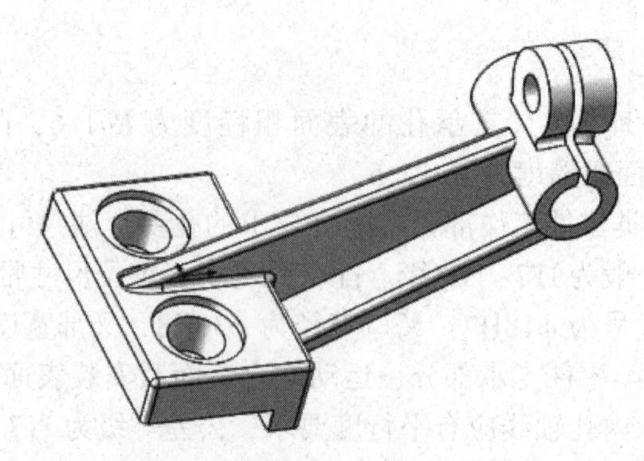

图 4-8 支架

任务操作步骤：

1. 绘制支架零件草图

(1)确定支架的表达方法。图 4-8 所示支架的结构比较简单，可采用主视图、局部剖左视图、局部视图和移出断面图等表达。主视图侧重反映了此支架各部分的上下关系；局部剖左视图表达了安装座、沉孔、工作夹紧装置与连接肋板的形体特征和上下、左右位置关系；局部视图表达了夹紧装置形状特征；移出断面图表达了肋板结构。

(2)确定比例和图幅。该支架的最大尺寸为高度尺寸，通过测量可知其最大尺寸小于 140 mm，结合零件的复杂程度，可采用 1 : 1 的绘图比例和 A4 图幅进行绘制。

(3)定位布局。在图纸上定出各视图的位置，画出主、左视图的对称中心线和作图基准线。布置可选视图时，要考虑到各视图间应留有标注尺寸的位置，以目测比例画出零件的结构形状，如图 4-9 所示。

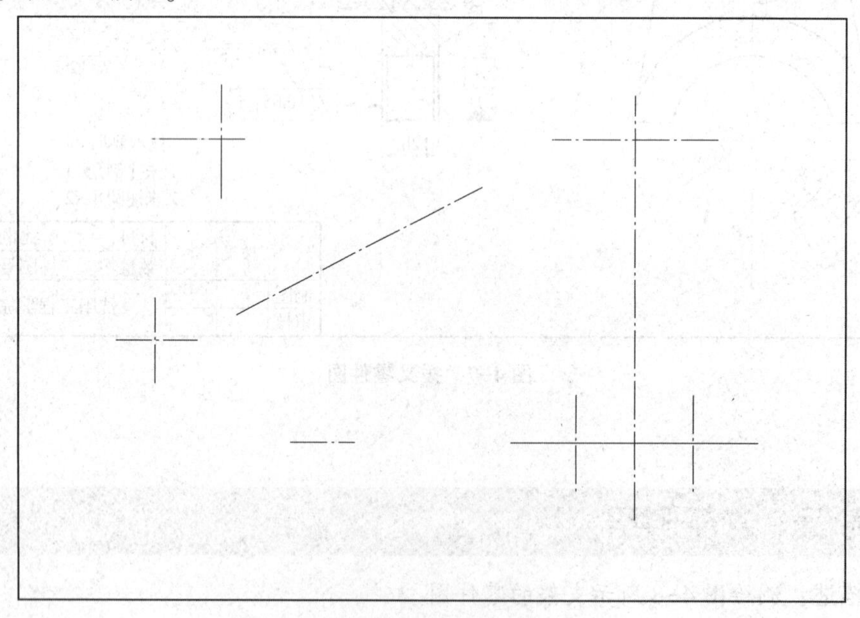

图 4-9 支架定位布局

(4)绘制视图。按照支架的结构要求，绘制出其轮廓，如图 4-10 所示。注意支架零件中的肋板、沉孔等结构要绘制清楚。

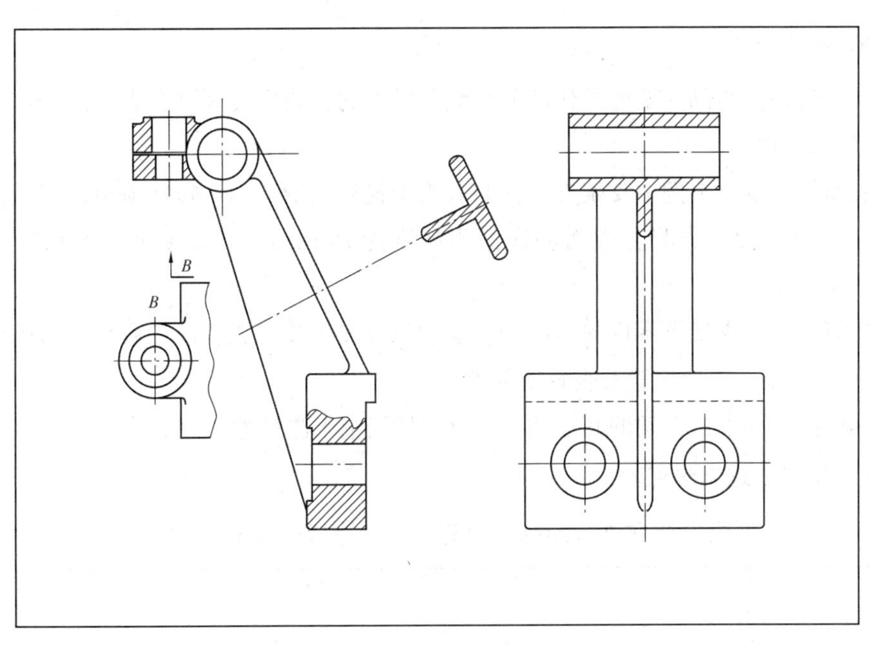

图 4-10 支架轮廓

2. 测量零件尺寸并标注

根据草图中的尺寸标注要求，分别测量零件各部分的尺寸并在图纸上标注。如图 4-11 所示，以支架的中心对称平面作为宽度方向的主要尺寸基准，以夹紧装置圆筒中轴线作为高度及长度方向的主要尺寸基准进行尺寸标注。

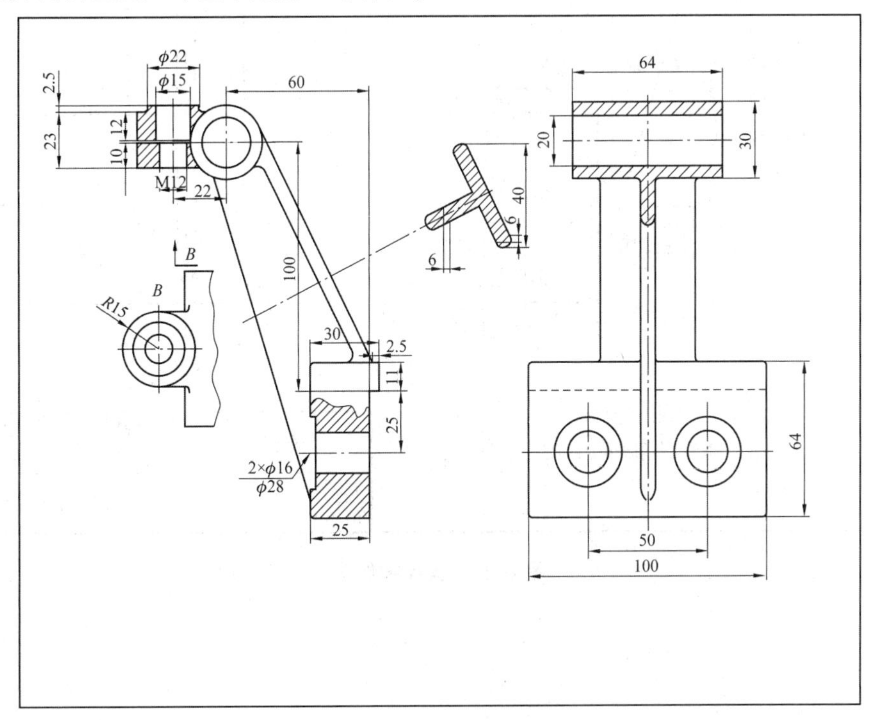

图 4-11 支架尺寸标注

3. 确定技术要求

(1)尺寸公差：本例支架的工作部分有配合要求的孔要标注尺寸公差。工作部分孔的公差带代号为 ϕ16H8。

(2)表面粗糙度：本例中支架支承孔的表面粗糙度为 *Ra*1.6，安装地板的接触面的表面粗糙度一般选 *Ra*3.2，非配合表面的表面粗糙度为 *Ra*12.5。其余表面都是铸造面，不作要求。

(3)几何公差：支架类零件支承部分、运动配合表面及安装表面均有较严格的形位公差要求。本例中支架的安装位置有垂直度要求。

(4)其他技术要求：支架的其他技术要求包括图中未注尺寸的说明。

4. 绘制图框、填写标题栏

本项内容需根据国家标准进行绘制及填写。绘制完成的支架零件图如图 4-12 所示。

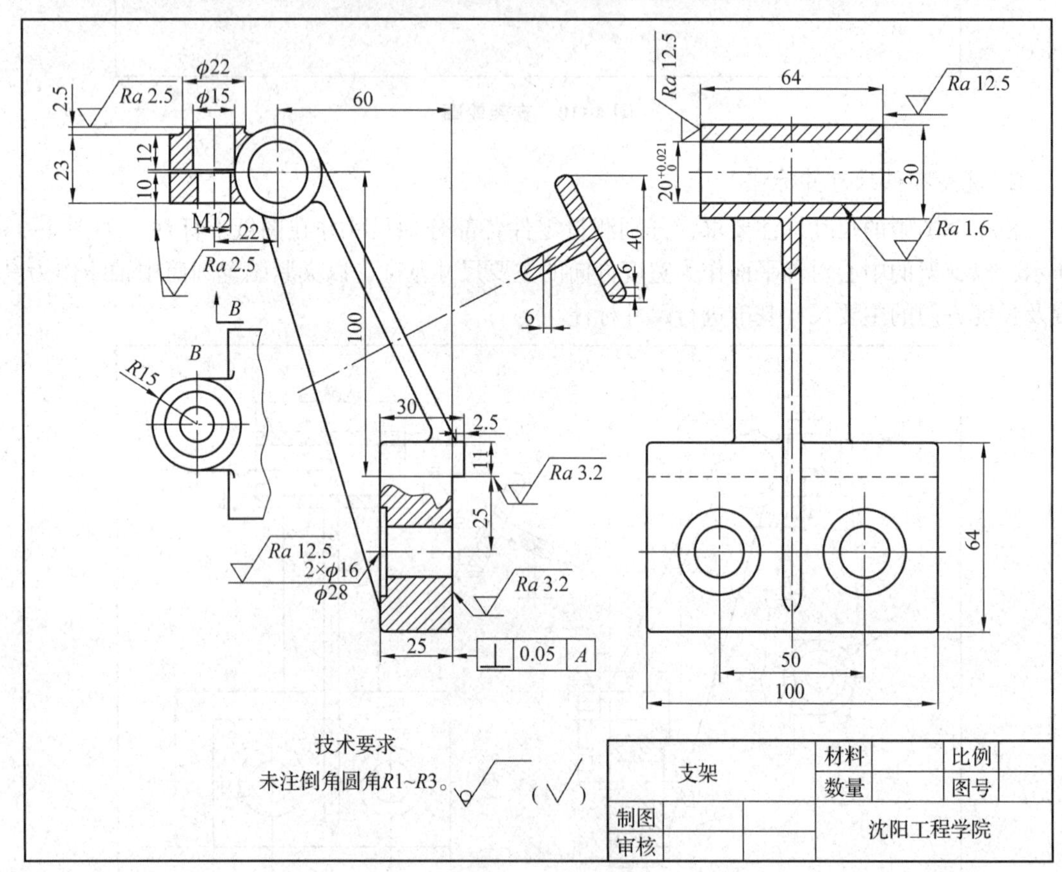

图 4-12　支架零件图

任务四　轴承座测绘

任务描述：测绘图 4-13 所示轴承座的零件图。

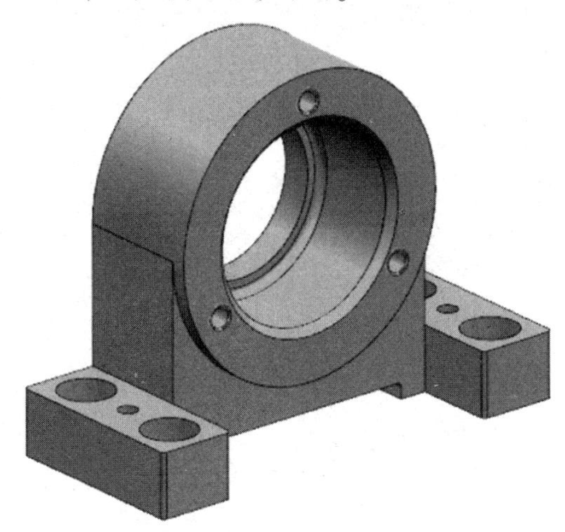

图 4-13　轴承座

任务分析：轴承座是各种机械设备中常见的零件，目前常用轴承座已经标准化，通常在机械产品设计时只要选取即可，但在许多场合，因为结构和条件的需要，需要非标轴承座。它的主要作用是固定和支撑轴承，承受压力，使轴及其连接部件具有一定的位置关系。

任务操作步骤：

1. 绘制轴承座零件草图

(1)确定轴承座的表达方法。图 4-13 所示轴承座的结构比较简单，采用主视图、全剖左视图和俯视图表达。主视图侧重反映了轴承座各部分的上下关系和整体形状特征；全剖左视图表达了轴承孔、螺纹结构及相对位置关系；俯视图补充表达了沉孔和底板的形状特征。

(2)确定比例和图幅。该轴承座的最大尺寸为长度尺寸，通过测量可知其最大尺寸为 114 mm，结合零件的复杂程度，可采用 1∶1 的绘图比例和 A4 图幅进行绘制。

(3)定位布局。在图纸上定出各视图的位置，画出主、剖视图的对称中心线和作图基准线。布置可选视图时，要考虑到各视图间应留有标注尺寸的位置，以目测比例画出零件的结构形状，如图 4-14 所示。

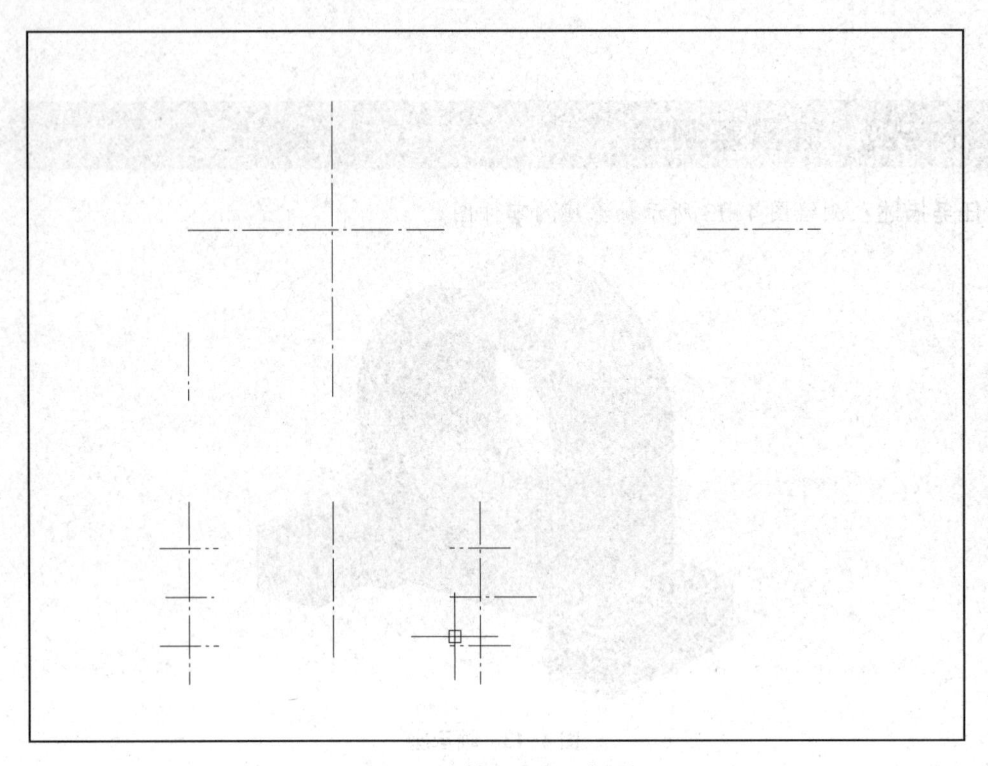

图 4-14　轴承座定位布局

(4)绘制视图。按照轴承座的结构要求，绘制出其轮廓，如图 4-15 所示。

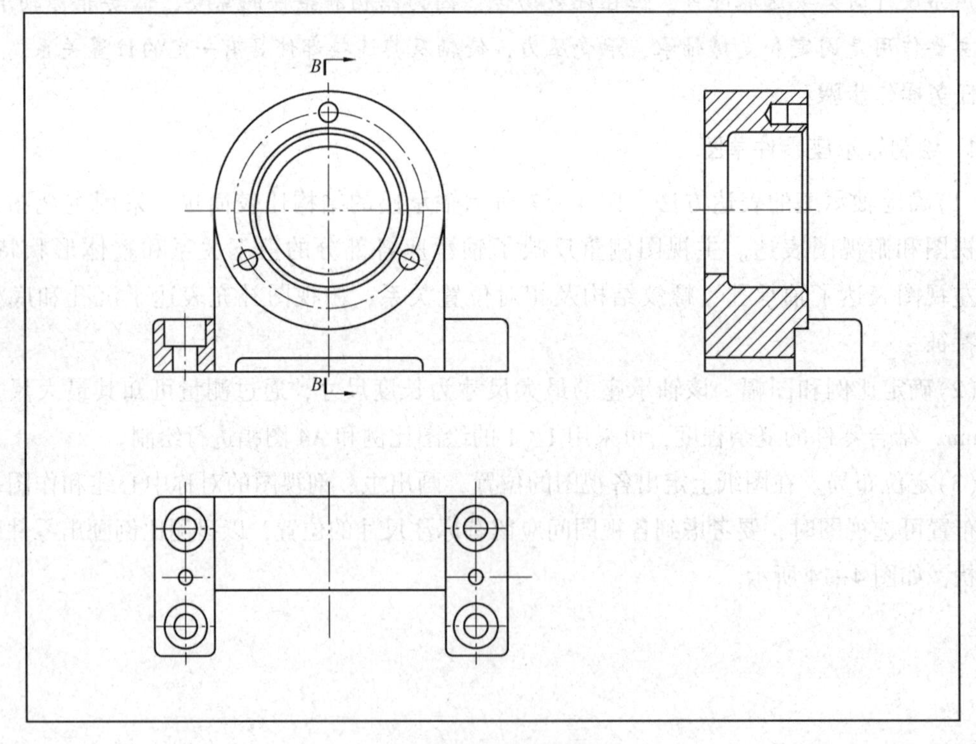

图 4-15　轴承座轮廓

2. 测量零件尺寸并标注

根据尺寸标注要求，分别测量零件各部分的尺寸并在图纸上标注，如图 4-16 所示。以轴承座的中心对称平面作为长度方向的主要尺寸基准，以底面作为高度方向的主要尺寸基准，以轴承座后端面作为宽度方向的主要尺寸基准。

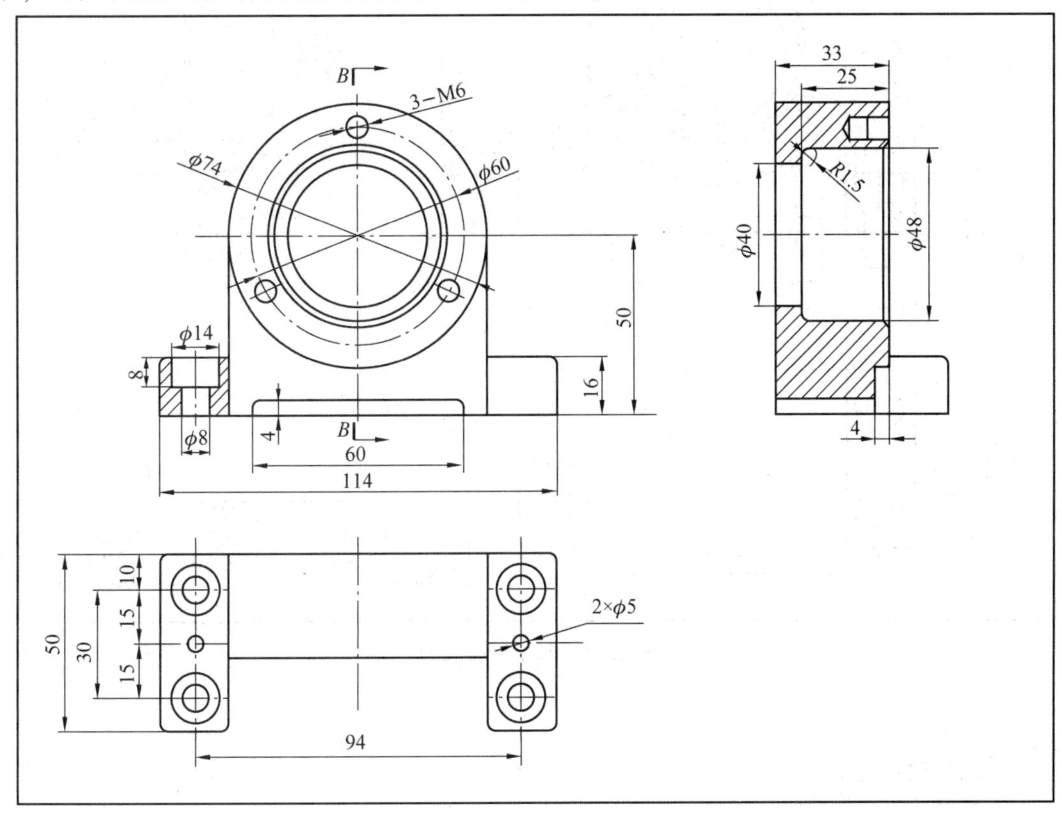

图 4-16　轴承座尺寸标注

3. 确定技术要求

(1)表面粗糙度：本例中轴承座的轴承孔和装配作孔的表面粗糙度为 *Ra*1.6，轴承座底座和轴承座两侧端面的表面粗糙度为 *Ra*3.2，底座沉孔台阶面上 φ14 孔的表面粗糙度为 *Ra*6.3 和 *Ra*12.5，其余表面的表面粗糙度为 *Ra*25。

(2)尺寸公差：本例中轴承座的工作部分有配合要求的孔要标注尺寸公差，本例中轴承孔为 φ48H7 和 φ40H7；两沉孔定位采用夹具，装夹尺寸为 94±0.2；轴承孔中心定位尺寸为 50±0.05。

(3)几何公差：本轴承座运动配合表面及安装表面均有较严格的形位公差要求。本例中轴承孔轴线及底座上平面相对于底面应有平行度要求。

4. 绘制图框、填写标题栏

本项内容需根据国家标准进行绘制及填写。绘制完成的轴承座零件图如图 4-17 所示。

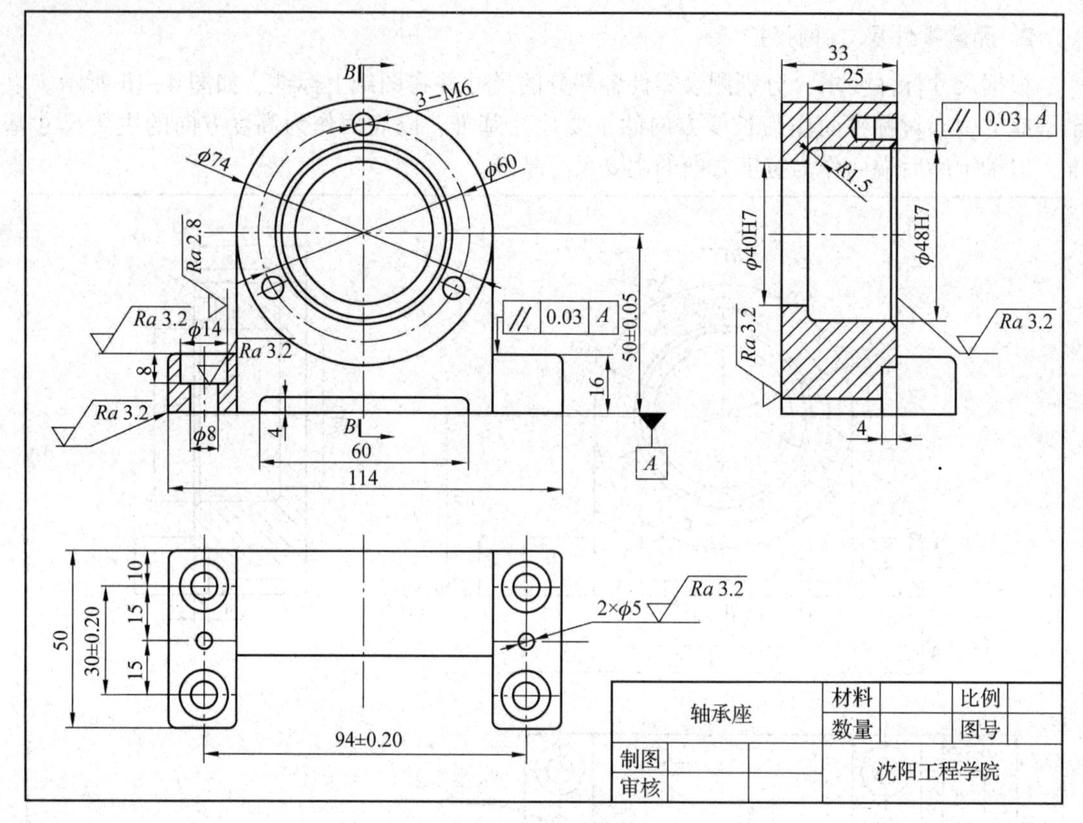

图 4−17　轴承座零件图

项目总结

本项目首先总体概况介绍了叉架类零件的特点和测绘方法，然后通过拨叉、支架、轴承座 3 个零件的测绘案例，详细分析了叉架类零件测绘的步骤，以及尺寸标注和公差标注的具体方法。

项目五 箱体类零件测绘

箱体类零件是机器中的主要零件之一，一般起支承、容纳、零件定位等作用，如图 5-1 所示。箱体类零件可以将机器和部件中的轴、套、齿轮等有关零件连接成一个整体，并使之保持正确的相互位置，以传递转矩或改变转速来完成规定的动作。

图 5-1 箱体类零件

项目描述

本项目介绍箱体类零件的特点和表达方法，通过泵体和减速器箱体的零件测绘，学习箱体类零件的测绘方法。

任务一 箱体类零件认知

任务描述：分析箱体类零件的作用与结构，制订合理的表达方案，学习尺寸和技术要求的标注方法。

一、箱体类零件的作用与基本结构

箱体类零件的内、外结构都很复杂，常用薄壁围成不同的空腔，箱体的壁厚较薄(10~30 mm)，且壁厚不均匀。尽管箱体零件的结构形状随其在机器中的功用不同而有很大差别，

但也有其共同的特点。箱体类零件内部呈在箱体壁上有多种形状的凸起平面及较多的轴承支承孔和紧固孔，还常有凸台、放油孔、安装底板、肋板、销孔、螺纹孔和螺栓孔等结构。这些平面和轴承孔的精度要求较高、表面粗糙度要求较低，且有较高的相互位置精度要求。

箱体类零件的结构按其作用不同常分为下列 4 个部分。

1) 支承部分

支承部分结构形状比较复杂，下部通常做成带有加强肋的空腔；壁上设有支承轴承用的轴承孔。

2) 润滑部分

为了使运动件得到良好的润滑，箱体类零件常设有储油池、注油孔、排油孔、油标孔以及各种油槽。

3) 安装部分

为使箱体设计成一封闭结构和使润滑油不致泄漏，常在箱体类零件上装上顶盖、侧盖以及轴承盖，因此在连接处要加工出连接配合孔、螺钉孔及安装平面。另外箱体类零件必须固定在其他部件上，因此一般有安装底面和连接孔以便安装固定。

4) 加强部分

箱体受力较薄弱的部分常用加强肋以增加其强度，如箱体的轴承孔除安装轴承外还要安装轴承盖，因此对于较长的轴承孔，可在轴承孔外部设置加强肋，以增加其强度。为了减少加工面积，可将箱体底板下部做成空腔。为使空腔具有足够的强度，可在中间部分设置加强肋。

二、箱体类零件的视图表达方案

箱体类零件通常采用 3 个或以上的基本视图，根据具体结构特点选用半剖、全剖或局部剖视图，并辅以断面图、斜视图、局部视图等表达方法。

1) 主视图

箱体类零件主视图的摆放一般要符合其工作位置作，这是由于箱体类零件所属的装配图通常是按工作位置来绘制的，且槽体类零件加工位置较多。由于内腔较外形复杂，因此在主视图上经常采用剖视，以表达内部结构。

2) 左视图、俯视图、右视图

设计中往往需要利用左视图(俯视图或右视图)来配合主视图表达箱体的内外形状，采用多少视图要根据箱体零件结构的复杂程度而定，例如为了表达箱体零件的底部形状，需要绘出仰视图；为了表达零件左右方向的形状，可选择左视图或右视图。

3) 剖视图

为了表达箱体类零件的内部形状，要有足够数量的剖视图。根据其结构的具体情况可采用全剖视图、半剖视图或局部剖视图。在许多情况下为了减少视图，可采用局部剖视图，这样在同一视图上，既表达了箱体零件的外部形状，又表达了内部结构。

4) 断面图

为了表达箱体零件内部结构中某一截面的形状，有时也采用断面图。

5) 展开剖视图

箱体上的轴孔不在同一直线上时，为了清楚地表达各孔的形状，可将各孔沿剖切位置摊开在一平面上，并向某一投影面投影，得到展开剖视图。

6) 局部视图及局部剖视图

为了表达箱体类零件某部分的结构形状，将该部分向某一投影面投影所得的视图为局部视图，将该部分剖切后向某一投影面投影所得的视图为局部剖视图。

图 5-2 所示为蜗轮箱体零件草图，该箱体的零件图采用主视图、俯视图、左视图 3 个基本视图，另外还用了 *A*、*B*、*E*、*F* 4 个局部视图。

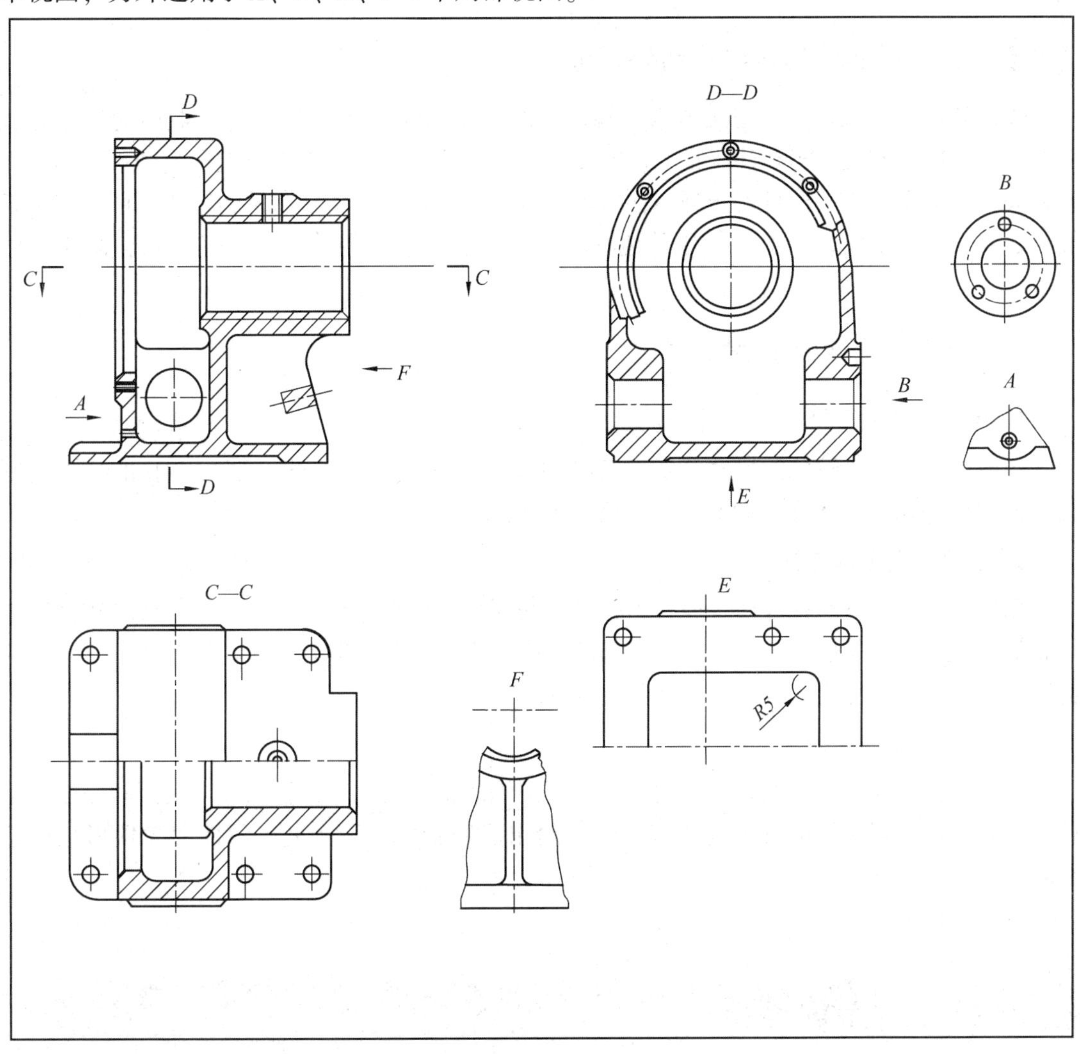

图 5-2　蜗轮箱体零件草图

三、箱体类零件的尺寸测量

应精确测量箱体类零件上的重要尺寸，并进行必要的计算、核对，不能随意圆整；对于有配合关系的尺寸，一般只测出其公称尺寸，再依其配合性质，从极限偏差表中查出其极限偏差；对于零件上损坏或磨损部分的尺寸，应参照相关零件和有关资料进行确定；对于零件上的标准结构要素，如螺纹、倒角、键槽、退刀槽、螺栓孔、锥度、中心孔等，应将测量尺寸按有关标准圆整。

四、箱体类类零件的尺寸标注

在标注箱体类零件的尺寸时，确定各部位的定位尺寸很重要，因为它关系到装配质量的好坏，为此要选择好基准面，一般以安装表面、主要孔的轴线和主要端面作为基准。在箱体零件长、宽，高 3 个方向各选择一个主要基准。当各部位的定位尺寸确定后，其定形尺寸才能确定。

五、箱体类零件的材料及热处理选择

箱体类零件的材料多采用灰铸铁，常用材料为 HT150 和 HT200。铸造毛坯的造型方式一般与生产批量有关。当单件小批生产时，采用木模手工造型；当大批大量生产且毛坯尺寸不太大时，常采用金属模机器造型。在单件小批生产条件下，形状简单的箱体也可采用钢板焊接。在某些特定场合，也可采用其他材料，如飞机发动机箱体，为减轻质量，常用镁铝合金。

六、箱体类零件的技术要求

1. 尺寸公差的选择

一般情况下，主轴孔的尺寸精度为 IT6，其他支承孔的尺寸精度一般应在孔的公差范围内，要求高的孔的形状公差不超过孔公差的 1/3。

2. 表面粗糙度的选择

箱体类零件中轴承孔、结合面、销孔等表面粗糙度要求较高，其余加工面要求较低。轴承孔的中心距、孔径以及一些有配合要求的表面、定位端面一般有尺寸精度的要求。轴承孔为工作孔，表面粗糙度为 $Ra1.6$，要求最高。

3. 几何公差的选择

同轴的轴、孔之间一般有同轴度要求。不同轴的轴、孔之间，轴和孔与底面间一般有平行度要求。传动器箱体的轴承孔为工作孔，给出了同轴度、平行度、圆柱度 3 项形位公差要求。

任务二　泵体测绘

任务描述：测绘图 5-3 所示泵体的零件图。

任务分析：泵体是齿轮泵的主要零件，由它将齿轮轴、盖、密封结构等零件组装在一起，使它们具有正确的相互位置，从而达到所要求的运动关系和工作性能。

图 5-3 所示泵体的结构形状比较复杂，外壁有平面和不同直径的圆柱面等，内部有两个轴相互平行的孔，用于安装齿轮轴。泵体侧面有凸台，内有连接孔和螺孔，用于与其他零件连接。泵体与泵盖的结合面处，具有适当宽度的连接凸缘，用以保证连接件的安装和改善密封条件。为了保证装配时的相对位置，在泵体和泵盖上有两个定位销孔，这两个销孔是泵体和泵盖安装在一起加工的，因此应注明“配作”。

图 5-3　泵体

任务操作步骤：

1. 绘制泵体零件草图

(1)确定泵体的表达方法。图 5-3 所示的泵体的结构比较复杂，为了反映泵体的主要特征，按照零件主视图的选用原则，将主视图按工作位置安放，底板放平，并以反映其各组成部分形状特征及相对位置最明显的方向作为主视图的投射方向。其中主视图采用局部剖，其中两个局部剖表达进、出油孔的结构，另一个局部剖表达安装孔的结构。为了表达泵体主体部分的内部结构特征，采用了旋转剖左视图。为了分析其他未表达清楚的次要部分，通过选择适当表达方法或增加其他视图的方法来加以补充。为了表达底板的形状及安装孔的位置，采用局部视图；为了表达两侧进、出油孔的形状，也采用局部视图。

(2)确定比例和图幅。该泵体的最大尺寸为高度尺寸，通过测量可知该尺寸为 150 mm，结合零件的复杂程度，可采用 1∶1 的绘图比例和 A3 图幅进行绘制。

(3)定位布局。在图纸上定出各视图的位置，画出主、剖视图的对称中心线和作图基准线。布置可选视图时，要考虑到各视图间应留有标注尺寸的位置，以目测比例画出零件的结构形状，如图 5-4 所示。

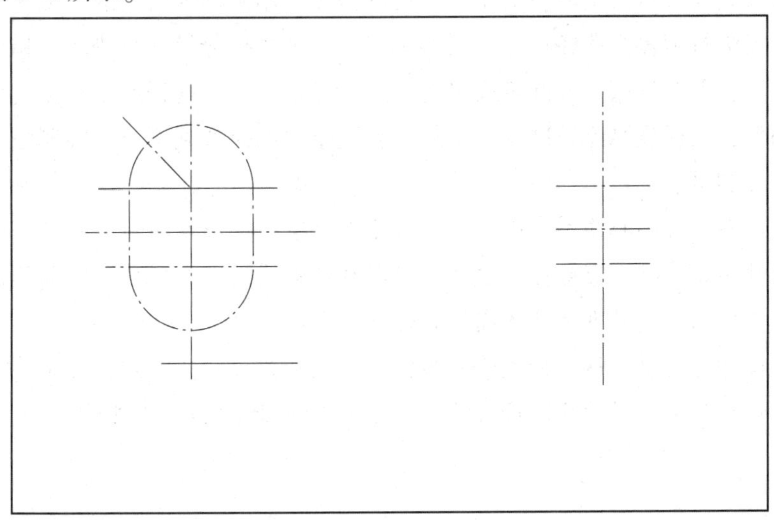

图 5-4　泵体定位布局

(4)绘制视图。按照其结构要求，绘制出泵体的轮廓，如图 5-5 所示。注意泵体中的螺纹孔、安装孔和油孔等结构要绘制清楚。

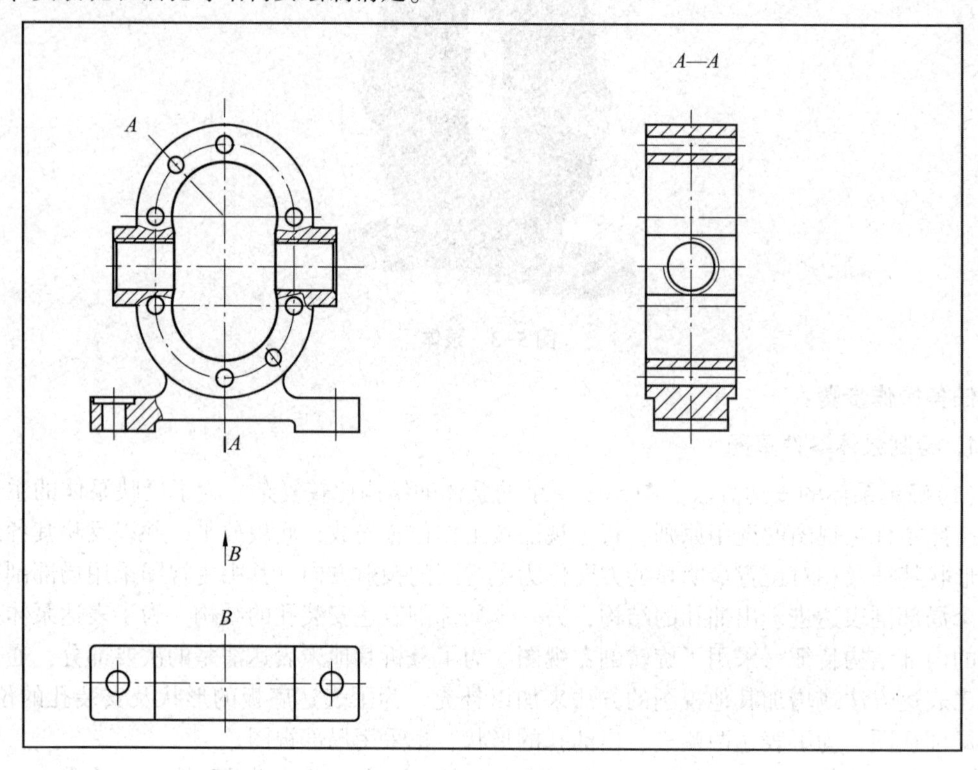

图 5-5　泵体轮廓

2. 测量零件尺寸并标注

此泵体的测量方法应根据各部位的形状和精度要求来选择，零件的长、宽、高等外形尺寸可用钢直尺或钢卷尺直接量取；对于孔、槽的深度，用游标卡尺上的深度尺、深度游标卡尺或深度千分尺进行测量。孔径尺寸可用游标卡尺或内径千分尺进行测量，精度要求高时要采用多点测量法，即在三四个不同直径位置上进行测量，对于孔径产生磨损的情况，要选取测量中的最小值，以保证测绘较准确、可靠。在测绘中如果遇到不能直接测量的尺寸，可利用工具进行间接测量。

以泵体的左右对称中心线为长度方向尺寸主要基准，注出左右对称的各部分尺寸；以底为高度方向尺寸主要基准，直接注出底面到进出油孔轴线的定位尺寸，底面到齿轮孔轴线的定位尺寸，再以此为辅助基准标注两齿轮孔轴线的距离尺寸。

标注泵体尺寸时必须注意，相关联的零件之间的相关尺寸要一致，如泵体上销孔的定位尺寸与端盖上销孔的定位尺寸注法应完全一致，以保证装配精度。如图 5-6 所示为泵体尺寸标注。

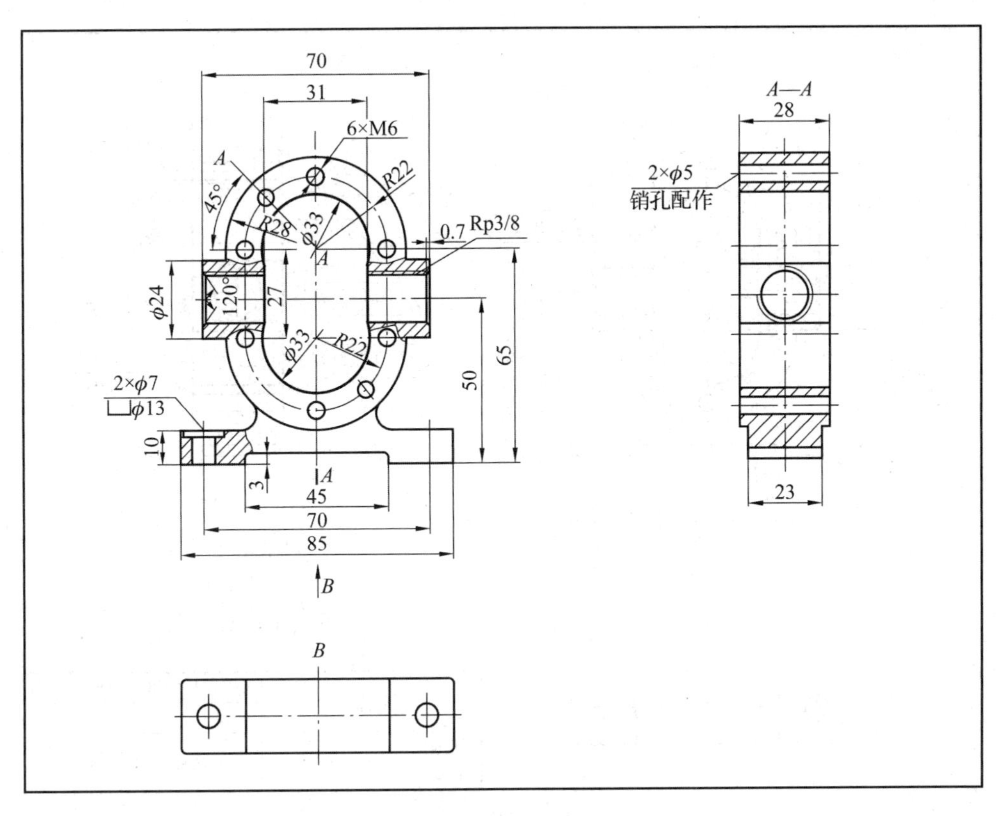

图 5-6　泵体尺寸标注

3. 确定技术要求

(1)表面粗糙度：加工表面应标注表面粗糙度，有相对运动的配合表面和结合表面其表面粗糙度等级要求较高，如泵轴与孔的配合表面的表面粗糙度一般选用 *Ra*3. 2 ~ *Ra*1. 6；与轴系零件配合如齿轮、皮带轮的表面粗糙度可选用 *Ra*3. 2；其他加工表面如螺栓孔、退刀槽、倒角和圆角等粗糙度可选用 *Ra*12. 5 ~ *Ra*6. 3，不加工的毛坯面其表面粗糙度可不作精度等级要求，但要进行标注。

(2)尺寸公差：主要尺寸应保证其精度要求，如泵体的两轴线距离、轴线至底板底面高度；有配合关系孔与轴的尺寸，如泵轴与泵体孔的配合，齿轮与泵体的配合等都要标注尺寸公差。根据标准可知，轴承孔的精度较高一般公差等级选用 IT6、IT7，其他孔一般为 IT8 级。

(3)几何公差：有相对运动的配合的零件形状、位置都要标注几何公差，为了保证两齿轮角啮合运转，泵体上两齿轮孔的轴线相对轴的安装孔轴线应有同轴度要求，齿轮端面与泵体结合有垂直度要求；进出油孔轴线与底板底面有平行度要求。泵体几何公差可参阅同类型零件图选用。

4. 绘制图框、填写标题栏

本项内容需根据国家标准进行绘制及填写。绘制完成的泵体零件图如图 5-7 所示。

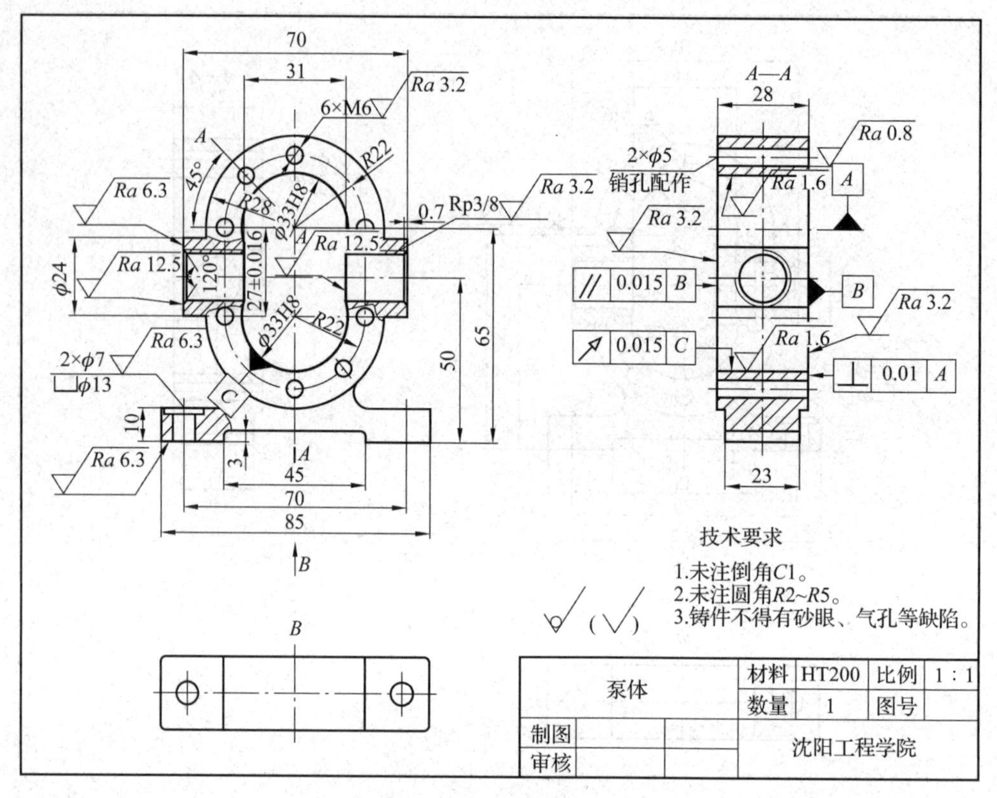

图 5-7　泵体零件图

任务三　减速器箱体测绘

任务描述：绘制图 5-8 所示减速器箱体的零件图。

图 5-8　减速器箱体

任务分析：箱体是减速器的主要零件，它用来支承和固定轴系零件以及在其上装设其他附件，保证传动零件齿轮的正确啮合，使传动零件具有良好的润滑和密封。箱体的结构形式分为剖分式和整体式。剖分式结构的剖分面常与轴线平面重合。本例为剖分式箱体。

该箱体零件大致由以下几个部分构成：容纳运动零件和储存润滑油的内腔，由较均匀的壁部组成；其上有支承和安装运动零件的孔及安装端盖的凸台、螺孔等；将机体固定在机座上的安装底板及安装孔；加强肋、观察润滑油孔、放油螺孔等。

该箱体用途为：起容纳、支承其他零件以及定位、密封等作用，它是减速器的主体件，因而其结构、形状较为复杂，尺寸数量多，部分结构尺寸精度、形位公差、表面粗糙度要求较高。结构特点：该零件为铸件，其结构、形状较为复杂，尤其是内腔。该零件上有带安装孔的底板，上面有凹坑和凸台结构，表面过渡线较多。

任务操作步骤：

1. 绘制减速器箱体零件草图

(1) 确定减速器箱体的表达方法。该箱体的内外结构形状都比较复杂，注意铸造圆角和过渡线的画法。主视图按形体特征和工作位置原则，重点表达外形，同时对螺栓连接孔、放油孔、销孔、安装孔、槽的结构可采用局部剖视图，对箱体左、右两边和下边的壁厚也要进行表达，通过选择适当表达方法或增加其他视图的方法来加以补充。为了表达底板的形状及安装孔的位置，可采用局部视图；为了表达两侧进、出油孔的形状，也可采用局部视图。

俯视图采用基本视图，表达机体的外形和上盖板、底板和内腔的形体特征，同时可对其作局部剖视表达箱体和肋板的壁厚。

左视图采用阶梯全剖视图，用以配合主视图，着重表达箱体内腔的结构形状，主要突出与滚动轴承配合孔的形状和肋板的断面形状。

为表达箱壁横断面及上盖板连接关系，需要从主视图处剖切，向上投射，主要表达箱壁横断面及上盖板连接关系。

通过分析得出箱体零件的表达方案和视图数量选择方面的结论：3 个基本视图、2 个局部剖视图。

(2) 确定比例和图幅。该箱体的最大尺寸为长度尺寸，通过测量可知其最大尺寸接近 250 mm，结合零件的复杂程度，可采用 1∶1 的绘图比例和 A2 图幅进行绘制。

(3) 定位布局。在图纸上定出各视图的位置，画出作图基准线。箱座的尺寸较多，一般情况下箱座的长度方向尺寸基准应选择主动轴或从动轴的轴线为主要基准；宽度方向的箱座结构一般是对称的，其尺寸基准应选择箱座的对称面；高度方向尺寸基准应选择箱座安装底板的底面，辅助基准一般选择轴线。布置可选视图时，要考虑到各视图间应留有标注尺寸的位置，以目测比例画出零件的结构形状，如图 5-9 所示。

(4) 绘制视图。按照减速器箱体的结构要求，绘制出其轮廓，如图 5-10 所示。注意减速器箱体中的螺孔、肋板、凸台等结构要绘制清楚。

2. 测量零件尺寸并标注

确定尺寸基准，画出尺寸界线、尺寸线和箭头；用量具测量零件尺寸，填写尺寸数据。机座的尺寸标注比较复杂，要按形体分析法标注，且不可混乱。

减速器箱体的底面是其安装表面，以它作为高度方向的尺寸基准，注出箱体总高 80±0.1，这个尺寸与输入轴和输出轴的中心高有关，放油孔和油面指示孔也以底面为尺寸基准。在长度方向选取右端面作为尺寸基准，注出顶面安装孔在长度方向的定位尺寸 27，底面安装孔在长度方向的定位尺寸 23，右轴承孔到端面的距离 65，两轴承孔之间的距离 70±0.08。在宽度方向选取对称面作为尺寸基准，注出总宽 104，空腔宽 40。

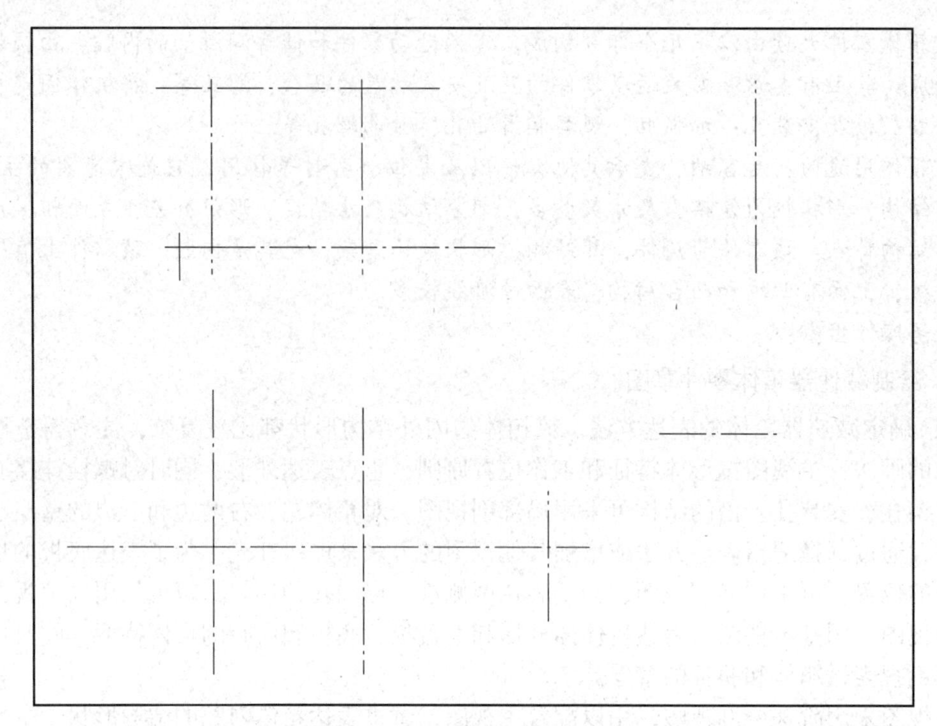

图 5-9 减速器箱体定位布局

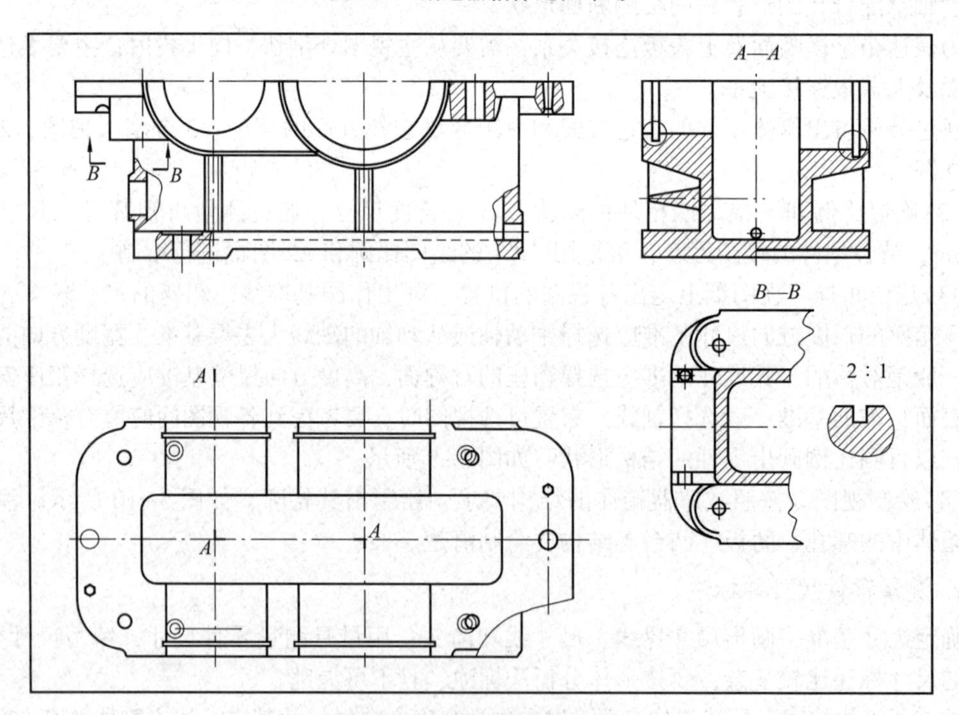

图 5-10 减速器箱体轮廓

确定好各部位的定位尺寸后，逐个注上定形尺寸。首先逐个标注上下底板及螺栓孔、轴孔、观察油孔的尺寸，再标注箱壁、吊板、肋板等的尺寸，最后标注局部细节的尺寸，标注完成后如图 5-11 所示。

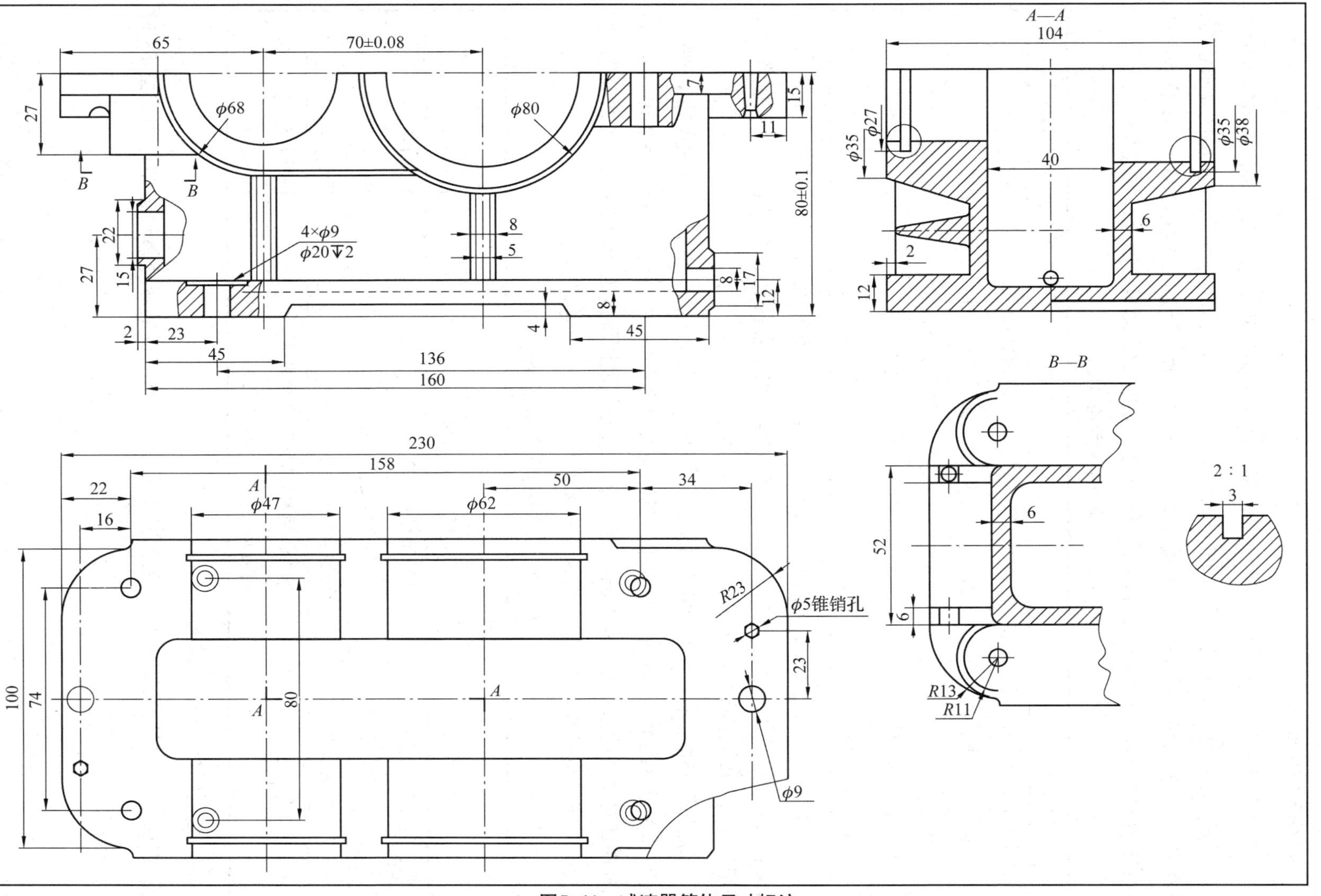

图5-11　减速器箱体尺寸标注

3. 确定技术要求

(1)表面粗糙度：表面粗糙度的选择归根结底还是必须从实际出发，全面衡量零件的表面功能和工艺经济性，才能作出合理的选择。若是主要承受表面，则表面粗糙度要求较高，可在 *Ra*1. 6～*Ra*0. 8 之间选择；一般配合表面的表面粗糙度为 *Ra*3. 2～*Ra*1. 6；非配合表面的表面粗糙度为 *Ra*12. 5～*Ra*6. 3；铸造面不作要求。具体的表面粗糙度选择如表 5-1 所示。

表 5-1　具体的表面粗糙度选择

加工表面	*Ra*/μm	加工面	*Ra*/μm
减速器上下结合面	1. 6	减速器底面	6. 3
轴承座孔表面	1. 6	轴承座孔外端面	3. 2
圆柱销孔表面	1. 6	螺栓孔端面	6. 3～12. 5
嵌入盖凸缘槽面	3. 2	油塞孔端面	6. 3
探视孔盖结合面	6. 3	其余端面	12. 5

(2)尺寸公差：主要尺寸应保证其精度，如机体的两轴线距离、轴线至底板底面高度，有配合关系轴孔的尺寸都要标注尺寸公差，各轴承孔的配合精度可选 7 级精度。公差数值的选用可参考 GB/T 1800. 2—2020 和 GB/T 276—2013。

(3)几何公差：有相互配合的零件形状、位置要有几何公差，如为了保证两齿轮正确啮合运转，机体上两轴轴线应有平行度要求，具体要求为两轴承孔中心线的平行度为 0. 05 mm。各孔外端面对轴线的垂直度为 0. 1 mm。前后轴承孔轴线的同轴度为 ϕ0. 02 mm。各轴承孔的圆柱度不大于其直径公差的一半。减速器机体的几何公差可参考表 5-2。

表 5-2　减速器机体的几何公差参考表

几何公差		公差等级
形状公差	轴承孔圆度或圆柱度	IT6～IT7
方向公差	对称面的平行度	IT7～IT8
方向公差	轴承孔中心线间的平行度	IT6～IT7
位置公差	两轴承孔中心线的同轴度	IT6～IT8
方向公差	轴承孔端面对中心线的垂直度	IT7～IT8
	两轴承孔中心线的垂直度	IT7～IT8

4. 绘制图框、填写标题栏

本项内容需根据国家标准进行绘制及填写。绘制完成的减速器箱体零件图如图 5-12 所示。

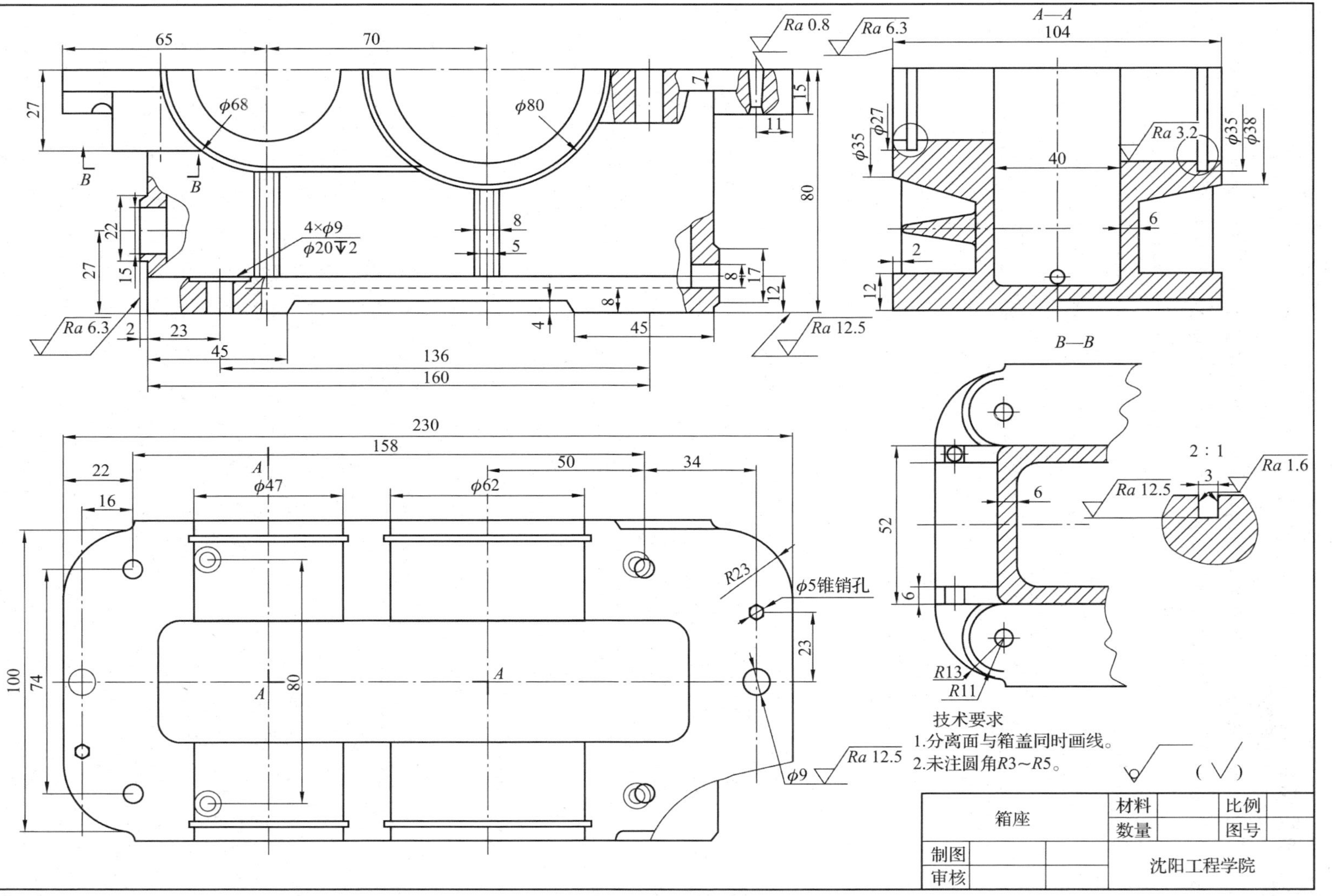

图5-12　减速器箱体零件图

项目总结

本项目介绍了箱体类零件的特点和测绘方法，通过泵体和减速器箱体的零件测绘案例，详细分析了箱体类零件测绘的步骤，以及尺寸标注和公差标注的具体方法。

项目六 装配图绘制

装配图是用来表达机器或部件的图样。一般把表达整台机器的图样称为总装配图，而把表达其部件的图样称为部件装配图。

项目描述

本项目分析装配图的内容与作用，学习装配图的表达方法、尺寸标注方法和序号标注方法等，通过绘制齿轮泵装配图，进一步总结绘制装配图的方法步骤。

任务一　装配图认知

任务描述：分析装配图的作用与内容，介绍装配图的表达方法、标注方法、零件序号，以及常见的装配工艺结构。

一、装配图的作用与内容

装配图是了解机器结构、分析机器工作原理和功能的技术文件，也是制定工艺规程，进行机器装配、检验、安装和维修的依据。

在机器或部件的设计和生产过程中，一般先按设计要求绘制装配图，然后根据装配图完成零件设计并绘制零件图，进而制造出相应的零件，再按装配图把零件装配成机器或部件，使用者也往往通过装配图了解部件和机器的性能、作用、原理和使用方法。因此，装配图是表达设计思想、指导零部件装配和进行技术交流的重要技术文件。

一张完整的装配图(见图 6-1)包括以下内容。

(1)一组视图。选用一组视图，采用恰当的表达方法，表达部件或机器的工作原理、零件间的装配关系和连接方式、主要零件的结构形状等。

(2)必要尺寸。标明部件或机器在装配、检验、安装时所必需的一些尺寸以及总体尺寸。

(3)技术要求。用文字或符号说明对机器或部件的性能、装配、检验、调试、验收及使用方法等方面的要求。

（4）标题栏、零件序号和明细栏。按一定格式将零件进行编号，在明细栏中填写各零件的序号、名称、数量、材料等信息，并填写标题栏。

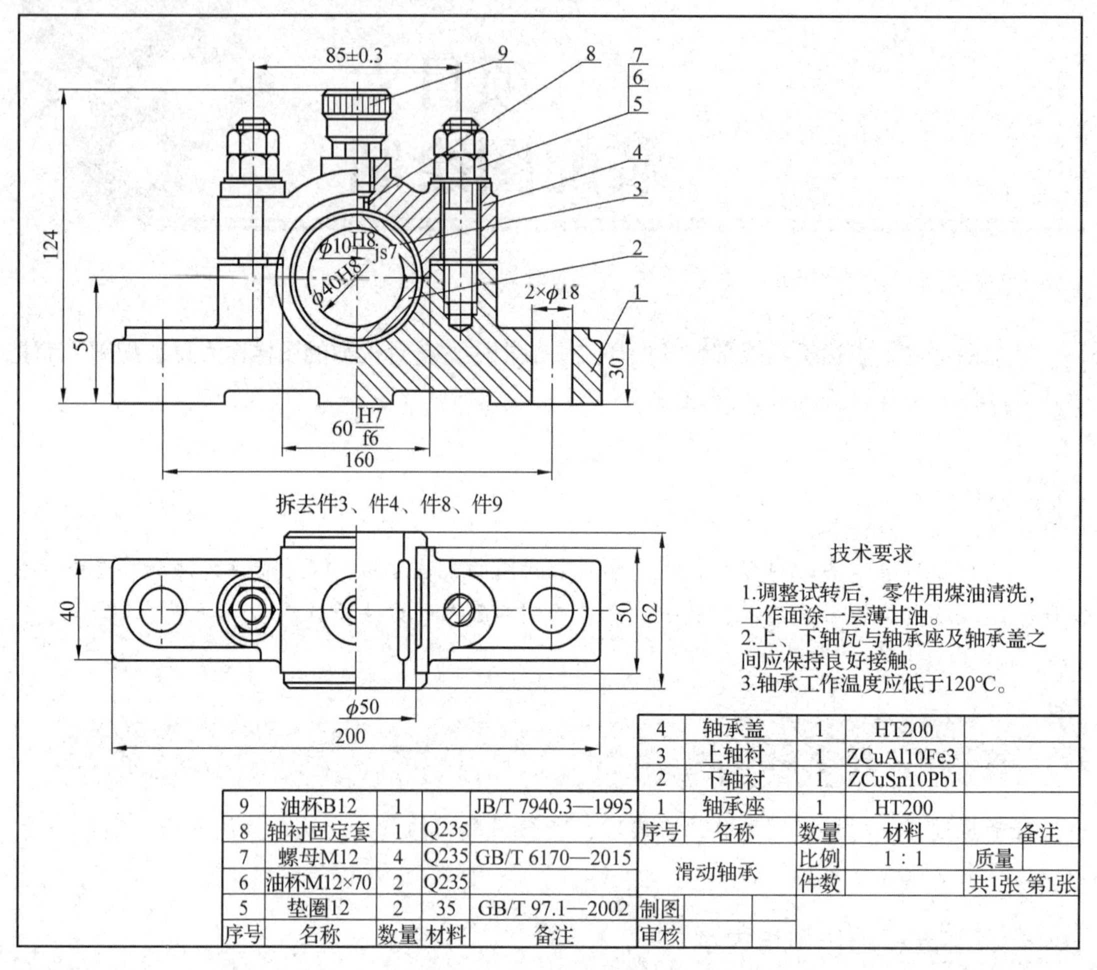

图 6-1　滑动轴承装配图

二、装配图的表达方法

在绘制零件图时采用的各种表达方法同样适用于装配图。但由于装配图和零件图的表达重点不同，因此，国家标准对装配图在表达方法上有一些专门的规定。

1. 装配图的规定画法

（1）相邻两零件的接触面和配合面只画一条线，如图 6-2 中“①”所示。相邻两零件不接触的表面，即使间隙很小，也必须画两条线，如图 6-2 中“②”所示。

（2）两个相邻的金属零件，其剖面线方向一般应相反，如图 6-2 中“⑦”所示。当 3 个零件相邻时，则需要通过剖面线的间距加以区分，如图 6-2 中的滚动轴承与座体和端盖。

（3）当剖切平面通过螺纹紧固件以及实心轴、手柄、连杆、球、销、键等零件的轴线时，这些零件均按不剖绘制，如图 6-2 中“④”所示。

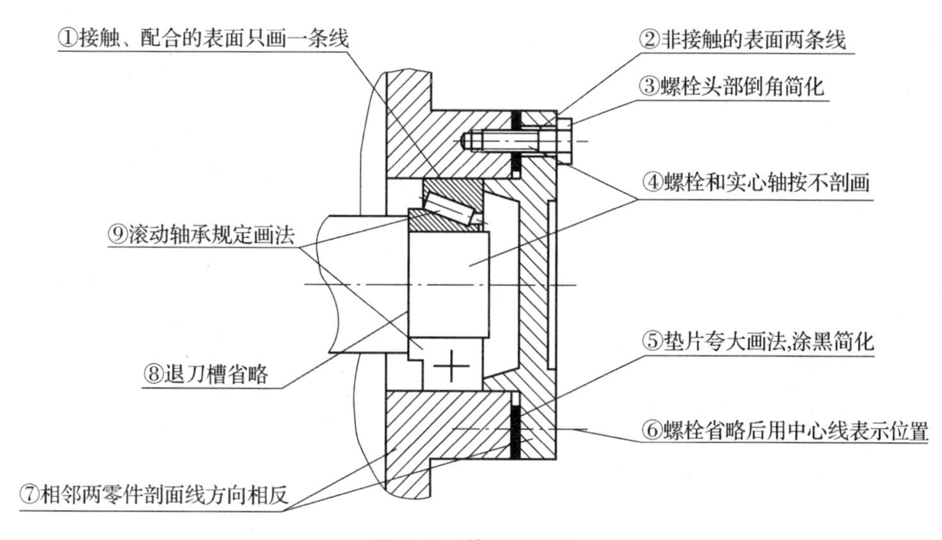

图 6-2　装配图画法

2. 装配图的特殊表达方法

(1)拆卸画法和沿结合面剖切。在装配图的视图中，可以假想沿某两个零件的结合面进行剖切或拆卸某些零件后绘制，在视图上标注“拆去××零件”即可，如图 6-1 中俯视图的右半部分是压着轴承盖与轴承座的结合面剖切后，再拆去轴承盖、上轴衬等零件后的投影。

(2)夸大画法。在装配图上，对于直径或厚度小于 2 mm 的孔、薄垫片、细丝弹簧、小间隙及较小的斜度、锥度等，若按其实际尺寸绘制难以明显表达时，允许将该部分不按比例而是适当夸大地画出，以便于画图和看图，如图 6-2 中“⑤”所示。

(3)简化画法。在装配图中，零件的工艺结构，如图 6-2 中“③”和“⑧”所示。对于装配图中的若干个相同的零件组，如螺栓、螺钉的连接等，可详细地画出一组，其余的用中心线表示其位置，如图 6-2 中“⑥”所示。在装配图中被弹簧或网状零件挡住的结构一般不画出，可见轮廓线从弹簧外轮廓处或弹簧钢丝剖面的中心线画起。滚动轴承、密封圈等可采用规定画法，如图 6-2 中“⑨”所示。

(4)假想画法。为了表示运动零件的极限位置、部件和相邻零件或部件的关系，可以用细双点画线画出其轮廓，如图 6-3(a)所示。当需要表达本部件与相邻零件的装配关系时，可用细双点画线画出其相邻零件的轮廓，如图 6-3(b)所示的主轴箱。

(5)展开画法。为了表达传动系统的传动关系及各轴的装配关系，假想将各轴按传动顺序用多个平面沿它们的轴线剖开，依次将剖切平面展开在一个平面上，画出其剖视图，这种画法称为展开画法。这种展开画法在表达机床的主轴箱、进给箱和汽车的变速箱等装置时经常运用，展开图必须进行标注，图 6-3(b)所示为三行星齿轮传动机构的展开画法。

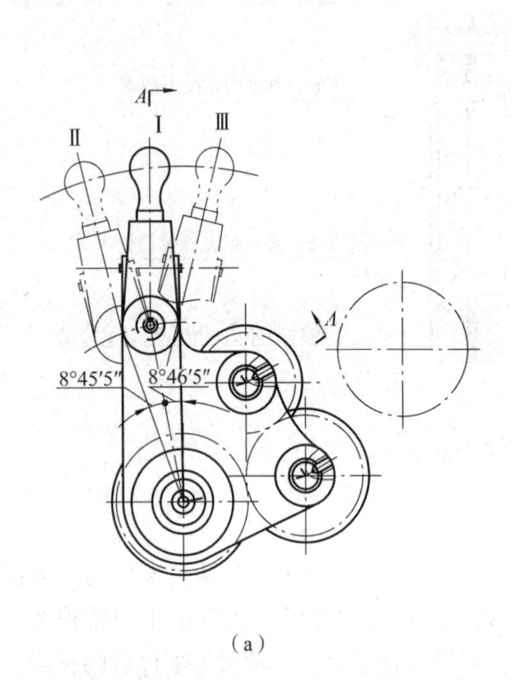

(a)

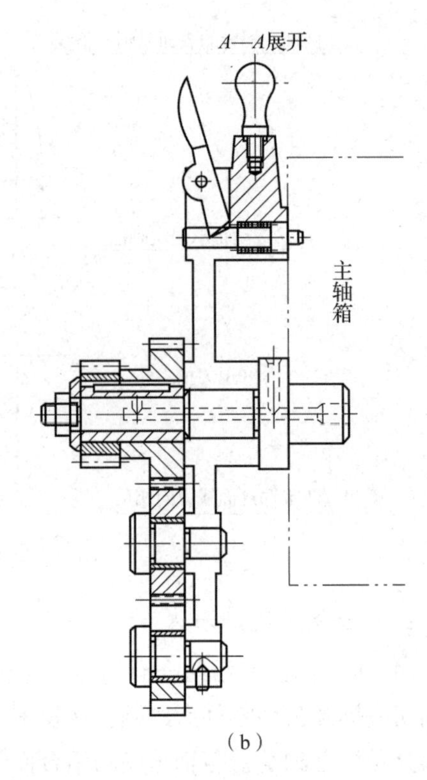

(b)

图 6-3　假想画法和展开画法

三、装配图的尺寸标注

装配图中不标注每个零件的全部尺寸，只需标注与部件性能、装配、安装、运输等有关的必要尺寸。根据其作用一般包括以下 5 类尺寸。

1. 性能(规格)尺寸

性能尺寸是表示机器或部件性能(规格)的尺寸，这些尺寸在设计时就已经确定。如图 6-1 中滑动轴承的轴孔直径为 ϕ40H8，它表明了该滑动轴承所支承的轴的大小。

2. 装配尺寸

装配尺寸是用以保证零件装配性能的尺寸，包括以下两种。

(1)配合尺寸。配合尺寸是表示零件之间配合性质的尺寸，如图 6-1 中尺寸 $60\frac{H7}{f6}$、$\phi10\frac{H8}{js7}$等。

(2)相对位置尺寸。相对位置尺寸表示零件之间重要的相对位置，如图 6-1 中轴孔中心到轴承座下底的中心高度 50，两螺柱中心距 85±0.3。

3. 安装尺寸

机中器或部件安装在其他零部件或基座上时所需要的尺寸叫作安装尺寸，如图 6-1 中轴承座底板上两个安装孔的定形、定位尺寸 2×ϕ18、160。

4. 外形尺寸

外形尺寸表示机器或部件外形轮廓的大小，即总长、总宽和总高。外形尺寸是机器或部件在包装、运输、安装和厂房设计时的依据，如图 6-1 中滑动轴承总长 200、总宽 62、总高 124。

5. 其他重要尺寸

除了以上 4 类尺寸外，在设计过程中经过计算或选定的尺寸，应直接标注在图中。

四、技术要求

装配图的技术要求是指在装配时进行调整、试验和检验的有关数据和说明，以及技术性能指标、维护、保养、使用等注意事项的说明。一般用文字写在明细栏的上方或图纸的空白处。

五、装配图的零件序号和明细栏

为了便于看图、装配、图样管理，以及做好生产准备工作，必须在装配图中对每个不同的零件或组件进行编号，这种编号称为零件的序号，同时要编制相应的明细栏。

1. 零件序号

(1)装配图中序号是由点、指引线、横线(或圆圈)和序号数字组成的。指引线、横线用细实线画出。指引线之间不允许相交，但允许弯折一次。指引线通过剖面线区域时应避免与剖面线平行。序号要比图中尺寸数字的字体大一号或两号，如图 6-4(a)所示。

(2)不同的零件编写不同的序号，规格弯曲相同的零件编写同一个序号。

(3)零件序号的方向应按水平或竖直方向整齐地顺序排列，可以按顺时针方向排列，也可以按逆时针方向排列，序号的间隔尽量一致，如图 6-4(c)所示。

(4)对紧固件组或装配关系清楚的零件组，可采用公共指引线，如图 6-4(c)所示。若指引线所指的部分很薄，则可将该部分涂黑，或在指引线的末端绘制箭头，指向该部分的轮廓，如图 6-4(b)所示。

(5)装配图中的标准化组件(如油杯、油标、滚动轴承等)可视为一个整体，编写一个序号。

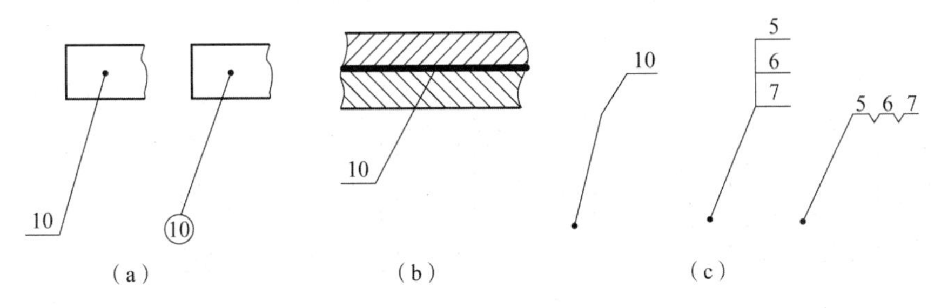

图 6-4　零件序号的编写形式

2. 明细栏

明细栏是机器或部件中全部零件的详细记录表。明细栏的画法应遵守如下规则。

(1)明细栏应画在标题栏的上方，序号自下而上排列，如图 6-5 所示。

(2)当标题栏上方不足以列出全部零件时，可以将明细栏分段画在标题栏左侧。若明细栏不能配置在标题栏的上方，则可作为装配图的续页，按 A4 幅面绘制，但须遵守自下而上的绘制规则。

(3)明细栏的左右框线用粗实线绘制，内部框线和最上面的框线用细实线绘制。

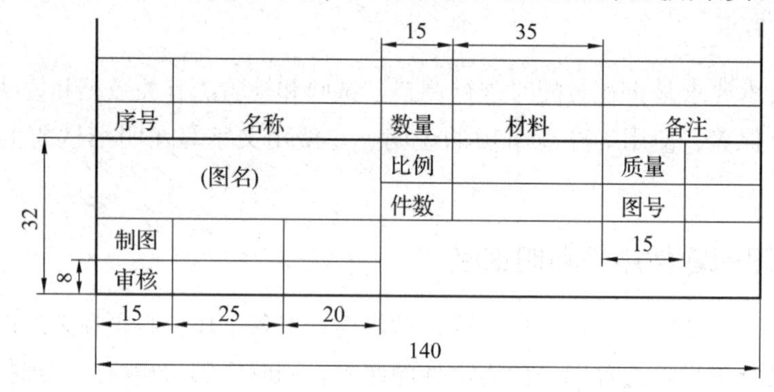

图 6-5 标题栏与明细栏

六、常见的装配工艺结构

在设计和绘制装配图的过程中，必须考虑装配结构的合理性，以保证机器或部件的性能，并便于零件的加工和拆装。表 6-1 为装配结构合理性的正误对照。

表 6-1 装配结构合理性的正误对照表

内容	合理结构	不合理结构	说明
接触面交角结构			当轴与孔配合，且轴肩与孔的端面接触时，应在孔的接触端面制出接触倒角，以保证零件接触良好
两零件接触面的数量			当两个零件接触时，同一方向应只有一个接触面，这样既便于装配又降低制造成本

续表

内容	合理结构	不合理结构	说明
锥面配合	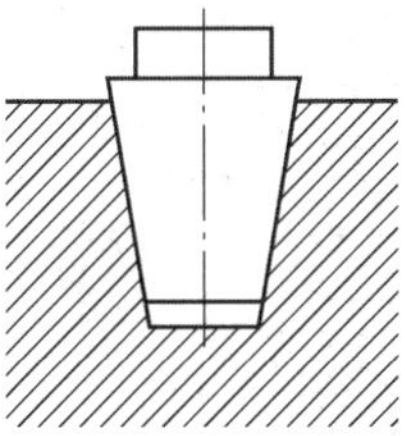	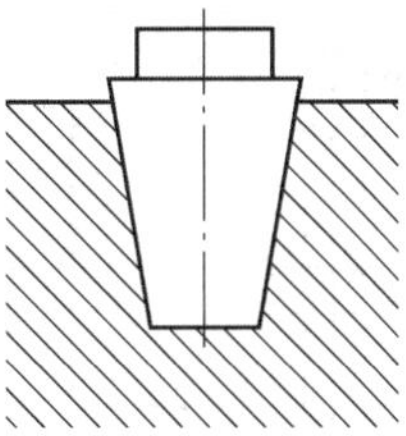	圆锥面和端面若同时接触，则不能保证使用过程中锥面接触良好
销孔	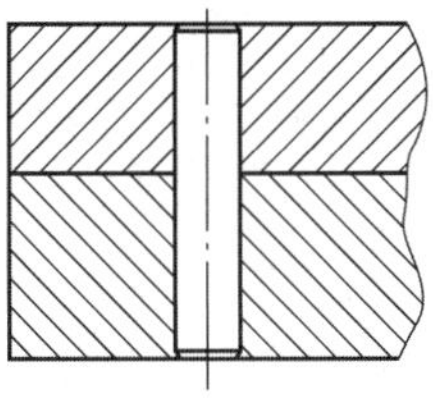	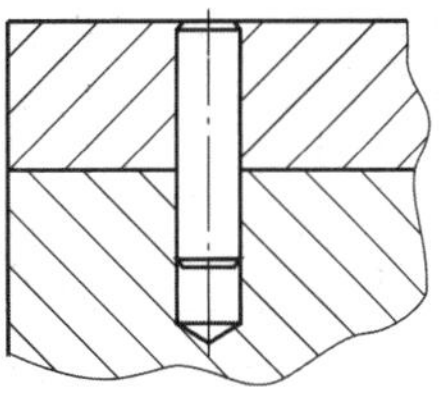	为保证两零件在装拆前后不至于降低精度，通常用圆柱销或圆锥销定位。为便于加工和拆卸，最好将销孔做成通孔
凸台与沉孔	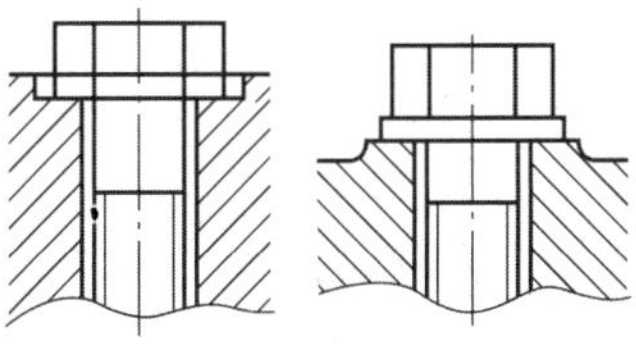	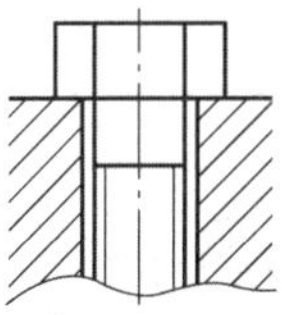	为保证接触良好，需在被连接件上做出凸台或沉孔
拆装空间	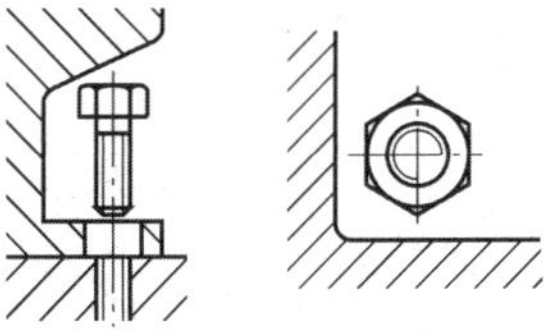	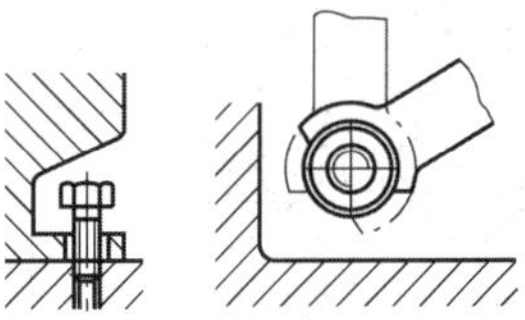	螺纹连接处要留有足够的拆卸空间
轴承拆卸	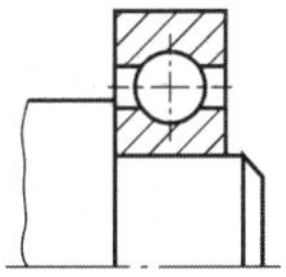	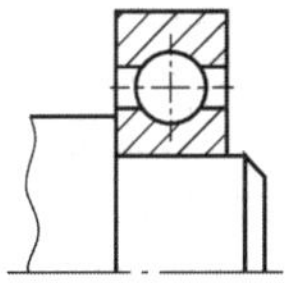	滚动轴承要考虑拆卸方便

任务二　绘制齿轮泵装配图

任务描述：以齿轮泵为例，说明由零件图画装配图的方法和步骤。

任务分析：机器或部件由零件组成，根据零件图和装配示意图，就可以画出机器或部件的装配图。画装配图与画零件图的方法步骤类似，首先要了解装配体的工作原理和零件的种类、每个零件在装配体中的功能和零件间的装配关系等，然后看懂每个零件的零件图，想象出零件的结构形状。

齿轮泵是液压传动和润滑系统中常用的一个部件，起到对油进行加压和输出的作用。图6-6为齿轮泵装配示意图，该部件由15种零件组成，图6-7～图6-15为齿轮泵中非标准件的零件图。

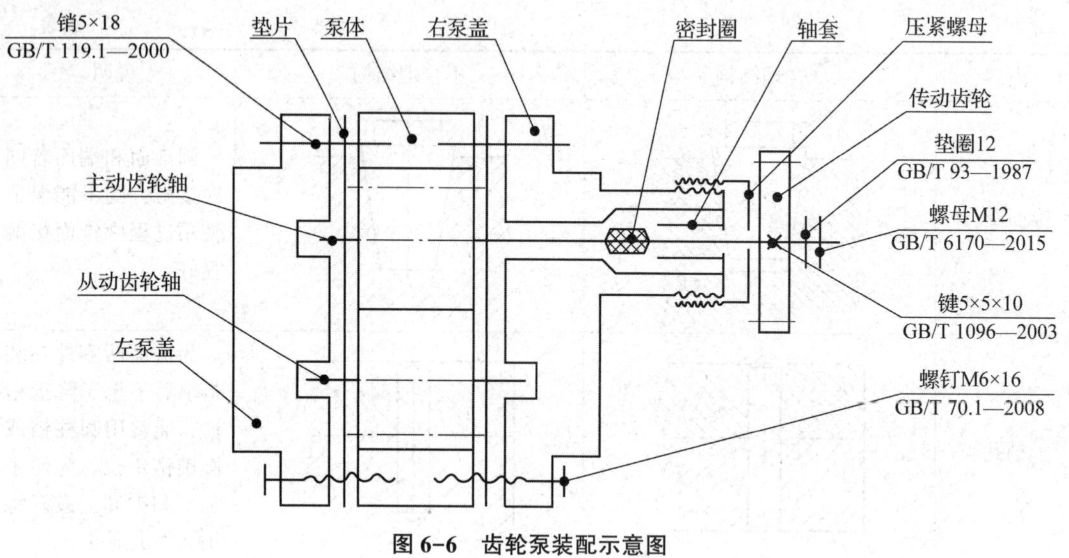

图 6-6　齿轮泵装配示意图

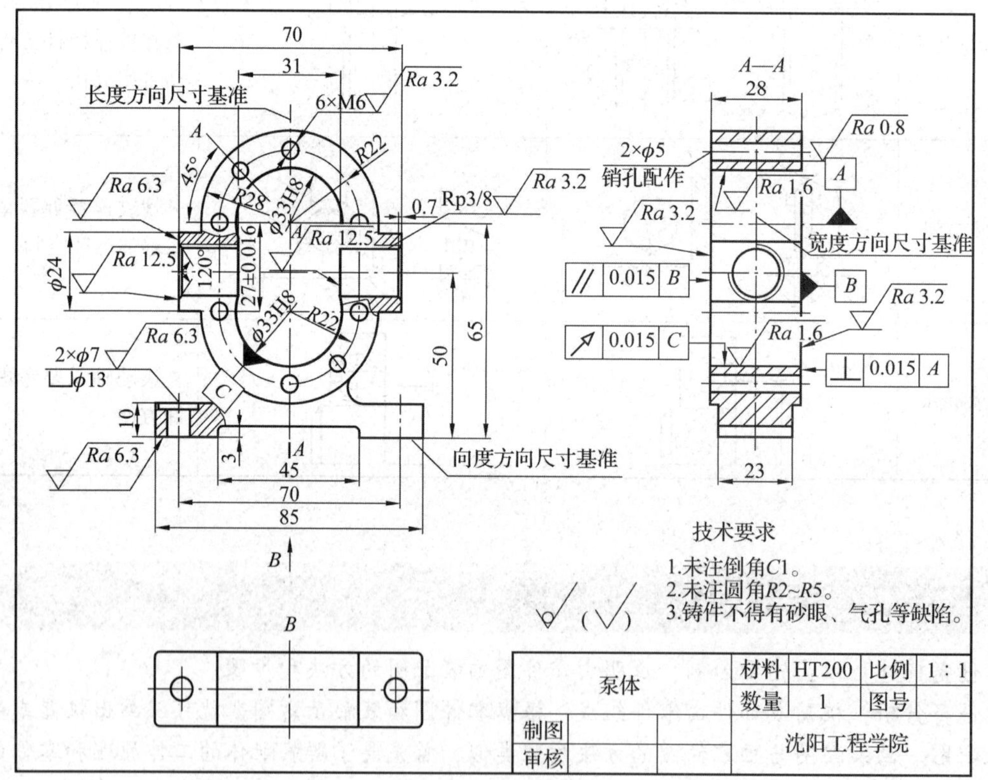

图 6-7　泵体零件图

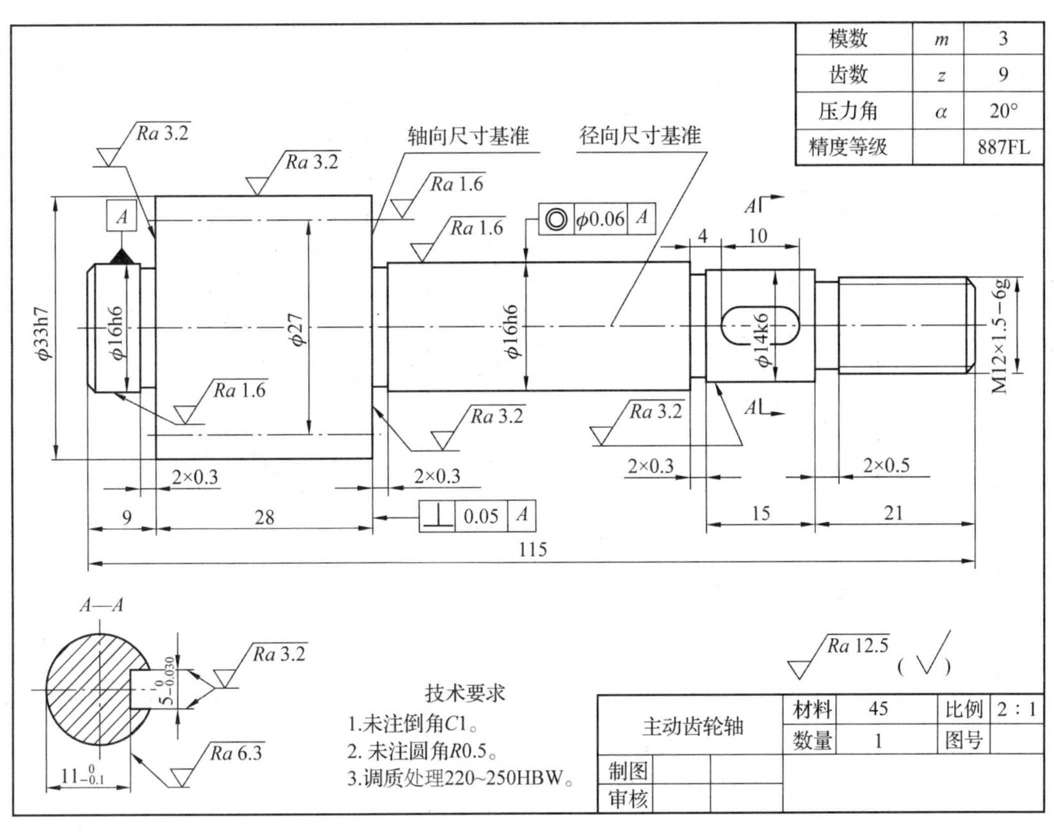

图 6-8　主动齿轮轴零件图

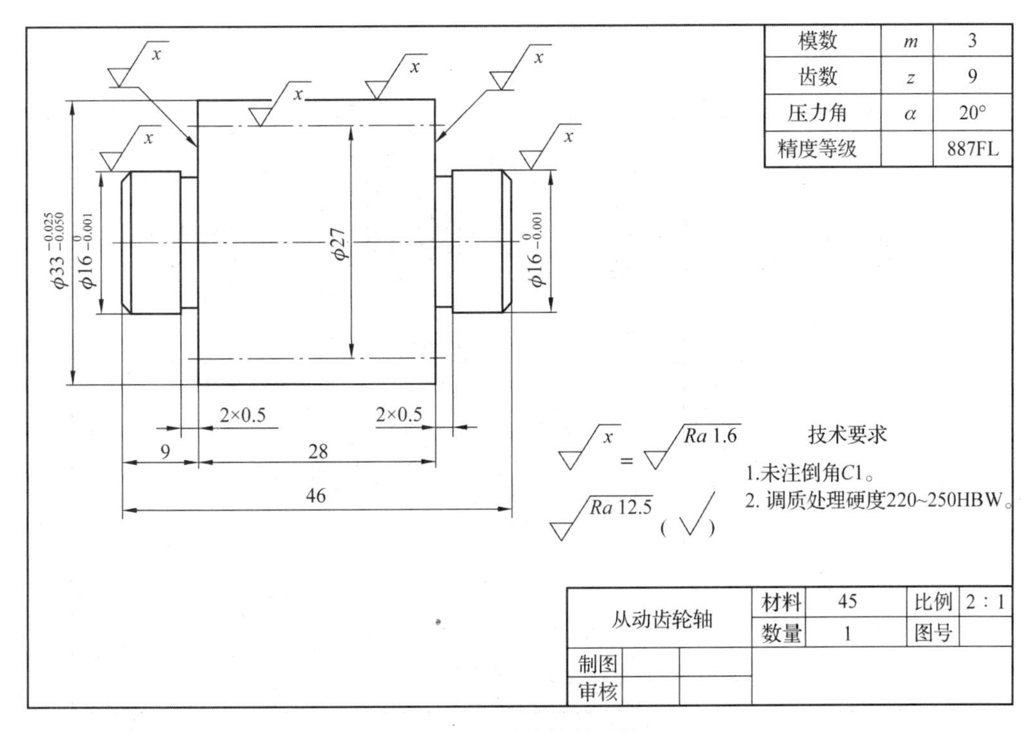

图 6-9　从动齿轮轴零件图

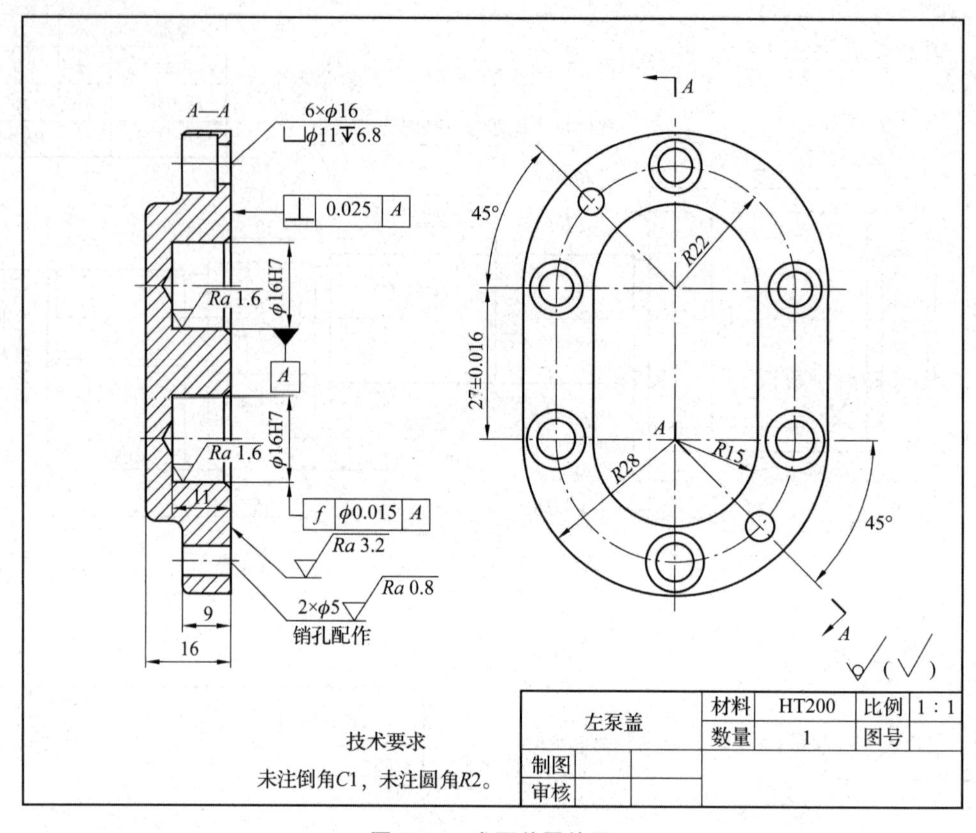

图 6-10　左泵盖零件图

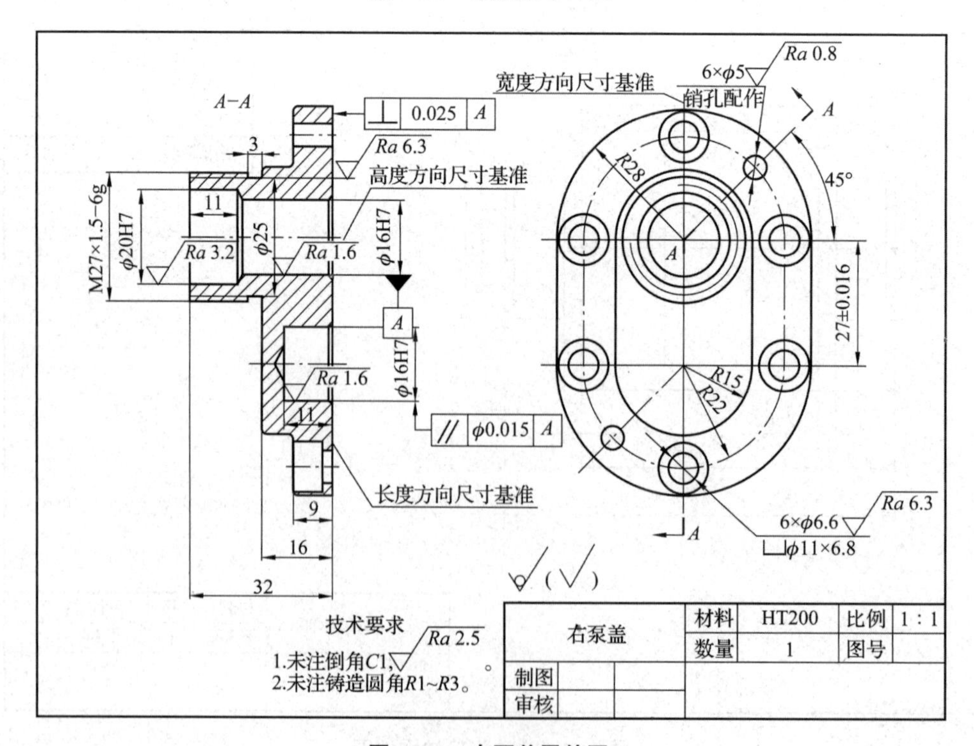

图 6-11　右泵盖零件图

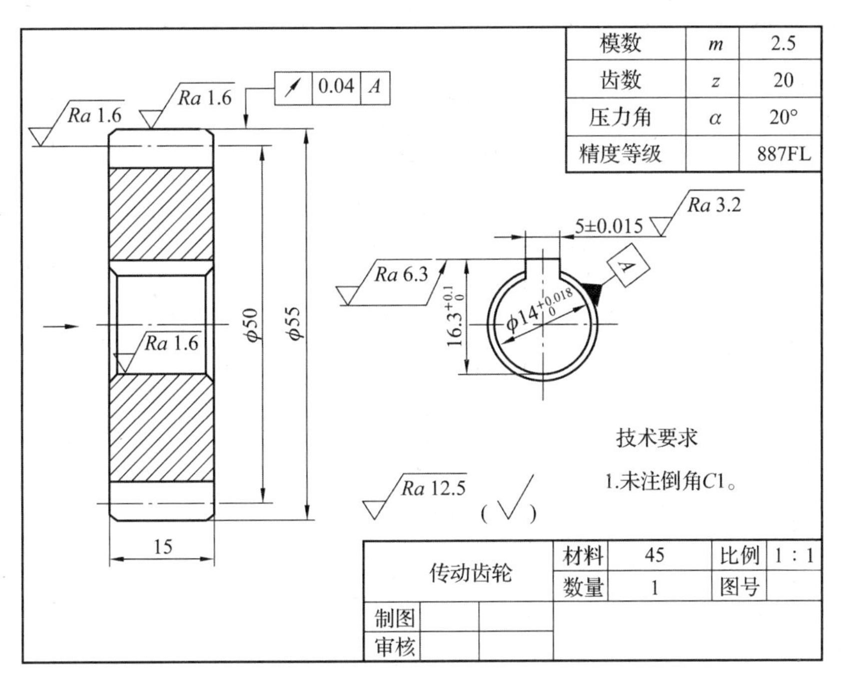

图 6-12　传动齿轮零件图

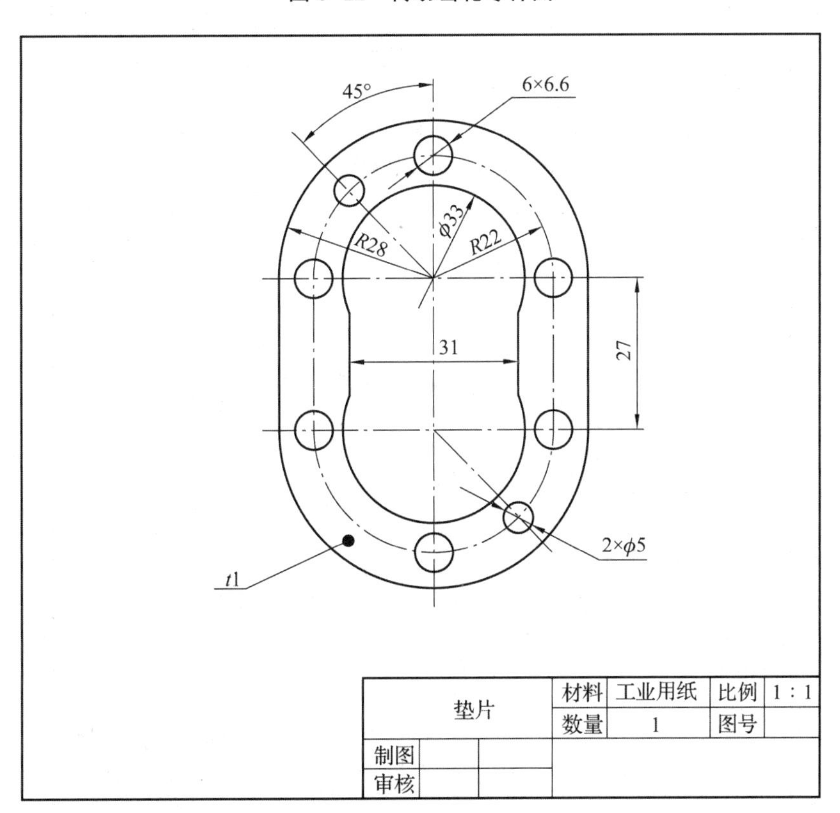

图 6-13　垫片零件图

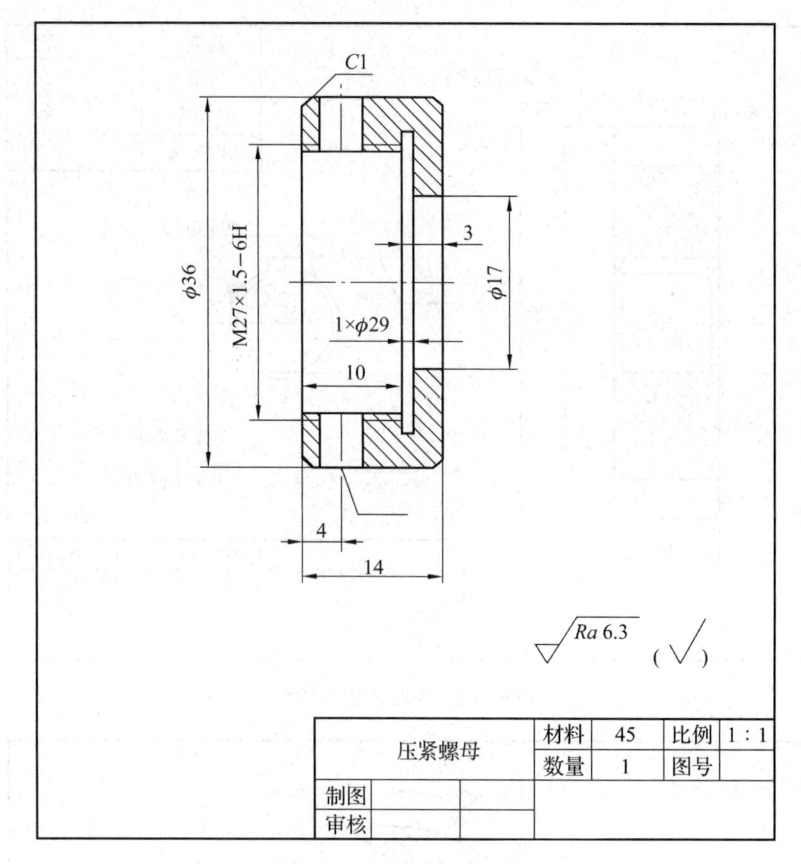

图 6-14　压紧螺母零件图

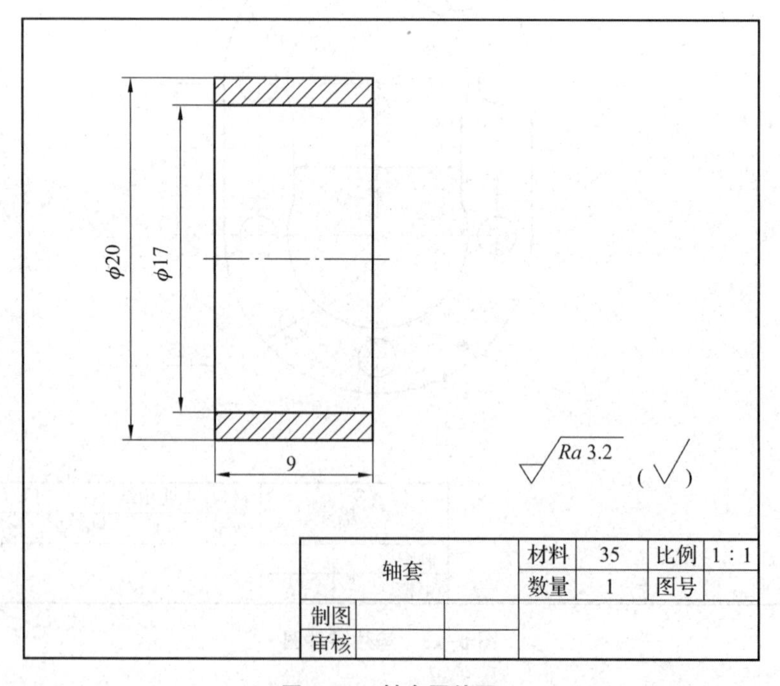

图 6-15　轴套零件图

任务操作步骤：

1. 了解部件的装配关系和工作原理

齿轮泵的 3D 实体模型如图 6-16 所示。泵体为齿轮泵的主要零件之一，其内腔容纳一对吸油和压油的齿轮，两个齿轮轴的两端分别由左、右泵盖的轴孔加以支承。为防止漏油，左、右泵盖和泵体之间各加一个垫片，两泵盖与泵体之间分别用 6 个螺钉连接和 2 个圆柱销进行定位。右泵盖的右端加工了外螺纹，与压紧螺母连接，内部装有轴套和密封圈进行密封。

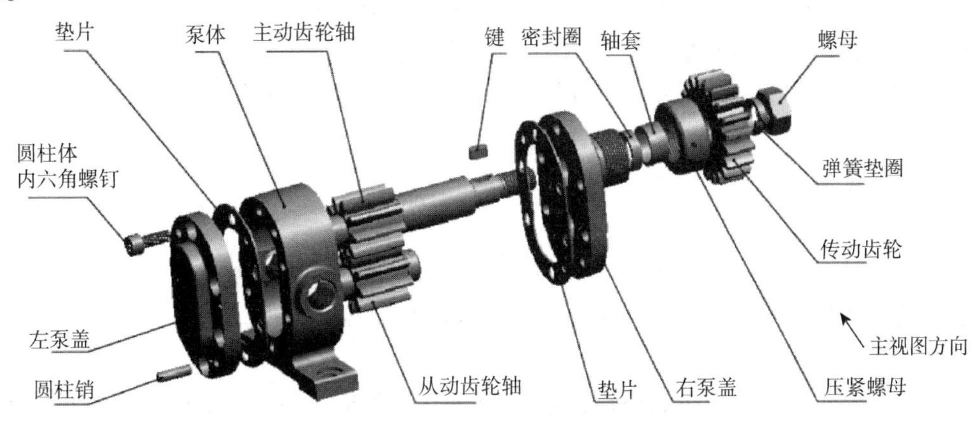

图 6-16　齿轮泵的 3D 实体模型

传动齿轮通过键连接带动主动齿轮轴转动，当主动齿轮轴逆时针旋转带动从动齿轮轴顺时针旋转时，右侧吸油口处产生由于压力降低而出现的局部真空，油箱内的油在大气压力的作用下被吸入右侧的吸油口。随着齿轮的转动，齿槽中的油不断被带到左侧的出油口泵出，如图 6-17 所示。

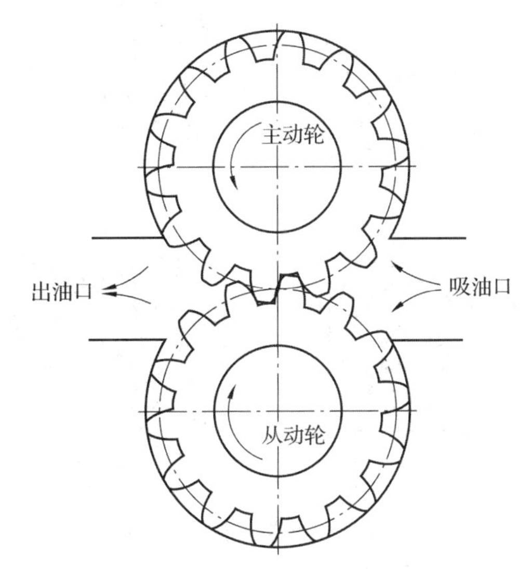

图 6-17　齿轮泵工作原理

2. 确定表达方案

1)选择主视图

部件的主视图通常按工作位置画出，并选择能反映零部件的装配关系、工作原理和主要零件的结构特点的方向作为主视图的投射方向。如图 6-16 所示的齿轮泵，按箭头所示方向作为主视图的投射方向，作全剖视图，并对齿轮轴的齿轮部分采用了局部剖视图，可清楚表达各主要零件的结构形状以及装配关系。

2)选择其他视图

根据已经确定的主视图，再考虑反映其他装配关系、局部结构和外形的视图。如图 6-16 所示，左视图方向沿左泵盖与泵体的结合面进行剖切，采用半剖视图，既可以表达泵盖和泵体的外形，也可以表达齿轮啮合及进、出油口的情况，清晰地表达了齿轮泵的工作原理。

3. 画装配图的步骤

1)选比例、定图幅、布图

根据装配体的大小、视图数量，定出比例和图幅，合理布置视图位置。画出各视图的作图基准线(如对称中心线、主要轴线和主要零部件的基准平面等)。

2)画底稿

一般从主视图画起，几个视图配合进行。画每个视图时，应先画部件的主要零件及主要结构，再画出次要零件及局部结构。对于齿轮泵的装配图，可先画出泵体，如图 6-18(a)所示；再按照装配顺序，依次画出主、从动齿轮轴，垫片，以及左、右泵盖，如图 6-18(b)所示；然后画出轴套、填料、压紧螺母和传动齿轮两个视图的轮廓线，如图 6-18(c)所示；最后画出螺钉、销、键、弹簧垫圈及螺母等标准件，如图 6-18(d)所示。

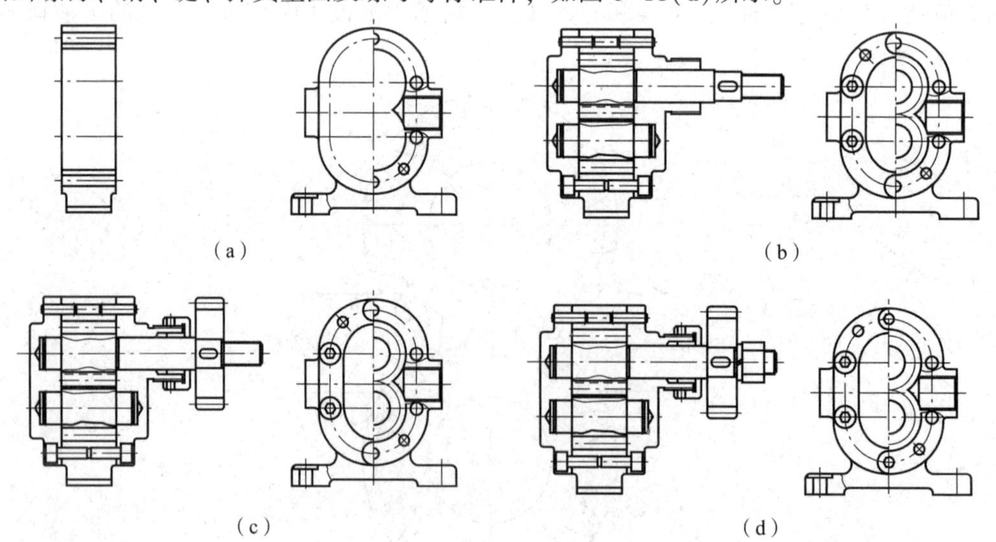

图 6-18　齿轮装配图画图步骤

3)检查、描深、完成全图

检查底稿，确认准确无误后将图线进行描深，再画剖面线、标注尺寸，然后编写零件序号，填写标题栏、明细栏和技术要求，最后完成的齿轮泵装配图如图 6-19 所示。

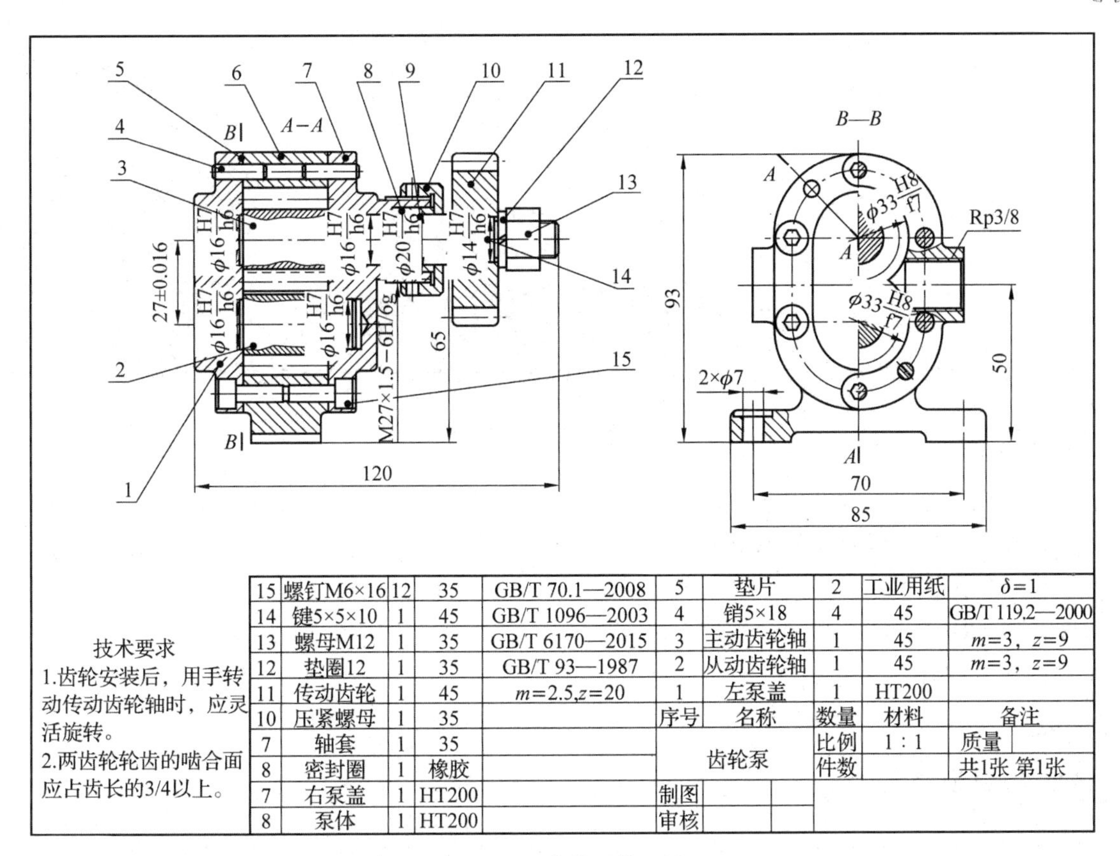

技术要求
1.齿轮安装后，用手转动传动齿轮轴时，应灵活旋转。
2.两齿轮轮齿的啮合面应占齿长的3/4以上。

15	螺钉M6×16	12	35	GB/T 70.1—2008	5	垫片	2	工业用纸	$\delta=1$
14	键5×5×10	1	45	GB/T 1096—2003	4	销5×18	4	45	GB/T 119.2—2000
13	螺母M12	1	35	GB/T 6170—2015	3	主动齿轮轴	1	45	$m=3$，$z=9$
12	垫圈12	1	35	GB/T 93—1987	2	从动齿轮轴	1	45	$m=3$，$z=9$
11	传动齿轮	1	45	$m=2.5,z=20$	1	左泵盖	1	HT200	
10	压紧螺母	1	35		序号	名称	数量	材料	备注
7	轴套	1	35		齿轮泵		比例	1∶1	质量
8	密封圈	1	橡胶				件数		共1张 第1张
7	右泵盖	1	HT200		制图				
8	泵体	1	HT200		审核				

图 6-19　齿轮泵装配图

项目总结

本项目详细阐述了装配图的内容、可用的表达方式、尺寸类型以及零件序号的标注，介绍了装配图的工艺结构要求，并且通过齿轮泵的装配图绘制进行了实践。

项目七
计算机绘图认知

工程图纸是工程界的重要语言，是工程实践中指导和交流的重要技术文件之一。随着现代信息技术发展，计算机绘图走上历史舞台。计算机绘图具有出图速度快、作图精度高等特点，便于管理、检索、修改。应用计算机绘图已经成为每个工程师必备的技能。AutoCAD 软件是市面上应用最为广泛的二维图纸绘图软件，正确、熟练使用 AutoCAD 软件，是学生成为新时代工程师，成为大国工匠的基础。

项目描述

本项目明确计算机绘图的课程目标，通过绘制拖钩的平面图形(见图 7-1)，熟悉 AutoCAD 软件的常用命令，能够独立应用 AutoCAD 软件绘制平面图形。

计算机绘图的课程目标如下。

1. 知识目标

(1)能够正确建立图层，使用绘图、编辑命令正确绘制图形。

(2)能够正确设置标注样式并进行标注。

(3)能够正确设置文字样式并书写文字。

(4)能够绘制完整的零件图和装配图。

(5)能够正确建立并使用图块，能够合理布置图形并打印输出。

2. 能力目标

(1)能够熟练应用 AutoCAD 软件绘制各种图形，辅助设计。

(2)培养独立分析和解决实际问题的能力，为后续课程学习及今后工作打下基础。

3. 情感目标

(1)培养学生相互帮助、相互学习的团队合作精神。

(2)培养学生严谨、耐心、细心的工作作风。

(3)培养独立思考的能力，以及创新精神与意识。

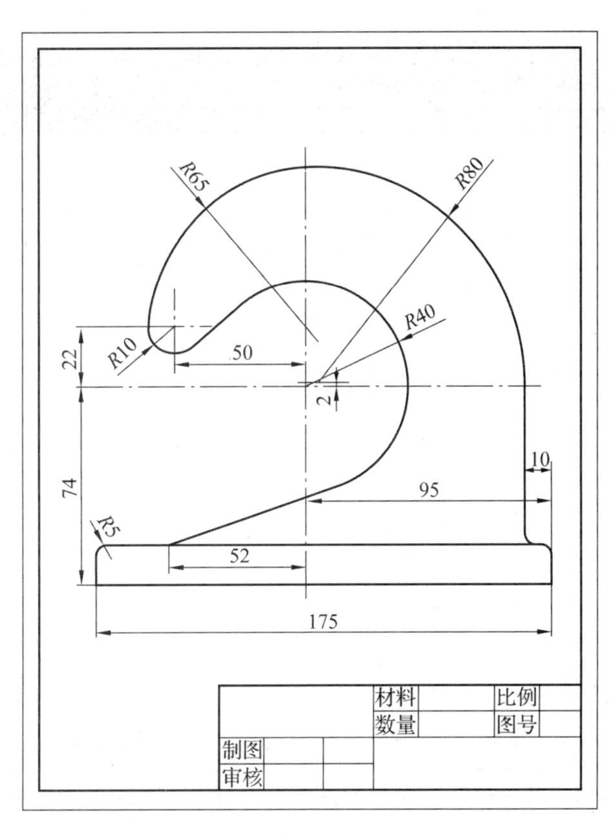

图 7-1 拖钩的平面图形

任务一 AutoCAD 软件认知

任务描述：应用 AutoCAD 软件绘图，首先要熟悉 AutoCAD 软件工作界面，了解基本操作。本任务以 AutoCAD 2014 为基础，分析工作界面和文件操作方法。

1. 工作界面

双击打开 AutoCAD 2014 软件，工作界面如图 7-2 所示。

(1)标题栏：标题栏位于界面顶部，其左侧显示当前正在运行的程序及当前打开的图形文件名；右侧为 AutoCAD 2014 窗口的控制按钮，以及最小化按钮、最大化/还原按钮、关闭按钮。

(2)绘图区：绘图区是用户绘制图形的区域，类似于手工绘图用的图纸，用户可在绘图区绘制、修改图形文件。通过缩放功能可以无限地放大或缩小绘图区，且没有限制。

(3)菜单栏：菜单栏包含了“文件”“编辑”“视图”“插入”“格式”“工具”“绘图”“标注”“修改”“参数”“窗口”“帮助”等选项，有的选项还包含下拉菜单，这些下拉菜单几乎涵盖了 AutoCAD 2014 所有的绘制命令。

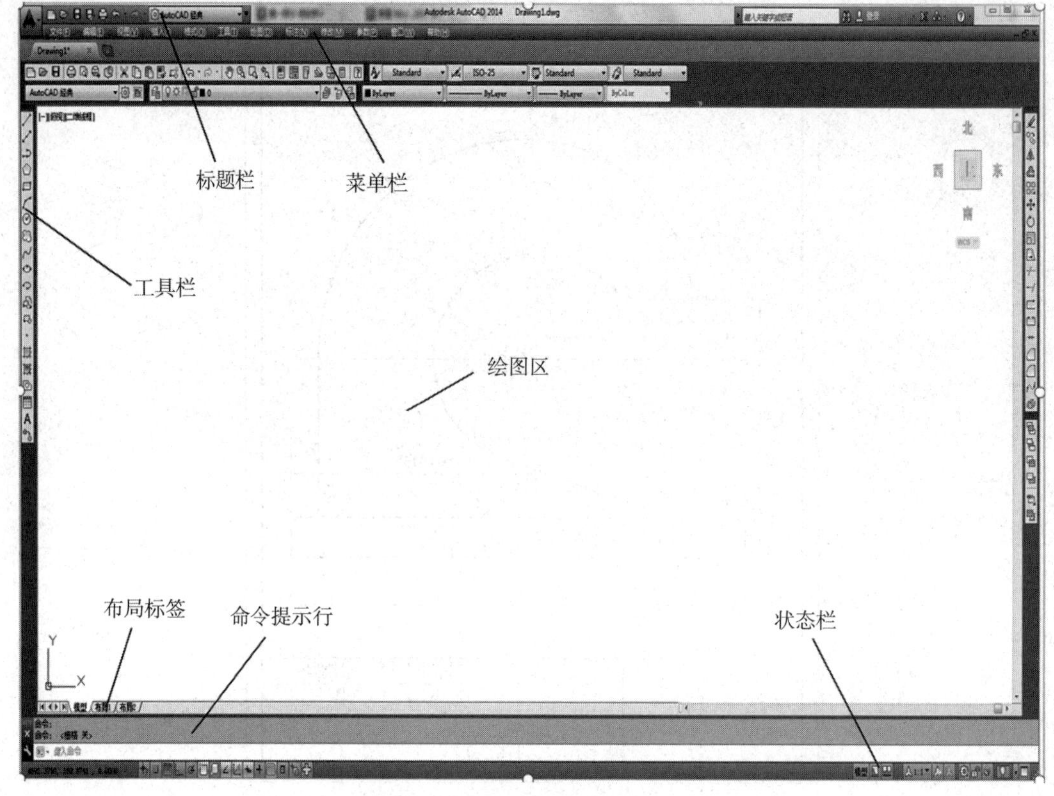

图 7-2　AutoCAD 2014 工作界面

（4）工具栏：工具栏中的每一个命令都以按钮的形式存在，当光标接触按钮时会出现命令提示。将光标移动到工具栏边界，并按住鼠标左键能够将工具栏移动到任何位置。

（5）命令提示行：命令提示行也称文本区，由“命令历史”窗口和“命令行”组成。绘图时应时刻注意此区域的提示信息，否则将会造成错误操作。

（6）布局标签：绘图窗口的底部有“模型”“布局 1”“布局 2”3 个标签。它们用来控制绘图工作是在模型空间，还是在图纸空间进行。一般绘图工作在模型空间进行，图纸空间主要用于打印、输出图形最终布局。

（7）状态栏：状态栏在工作界面的最下方，状态栏显示当前光标所在位置的坐标和一些辅助绘图工具的开关状态，如“正交”“对象捕捉”“线宽”等；还可以设置某些开关按钮的选项配置。

2. 文件操作

（1）新建文件：单击菜单栏“文件”—“新建”，或者在工具栏中直接单击“新建”按钮 ，这时“选择样板”对话框弹出，如图 7-3 所示。在对话框中会出现许多样板文件，然后选择其中一个样板文件，最后单击“打开”按钮即完成新文件的创建。

（2）文件保存：单击菜单栏“文件”—“保存”，或者在工具栏中直接单击“保存”按钮 ，当前文件被保存；如果需要改变保存路径或者重命名，单击“文件 ”—“另存为”，弹出“图形另存为”对话框，输入文件名称并选择保存路径后，单击“保存”按钮，即可完成文件的保存。

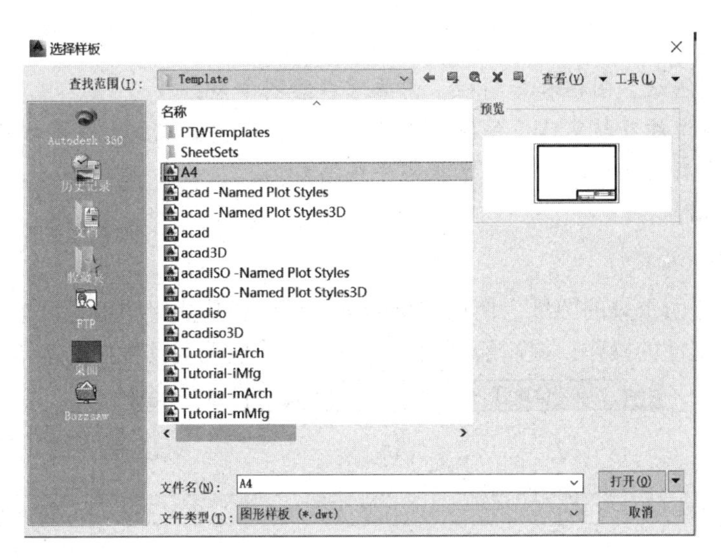

图 7-3　“选择样板”对话框

(3)退出：要退出 AutoCAD 系统，可单击菜单栏“文件”—“退出”，或者在标题栏上直接单击“关闭”按钮 X 。

任务二　绘制 A4 图纸样板图

任务描述：为了提高制图效率，可定制用户样板文件，这样在以后新建新文件时，通过使用样板可以省去大量的重复设置和绘图操作。本任务创建如图 7-4 所示的 A4 图纸样板。

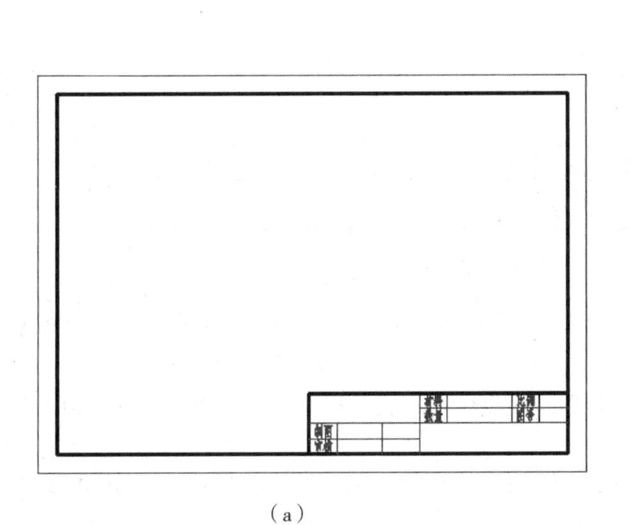

(a)

(b)

图 7-4　A4 图纸样板
(a)横版；(b)竖版

任务分析：

(1)需要绘制图纸、图框和标题栏，需要掌握绘图命令；

(2)图纸样板中涉及粗实线、细实线等不同线型，需要掌握线型设置方法；

(3)标题栏中有文字书写，需要掌握文字编写命名。

任务操作步骤：

1. 图层设置

图层相当于透明重叠的图纸。使用图层管理，可以按功能组织信息设置线型、颜色，从而简化指定图形属性的操作，提高绘图效率。图层实体属性工具栏如图 7-5 所示。

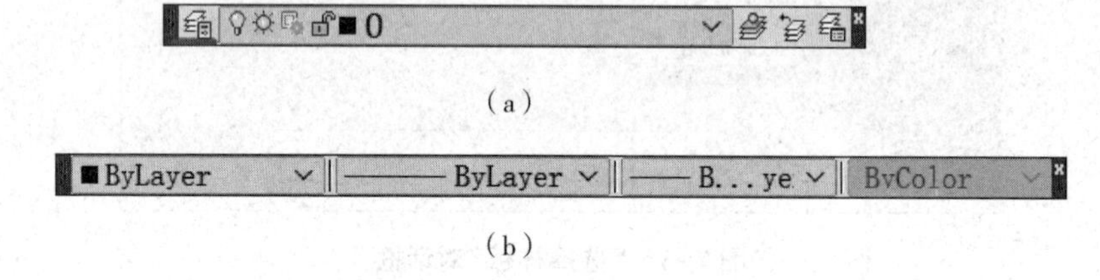

(a)

(b)

图 7-5　图层实体属性工具栏

(1)单击图 7-5(a)中的图层标记，可以打开图层特性管理器，如图 7-6 所示，在图层特性管理器中单击“新建”按钮(方框按钮)，AutoCAD 自动将图层名添加到图层列表中，在图层名上输入新的名称。创建 4 个图层，分别用来绘制粗实线、点画线、虚线和细实线。

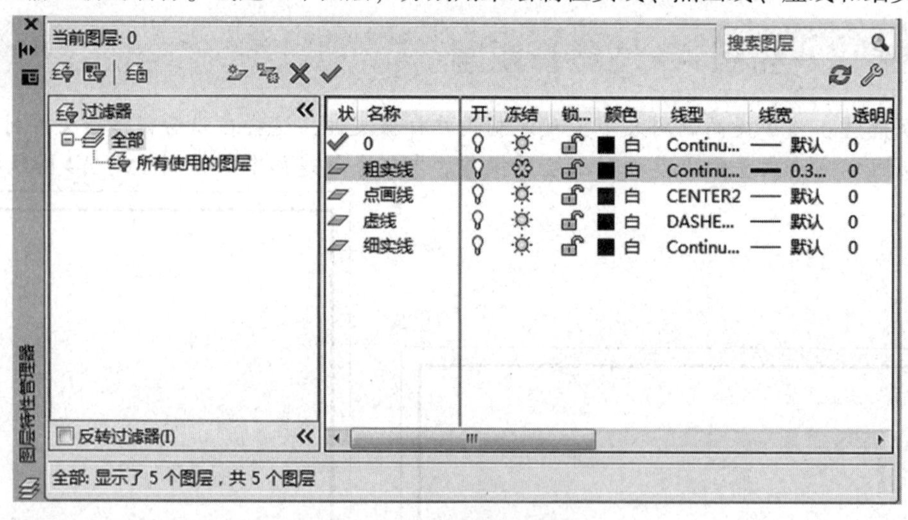

图 7-6　图层特性管理器

(2)单击图层的颜色图标，可以打开“选择颜色”对话框，从而选择当前图层线型颜色，分别给 4 个图层设置不同颜色。

(3)修改各个图层线型，粗实线和细实线图层选择“Continuous”，虚线图层选择“DASHED2”，点画线图层选择“CENTER2”。

单击图层的线型名，打开“选择线型”对话框，如图 7-7 所示，选择线型。如果对话框中没有所需线型，可单击“加载”按钮，在“加载或重载线型”对话框中选择需要加载的线型，如图 7-8 所示。

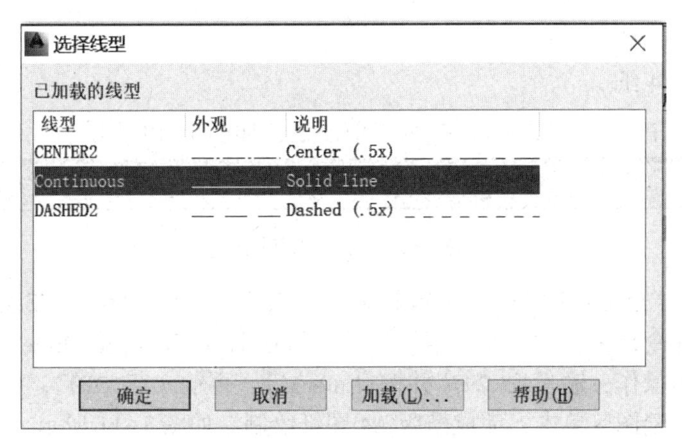

图 7-7　“选择线型”对话框

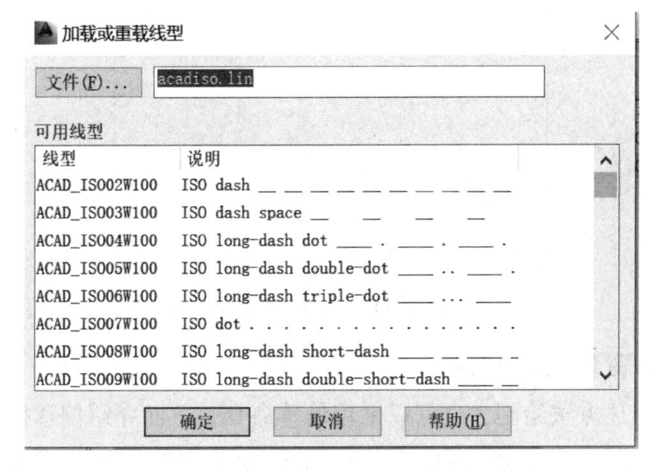

图 7-8　“加载或重载线型”对话框

(4)改变粗实线图层线宽。单击图层的线宽，将弹出“线宽”对话框，如图 7-9 所示。从中选择合适的线宽，然后单击“确定”按钮。

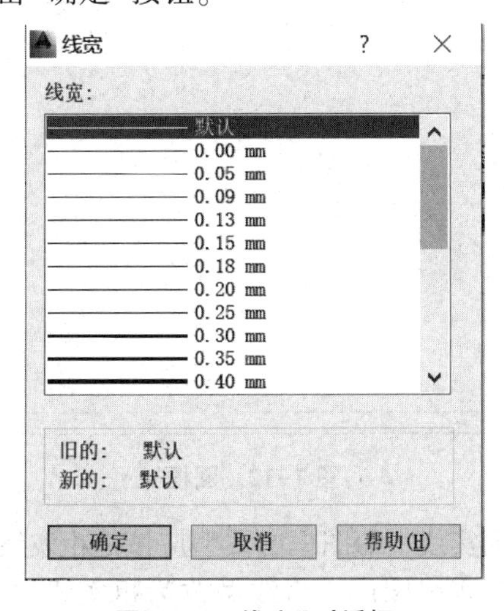

图 7-9　“线宽”对话框

关闭图层特性管理器。

2. 绘制横版 A4 纸

在图层工具栏中，设置细实线图层为当前图层，如图 7-10 所示。

图 7-10　设置当前图层

单击工具栏中“矩形绘图”按钮或输入矩形命令“RECTANG”。在绘图区任意位置单击，在最下边的命令行中，输入改变矩形尺寸的转换命令“D”并按〈Enter〉键或直接单击对应按钮。按照提示操作，输入长“297”并按〈Enter〉键，再输入宽“210”，按〈Enter〉键，最后根据矩形放置，在绘图区单击，完成横版 A4 图纸绘制，如图 7-11 所示。

图 7-11　横版 A4 图纸

3. 绘制图框(未留装订边的图框)

图框可以按照上述方法绘制，也可以采用偏移命令。下面介绍偏移操作方法。

单击工具栏中“偏移”按钮或输入偏移命令“OFFSET”，输入需要偏移的距离“10”，单击选择已经绘制好的图线，将光标移动到原有图框内部，单击，图框将向内缩小 10 mm，如图 7-12 所示，按〈Enter〉键结束命令。

图 7-12　图框

此时两个矩形图框都是细实线，而图框的线型应该是粗实线，所以单击选择图框，然后在图层实体工具栏中，选择粗实线图层，将线型改为粗实线。单击，使线宽可见，如图 7-13 所示。

图 7-13　改变线宽后的图框

4. 绘制标题栏

标题栏采用图 7-14 所示的简化样式。

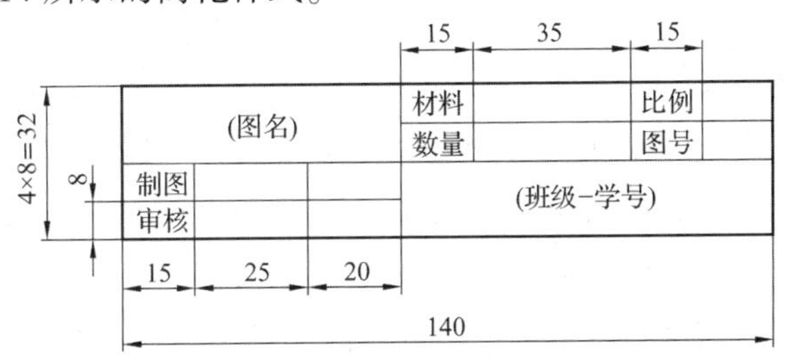

图 7-14　标题栏简化样式

(1)准备工作：单击最下方“正交”按钮，打开正交模式。单击，打开对象捕捉功能。在“对象捕捉”开关按钮上右击，在弹出的浮动菜单中选择“设置(S)…”，会弹出如图 7-15 所示的“草图设置”对话框，从而设定捕捉方式。

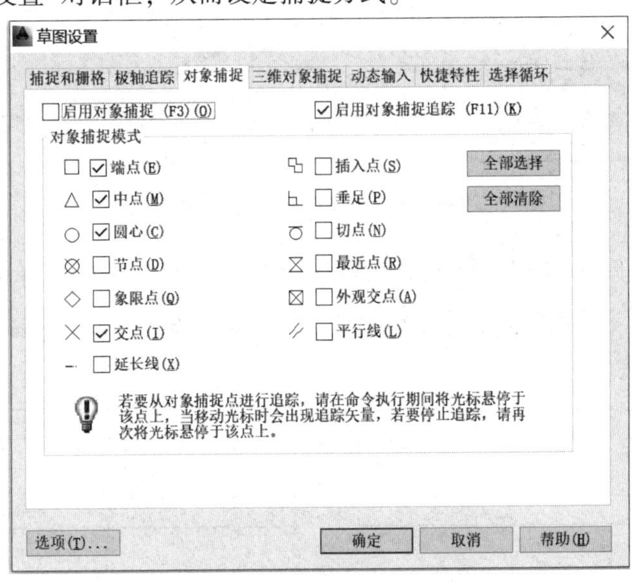

图 7-15　“草图设置”对话框

根据绘图需要选取相应的捕捉方式，即可在绘图时自动捕捉该类几何点。可以同时设置多种捕捉方式。

(2)绘制标题栏外框：将图层改到粗实线图层，单击工具栏中“直线”按钮╱或输入直线命令“LINE”，将光标移到右下角，当出现方框提示时，向左平移，出现虚线追踪时(见图7-16)，输入距离“140”并按〈Enter〉键；光标向上移动，输入距离“32”，并按〈Enter〉键；光标向右平移，输入距离“140”，并按〈Enter〉键；最后按〈Enter〉键或右击确认，结束命令。

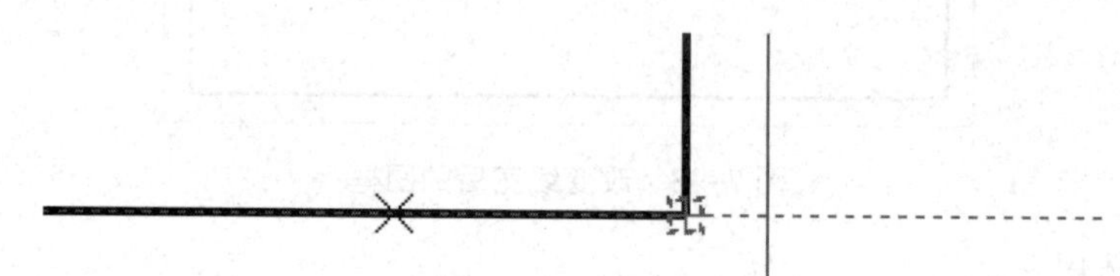

图7-16　对象捕捉追踪状态

5. 绘制标题栏内部线型

单击“偏移”按钮，指定偏移距离为8 mm，单击选择标题栏最上方图线，向下连续偏移，完成水平线绘制，按〈Enter〉键结束偏移命令。按〈Enter〉键，重复上一步偏移命令，选择最左侧竖线，按照标题栏尺寸，依次完成竖线绘制。

此时线型为粗实线，而国家标准中，标题栏内部线型为细实线。可以逐条直线选择，然后更改图层，也可以一次性完成更改，操作如下：长按鼠标左键，并从右下角向左上角拉出一个框，让标题栏内部线都与此框有交集(见图7-17)，然后将图层设置为细实线图层。

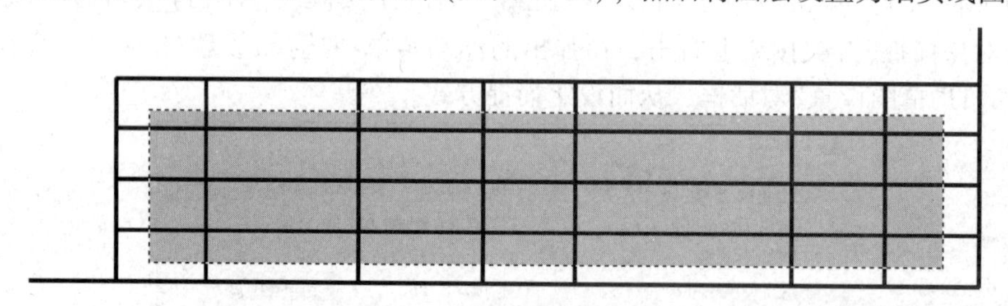

图7-17　选择标题栏内部线

单击工具栏中“修剪”按钮-/-或输入修剪命令“TRIM”，单击选择标题栏中如图7-18(a)所标记的直线作为修剪界限；右击或者按〈Enter〉键，转换命令；选择如图7-18(b)所示需要修剪的直线，按〈ESC〉键退出命令。

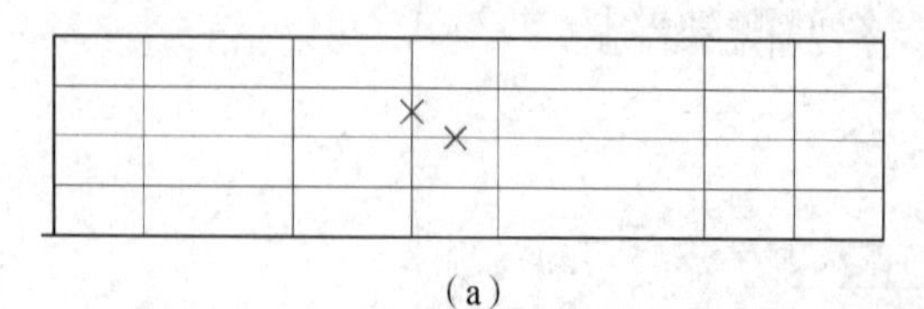

(a)

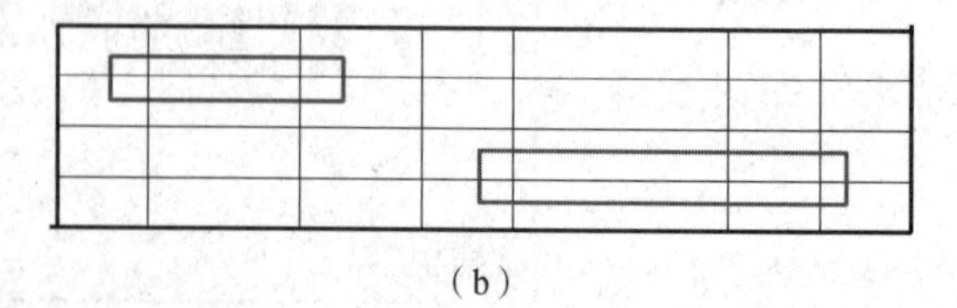

(b)

图7-18　修剪命令线型选择

6. 书写标题栏中文字

1)设置文字样式

单击菜单栏中"格式"—"文字样式"，打开"文字样式"对话框，如图 7-19 所示。

文字样式
当前文字样式：Standard
样式(S)：
Annotative
Standard
所有样式
AaBbCcD
字体
字体名(F)：
Arial
字体样式(Y)：
常规
使用大字体(U)
大小
注释性(I)
使文字方向与布局匹配(M)
高度(T)
0.0000
效果
颠倒(E)
反向(K)
垂直(V)
宽度因子(W)：
1.0000
倾斜角度(O)：
0
置为当前(C)
新建(N)...
删除(D)
应用(A)
取消
帮助(H)

图 7-19　"文字样式"对话框

单击"新建"按钮，创建新的位置样式。"字体"选择"仿宋"，注意不要带有@；"高度因子"设置为"5"，"宽度因子"设置为"0.7"，单击"应用"按钮，然后关闭对话框。此时字体为长仿宋体。

2)书写文字

将图层设置为细实线图层，单击工具栏中"多行文字"按钮 A 或输入多行文字命令"MTEXT"，在需要写字的位置以两对角点形成一个矩形，该矩形的宽度即为文本行宽度，然后可以在弹出的多行文字编辑器中输入和编辑文字，注意设置文字居中，如图 7-20 所示。

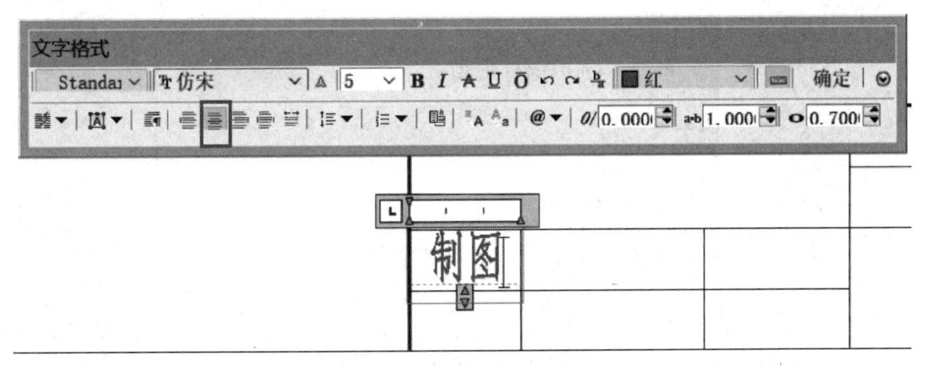

图 7-20　多行文字编辑器

将规定文字依次填写完整。横版 A4 图纸完成，如图 7-4(a)所示。

7. 绘制竖版 A4 图纸

(1)利用绘制矩形命令，绘制长 210 mm、宽 297 mm 的矩形图纸。利用偏移命令绘制向内缩小 10 mm 的图框，注意线型设置。

(2)单击工具栏中“复制”按钮，或者输入复制命令“COPY”。选择图 7-4(a)中标题栏，按〈Enter〉键，单击图 7-21 中点 *A*，再单击图 7-21 中点 *B*，按〈Enter〉键结束命令。则将横版 A4 纸中的标题栏复制到竖版 A4 纸中，复制过程中以标题栏右下角顶点为基点。

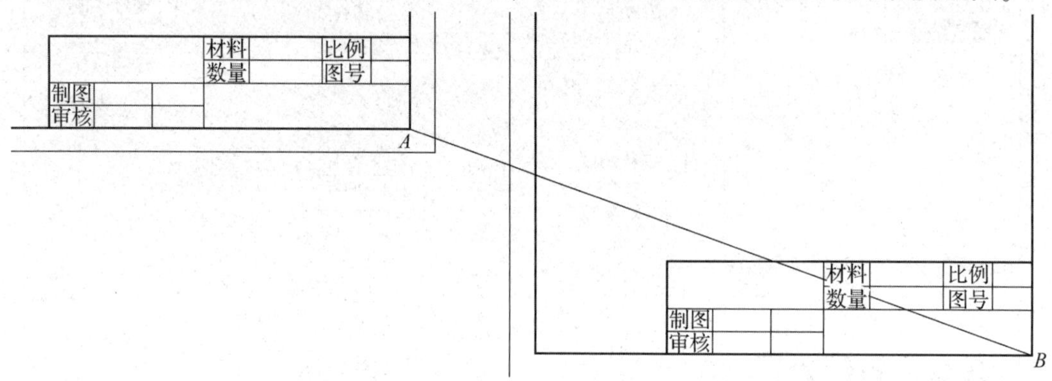

图 7-21　复制操作

8. 保存图形样板

单击下拉菜单的“文件”—“另存为”，打开“图形另存为”对话框(见图 7-22)，以 dwt 格式保存文件。注意设置文件保存路径，若不进行设置，则保存在 AutoCAD 安装时的默认路径中。

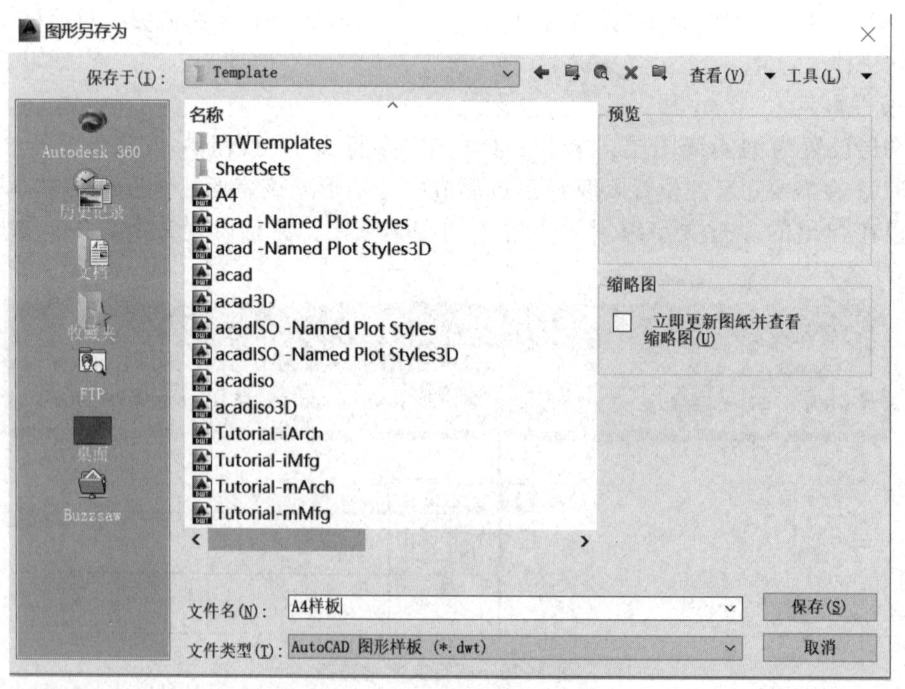

图 7-22　“图形另存为”对话框

绘制过程中，若出现错误，可以单击“删除”按钮或按〈Delete〉键，将错误线段删除。

知识点总结与补充：完成任务涉及的知识点包括图层设置、矩形命令、直线命令、偏移命令、修剪命令、复制命令和多行文字命令。其中矩形、偏移、修剪、复制和多行文字等命令，操作简单不再复述。图层设置和直线命令，还有很多细节没有在任务中体现，下面进行补充说明。

1. 图层设置

通过图层工具栏上的图层特性管理器可以进行图层的基本操作，包括图层的新建、图层的改名、图层的开关、图层的冻结和解冻、图层的锁定和解锁等操作。

图层的名称最多由 31 个字符组成，可以包括字母、数字和专用符号。“0”层是由 AutoCAD 自动生成的一个特殊图层，不能改名，不能删除，但是可以进行编辑线宽、改变线型等操作。

“开”控制图层打开或关闭。被关闭的图层上图形既不能显示，也不能打印输出，但是能够参与显示运算。合理关闭一下图层，可以使绘图或看图时更清晰。

“冻结”控制图层被冻结或解冻。被冻结的图层上的图形，不能显示，不能打印输出，也不能参与显示运算。

“锁定”控制图层锁定和解锁。锁定的图层不影响图形的显示，但是不能对锁定图层上的图形进行编辑。

单击图层线型名称，可以打开“选择线型”对话框选择需要的线型。

单击线宽，可以在“线宽”对话框中设置线宽。一般粗线设置为“0.3”或“0.5”，细线可用默认线宽。

2. 直线命令(LINE)

“LINE”命令用于绘制直线段。根据系统提示指定一点后，只要给出下一点，就能画出一条或者多条连续线段，直接按〈Enter〉键结束命令。

1)指定点的方法

当命令行出现“指定(…)点:”提示时，用户可通过以下 4 种方式指定点的位置。

(1)使用十字光标。在绘图区内，十字光标具备定点功能。移动十字光标到适当位置，然后单击，十字光标点处的坐标就自动输入。

(2)输入直角坐标。使用键盘以“x，y”的形式直接输入目标点的坐标。例如，在回答“指定(…)点:”时，就可以输入“20，10”，再按〈Enter〉键，表示点的坐标为“20，10”。

在平面绘图时，一般不需要输入 z 坐标，而是由系统自动添加上当前工作平面的 z 坐标。如果需要，也可以“x，y，z”的形式给出 z 坐标，比如“10，10，5”等。

(3)输入相对直角坐标。相对坐标指的是相对于当前点的坐标，而不是相对于坐标系远点而言的。使用相对直角坐标方式输入点的坐标，必修在输入值前输入字符“@”作为前导。例如，如果输入“@20，10”，表示该点对于当前点在 x 轴正方向前进 20 个单位，在 y 轴正方向前进 10 个单位。

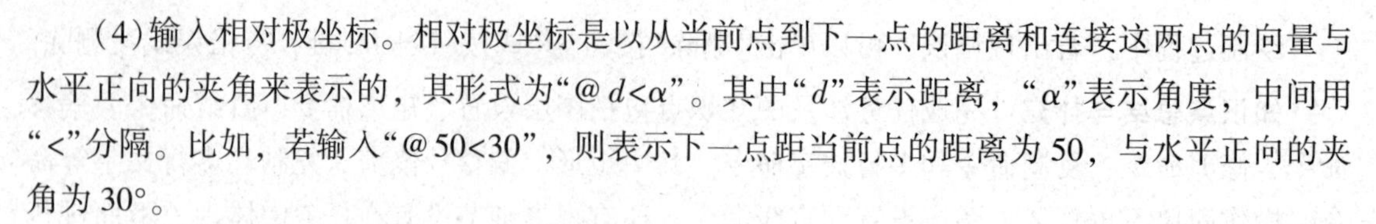

(4)输入相对极坐标。相对极坐标是以从当前点到下一点的距离和连接这两点的向量与水平正向的夹角来表示的，其形式为“@ $d<\alpha$”。其中“d”表示距离，“α”表示角度，中间用“<”分隔。比如，若输入“@ 50<30”，则表示下一点距当前点的距离为 50，与水平正向的夹角为 30°。

2)辅助定点法

AutoCAD 提供了辅助定点的工具，可以更快、更精确地绘图。常用的有正交、极轴追踪、对象捕捉、对象追踪等。可以通过状态栏上的按钮打开或关闭它们。

(1)正交。正交使光标只能在水平或垂直方向定点。

(2)极轴追踪。极轴追踪是临时对路径追踪以便于以精确的位置和角度获取点的位置。右击状态栏的“极轴”，选择“设置”，打开“草图设置”对话框的“极轴追踪”选项卡(见图 7-23)，可以设定极轴追踪的增量角，默认为“90°”，此时可以追踪水平和垂直方向；如果设置为“15°”，可以追踪 15°的任意倍角的方向。

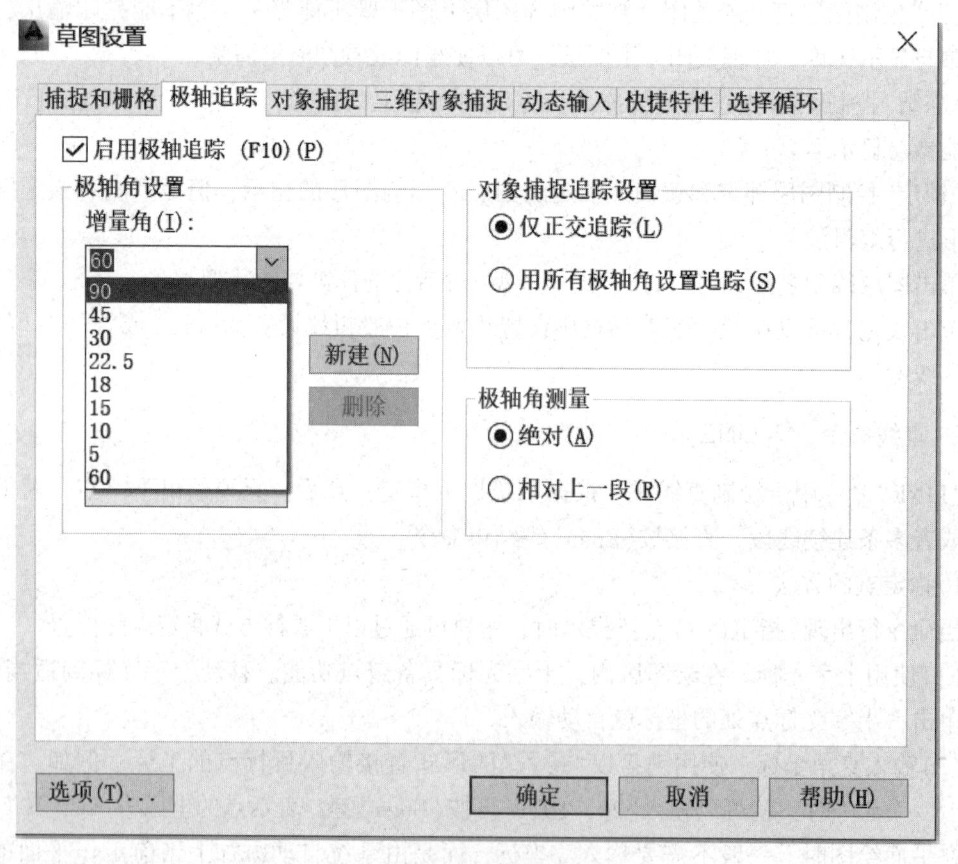

图 7-23 “极轴追踪”选项卡

一旦启用极轴追踪，则用光标定点时只要光标划过设定的增量角及其任意倍，就会显示方向虚线及提示。如图 7-24 中提示“极轴：838.8882<45°”，它表示当前处于极轴追踪状态，当前光标位置相对前一点的距离为 838.8882，绝对方向为 45°。此时如果输入数值“50”，可以得到精确的长为 50 个单位、与极轴夹角为 45°的直线。

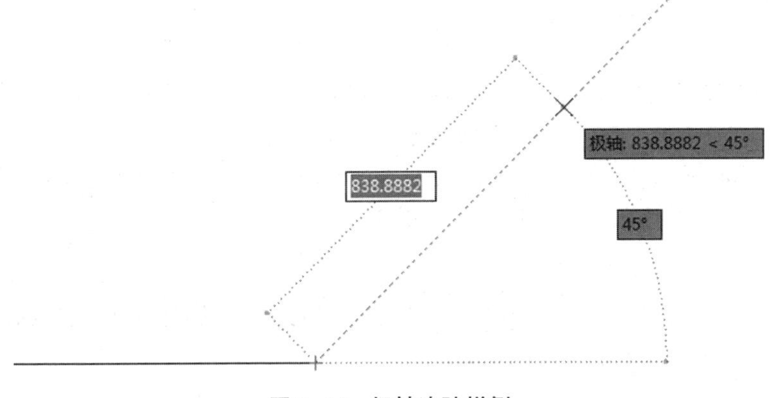

图 7-24 极轴追踪样例

(3)对象捕捉。利用对象捕捉可以保证精确绘图，AutoCAD 提供了多种捕捉工具，用来精确指定实体上的某些特殊几何点，比如线段的端点、中点，圆或圆弧的圆心等。

在绘图时需要捕捉某个特殊点时，可单击一下相应的工具按钮，然后去捕捉那个点。这种方式单击一次，仅一次有效，若要连续捕捉几种不同类型的特殊点，可在状态栏上的“对象捕捉”开关按钮上右击，在弹出的浮动菜单中选择“设置(S)…”，会弹出如图 7-15 所示的“草图设置”对话框，在“对象捕捉”选项卡中设定捕捉方式。

根据绘图需要，选取相应的捕捉方式即可在绘图时自动捕捉该类几何点。可以同时设置多种捕捉方式。

按功能键〈F3〉可改变状态栏上的“对象捕捉”按钮的状态，使之有效和无效。

(4)对象捕捉追踪。对象捕捉追踪，就是同时启用状态栏上的“对象捕捉”和“对象追踪”。启用对象追踪可以沿着基于对象捕捉点的对齐路径进行追踪，已获取的点将显示一个小叉号(×)，获取点之后，当在绘图路径上移动光标时，将显示相对于获取点的水平、垂直或极轴对齐路径。例如，可以基于对象端点、中点或者对象的交点，沿着某个路径选择一点。

3)“LINE”命令的选项

AutoCAD 的一个命令往往有多个选项可以选择执行。这些选项是用方括号括起来的，各选项之间用“/”分隔。每一选项圆括号内的字符即为该选项的关键字，要选择该选项，只需输入其关键字即可。

(1)放弃(U)：可以擦除上一线段，直至重新开始“LINE”命令。

(2)闭合(C)：将当前点与该组线段的起点相连，从而构成一个封闭图形，同时退出“LINE”命令。

任务三 绘制平面图形

任务描述：应用 AutoCAD 绘制平面图形，与传统手工绘图的思路和习惯不同，要重复利用 AutoCAD 中的绘图工具和编辑工具快速、准确地绘制平面图形。本任务通过绘制图

7-1 所示的拖钩，介绍绘图的方法、步骤。

任务分析：

(1)图框和标题栏可以直接应用任务二中创建的样板，不必反复绘制；

(2)图形中涉及直线、圆、圆弧、圆角等的绘制；

(3)底座、$R40$ 的圆弧、$R10$ 的圆弧属于已知线段，可以直接绘制，其他属于中间线段和连接线段，需要借助线段之间的连接位置关系绘制。

任务操作步骤：

(1)打开 AutoCAD 软件，单击 或“文件”—“打开”，选择任务二中创建的样板，如图 7-25 所示。在相应的图框中绘制拖钩。

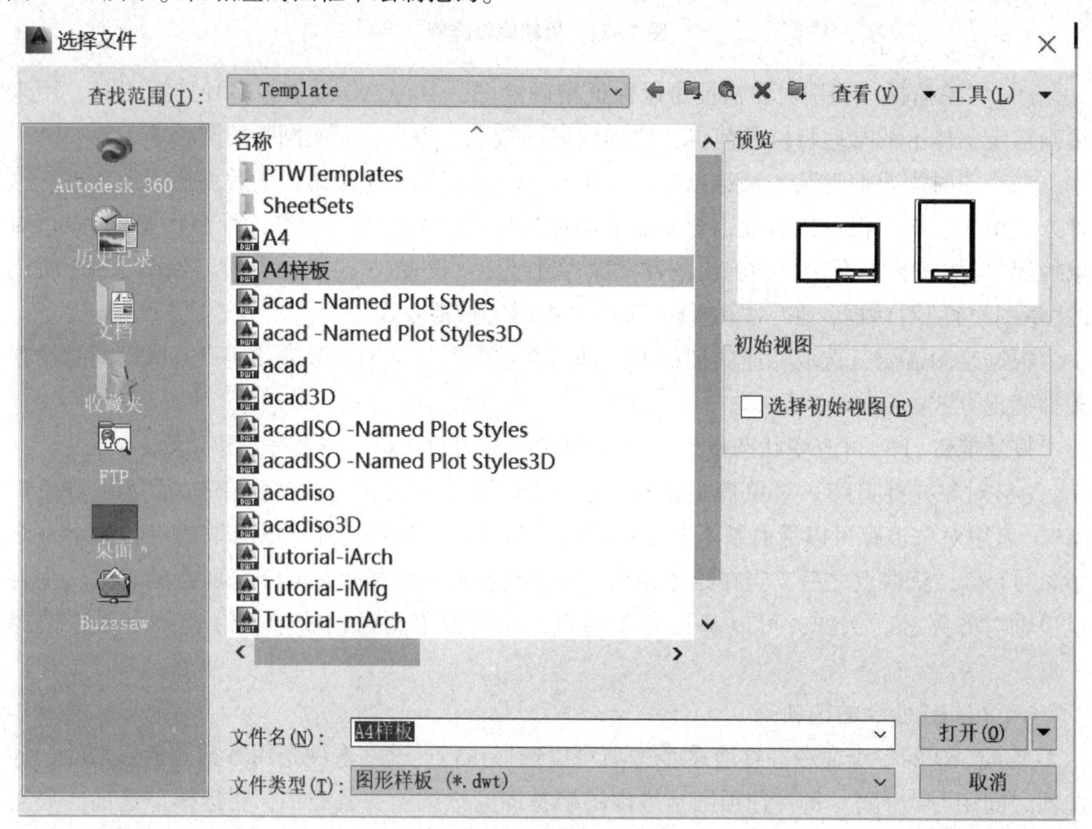

图 7-25　选择图形样板

(2)选择点画线图层，单击“正交”按钮，打开正交模式，用直线命令绘制相交的水平直线 1 和竖直直线 2，如图 7-26(a)所示。

(3)单击“偏移”按钮或输入偏移命令“OFFSET”，输入需要偏移的距离“74”，单击选择水平直线 1，向下偏移，得到直线 3，按〈Enter〉键结束偏移命令；再次单击“偏移”按钮或者按〈Enter〉键重复上一个命令，输入需要偏移的距离“95”，单击选择竖直直线 2，向右偏移，得到直线 4，单击〈Enter〉结束偏移命令；选择直线 3、4，转移图层到粗实线图层，如图 7-26(b)所示。

(4)重复偏移命令，将直线 3 向上偏移 15 mm，得到直线 5，将直线 4 向左偏移 175 mm，

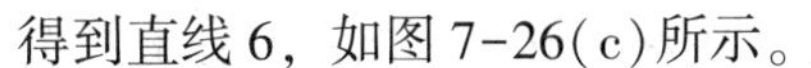
得到直线 6，如图 7-26(c)所示。

(5)单击“圆角”按钮或输入圆角命令“FILLET”，在命令行输入“R”，输入需要的圆角半径“5”，单击选择直线 5 和 4，注意选择直线 4 的时候一定要单击在水平直线 5 下方的位置，否则圆角方向可能与要求不同。再次单击“圆角”按钮或者按〈Enter〉键重复上一个命令，单击选择直线 5 和 6，完成另一个圆角，如图 7-26(d)所示。

(6)单击工具栏中“修剪”按钮输入修剪命令“TRIM”，单击选择直线 3、4、6 作为修剪界限；右击或者按〈Enter〉键，转换命令；单击选择多余出来的直线进行修剪，按〈ESC〉键退出命令。选择绘制好的底座，将图层转换到粗实线图层，如图 7-26(e)所示。

(7)选择粗实线图层为当前图层，单击，打开对象捕捉功能。单击工具栏中“圆”按钮或输入圆命令“CIRCLE”，选择直线 1 和 2 的交点为圆心，输入半径“40”，如图 7-26(f)所示。

(8)在“对象捕捉”开关按钮上右击，在弹出的浮动菜单中选择“设置(S)…”，弹出如图 7-15 所示的“草图设置”对话框，选中切点。单击“直线”按钮，将光标移动到直线 2 和直线 5 的交点处，出现标记时，向左移动光标，出现追踪虚线后，如图 7-26(g)所示，输入“52”，确定直线起始点，将光标移动到 $R40$ 的圆附近，出现切点的相应光标后，单击，确定直线终点，按〈Enter〉键完成绘制，如图 7-26(h)所示。

(9)应用偏移命令，将直线 1 向上偏移 22 mm，获得直线 7；将直线 2 向左偏移 50 mm，获得直线 8。应用圆命令，以直线 7、8 交点为圆心，绘制半径为 10 mm 的圆；单击“直线”按钮，将光标移动到 $R10$ 圆附近，出现相切光标后单击(如果不出现相切的光标，可以在对象捕捉设置中，取消其他点捕捉，只保留切点)，如图 7-26(i)所示。

(10)应用偏移命令，将直线 1 向上偏移 82 mm，获得直线 9，将直线 2 向右偏移 85 mm，获得直线 10；单击“圆”按钮，在命令行输入“T”或者单击“相切、相切、半径”，第一个相切点选择直线 9，第二个相切点选择直线 10，输入半径“80”，按〈Enter〉键，如图 7-26(j)所示。

(11)单击“圆”按钮或按〈Enter〉键重复上一个命令，在命令行输入“T”或者单击“相切、相切、半径”，第一个相切点选择 $R10$ 的圆，第二个相切点选择 $R80$ 的圆弧，输入半径“65”，按〈Enter〉键；重复圆命令，继续应用“相切、相切、半径”，第一个切点选择直线 10，第二个切点选择直线 5(注意，单击直线 10 的右侧部分)，输入半径“5”，按〈Enter〉键，如图 7-26(k)所示。

(12)单击“修剪”按钮或输入“TRIM”，选择直线 10 和 $R65$ 的圆弧作为修剪界限，右击或按〈Enter〉键转换命令，选择 $R80$ 圆弧中需要减掉的部分；重复修剪命令，选择 $R80$ 和 $R10$ 的圆弧为修剪界限，右击或按〈Enter〉键转换命令，选择 $R65$ 圆弧中需要修剪掉的部分；重复修剪命名，以 $R65$ 圆弧和与 $R10$ 圆弧相切的直线为界限，修剪 $R10$ 圆弧；以与 $R40$ 相切的两条直线为修剪界限，修剪 $R40$ 圆弧；以 $R80$ 圆弧和右下角 $R5$ 圆弧为修剪界限，修剪掉直线 10 上下多余部分；以直线 10 和直线 5 为修剪界限，修剪 $R5$ 圆弧。删除直线 9；选择直线 10，将图层转移到粗实线图层，如图 7-26(l)所示。

(13)制图标准中，中心线不宜超出轮廓过多，需要应用打断命令修剪中心线。单击“打断”按钮或输入打断命令“BREAK”，选择需要打断的直线(光标放在轮廓线外侧附近，单击选择直线)，第二点选择需要删除部分直线端点以外的位置即可。分别打断直线 1、2、7、8，如图 7-26(m)所示。

(14)单击“移动”按钮或输入移动命令“MOVE”，选择图 7-26(m)所示拖钩，右击或按〈Enter〉键转换命令，选择右下角交点作为基准点，将拖钩移动到 A4 边框内，选择好位置单击，如图 7-26(n)所示。

(15)单击下拉菜单的“文件”—“另存为”，以 dwg 格式保存文件。

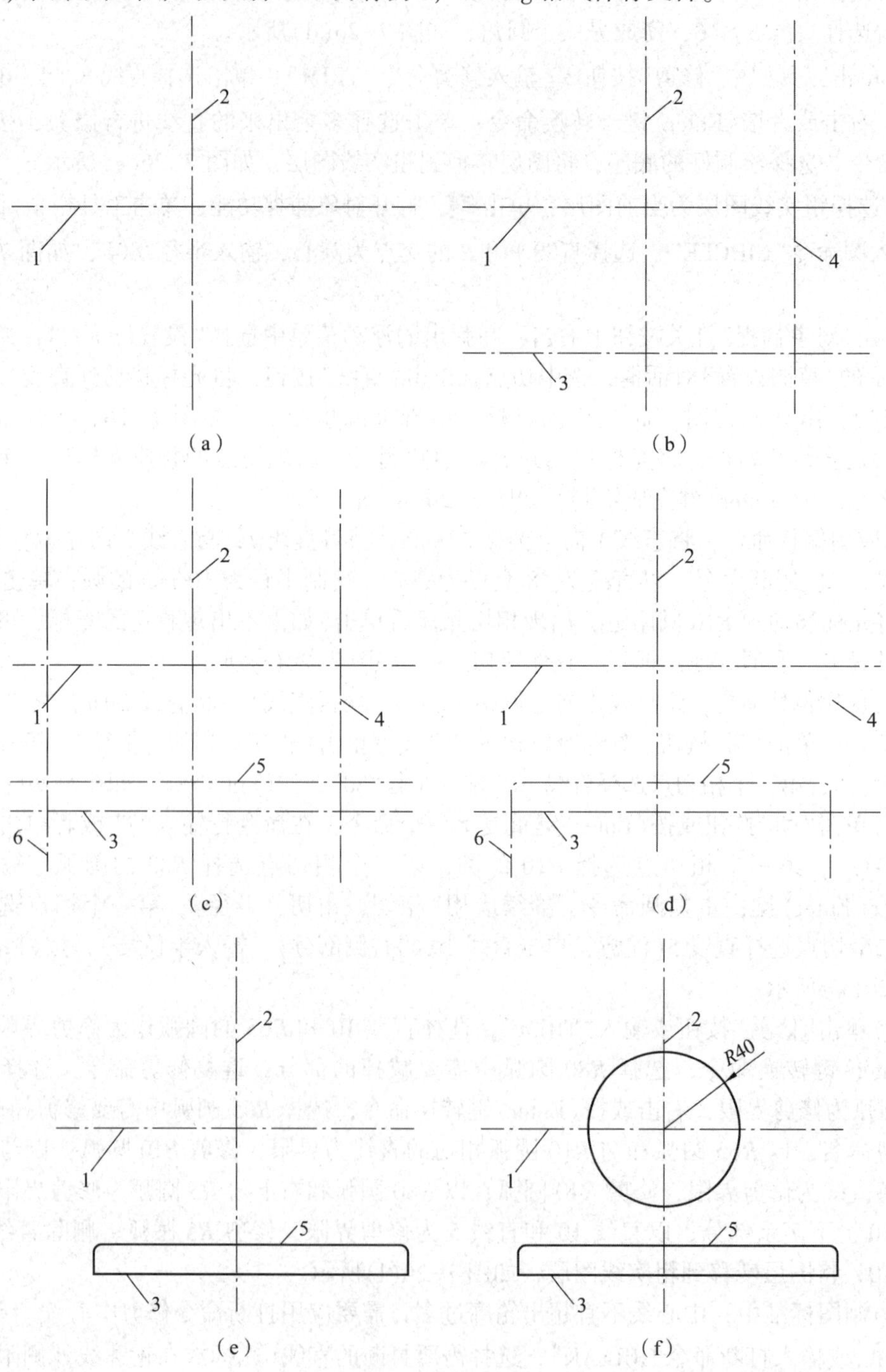

图 7-26　拖钩画法

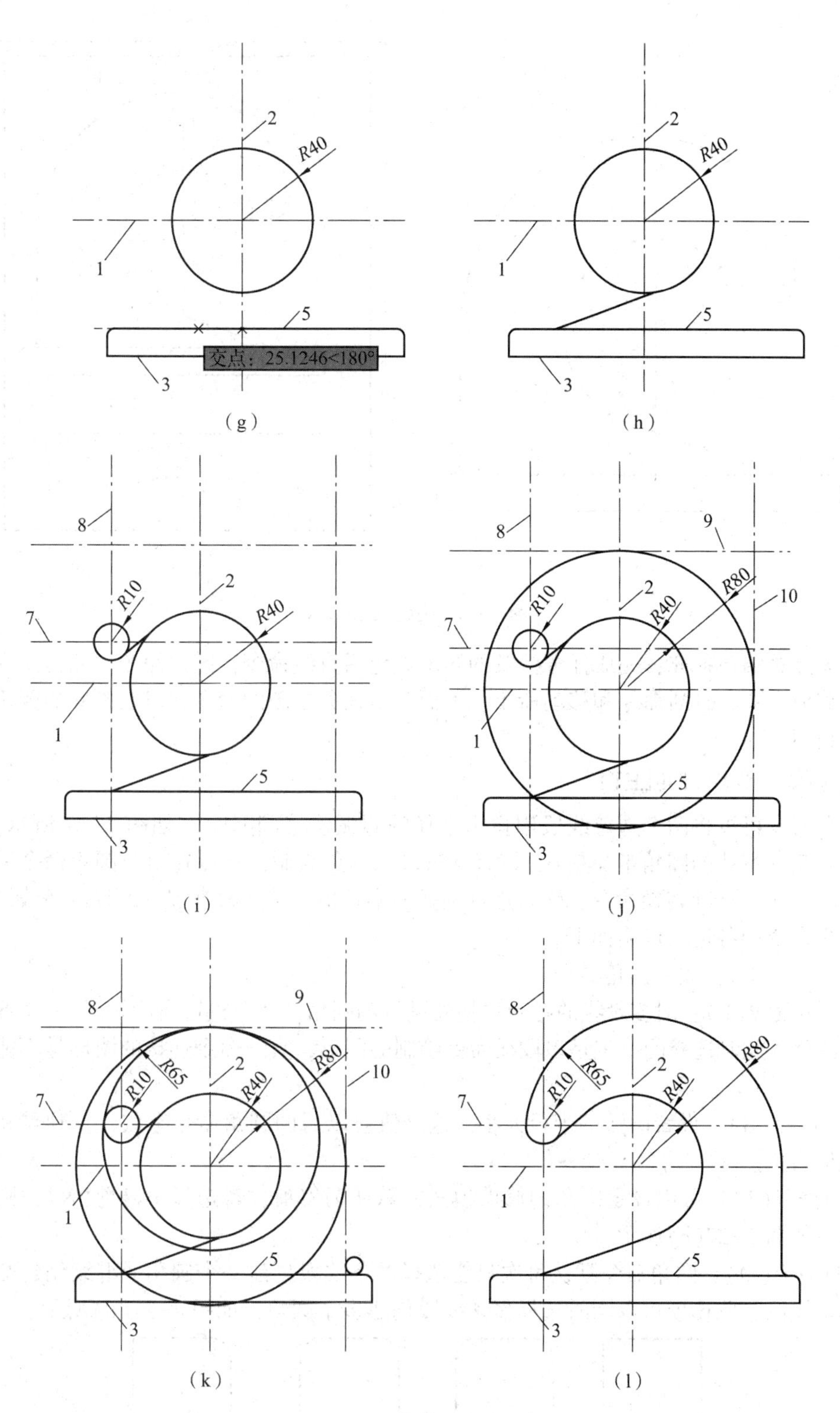

图 7-26　拖钩画法(续)

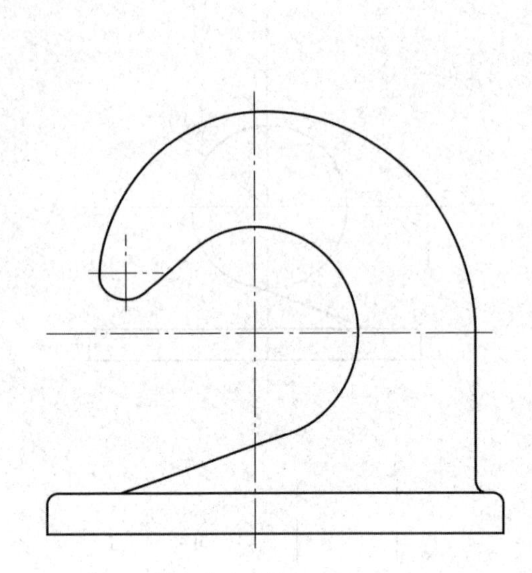

（m）

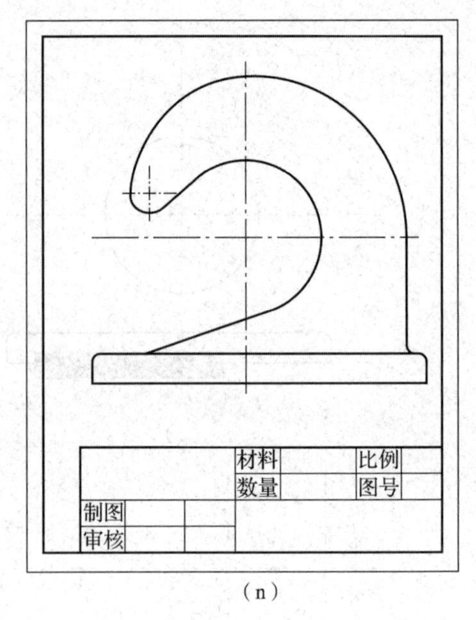

（n）

图 7-26　拖钩画法(续)

知识点总结与补充： 完成任务涉及的知识点包括直线命令、圆角命令、偏移命令、画圆命令、修剪命令、打断命令和移动命令。下面对本任务中新的命令，以及扩展的倒角命令进行补充说明。

1. 圆角命令 (FILLET)

圆角命令可以将两个选定线段用指定半径的圆弧连接(相切)，如图 7-27 所示。注意，AutoCAD 软件默认的圆角半径是 0，没有办法进行圆角绘制，所以在执行圆角命令后，先要通过“半径(R)”选项转换命令，输入连接圆弧的半径值，然后根据提示选择两条线段。

圆角命令中各选项说明如下。

(1)放弃(U)：放弃圆角命令。

(2)多段线(P)：对多段线的各个顶垫处进行倒圆角，命令执行前后如图 7-27(a)、(b)所示。注意，此时选择的一定是多段线命令绘制的图形，直线命令连接的图形是不能进行此操作的。

(3)半径(R)：设置圆弧的半径大小，这个值对以后的圆角命令有效，直到重新设置新的半径值为止。

(4)修剪(T)：可以设定圆角的修剪模式，默认为修剪，若选择不修剪“N”，则创建圆角的结果如图 7-27(c)所示。

(5)多个(M)：圆角命令默认每次只能选择两条线段创建一个圆角，继续创建圆角需要再次选择线段，此选项可以同时选择多条线段创建多个圆角，如图 7-27(d)所示。

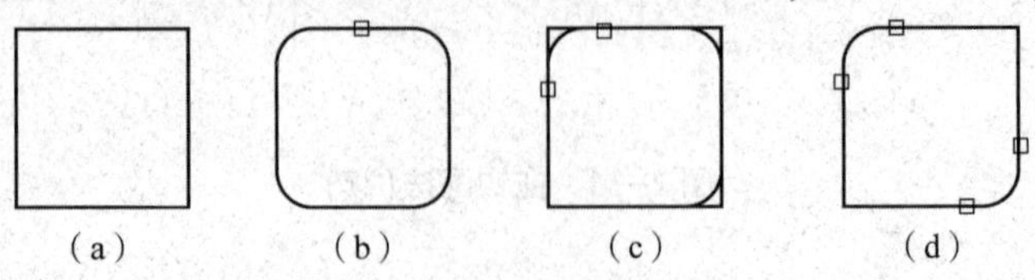

（a）　（b）　（c）　（d）

图 7-27　创建圆角

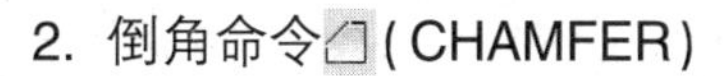

2. 倒角命令(CHAMFER)

倒角命令是用指定距离或角度将两个选定的线段进行倒角，如图 7-28 所示。注意，倒角默认的距离是 0，执行倒角命令后，需要先通过选项“D”，输入修剪倒角的距离，然后根据提示选择两条边。具体选项同圆角命令一样，不再详细介绍。

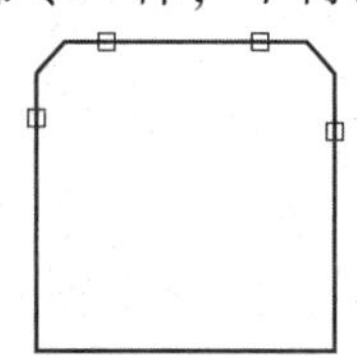

图 7-28　倒角命令

3. 圆命令(CIRCLE)

圆命令含有多种不同的选项，这些选项对应不同的画圆方法，根据提示给出画圆的条件即可。

(1)圆心，半径：指定圆心和半径画圆。圆命令默认的画圆方法，执行圆命令后，单击选择圆心，输入半径即可。

(2)圆心，直径(D)：指定圆心和直径画圆。选择圆心后，需要输入“D”转换成直径命令，然后输入直径即可。

(3)三点(3P)：通过指定圆周上的三点画圆。执行圆命令后，输入“3P”转换命令方式，然后指定 3 个点为通过圆周上的三点。

(4)两点(2P)：通过指定圆直径上的两个端点来画圆。执行圆命令后，输入“2P”转换命令方式，以指定两点为直径的端点画圆。

(5)相切、相切、半径(T)：该方式用来作公切圆或链接圆。执行圆命令后，输入“T”转换命令方式，先指定与圆相切的两线段(直线、圆弧、圆)，然后输入圆的半径即可画圆。

4. 打断命令(BREAK)

打断用于删除选定对象的一部分或者将对象分解成两部分。具体应用有以下 3 种情况。

(1)删除中间一端线段：某直线如图 7-29(a)所示，单击“打断”按钮或在命令行输入“BREAK”执行打断命令，在第一打断点 A 选择对象，指定第二个打断点 B，打断直线并删除 AB，如图 7-29(b)所示。注意，若选择对象时没有选择第一个打断点，可以通过“F”转换命令，重新选择第一个打断点。

(2)在指定点将直线分成两段：执行打断命令，指定第一个打断点 C，在指定第二个打断点时输入“@”，则直线在点 C 打断分成两条直线，如图 7-29(c)所示。

(3)删除一端的直线：执行打断命令，指定第一个打断点 A，在需要删除的一端指定第二个打断点 D，如图 7-29(d)所示。

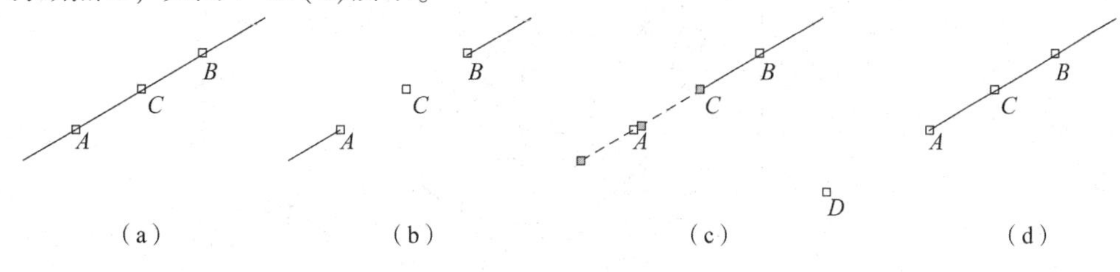

图 7-29　打断命令

5. 移动命令 (MOVE)

移动命令用于将选定的对象从当前位置移动到指定的位置，操作方式与复制相同。执行移动命令后，首先根据提示选择需要移动的对象，然后右击或按〈Enter〉键转换命令，最后选择基准点进行移动；区别在于复制保留原有对象，移动不保留。

项目总结

本项目通过 3 个任务，介绍了 AutoCAD 软件的工作界面、常用绘图命令和绘图的准备工作，为后续 AutoCAD 应用奠定了基础。所有的绘图命令都有多种执行方式，除去任务中介绍的工具栏按钮和命令，还可以通过“下拉菜单”—“绘图”以及快捷键(附录 B)执行。对于命令的应用需要通过练习进一步掌握。

练习：用 AutoCAD 绘制图 7-30、图 7-31 所示平面图形。

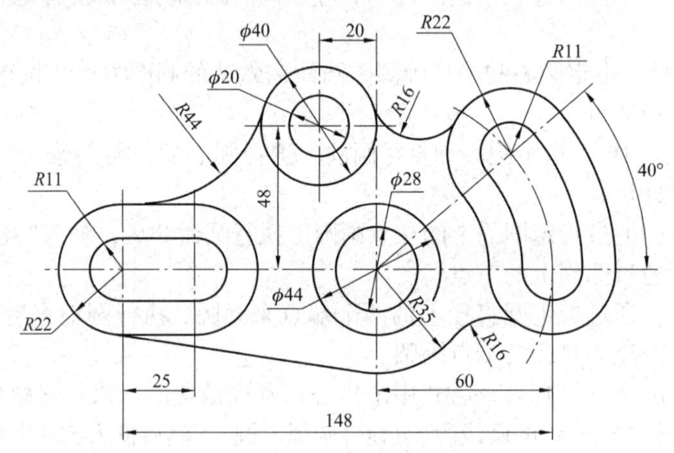

图 7-30　平面图形一

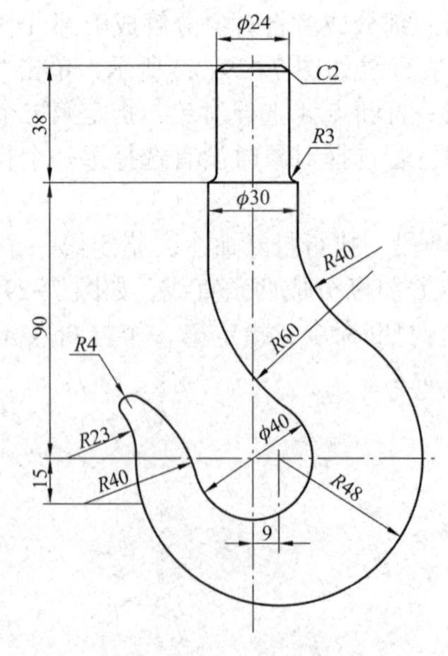

图 7-31　平面图形二

项目八 AutoCAD绘制三视图

三视图是主视图、俯视图和左视图的总称，是从 3 个不同方向对同一个物体进行投影的结果，基本能够完整地表达物体的结构形状。三视图是机械制图、建筑制图的必修内容，是技术人员和工人师傅的工作语言。

项目描述

本项目通过绘制图 8-1 所示的组合体三视图，分析 AutoCAD 软件功能的应用，学习尺寸标注方法。

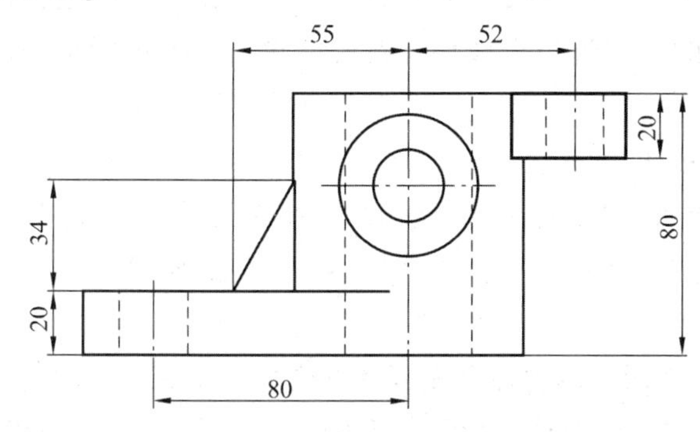

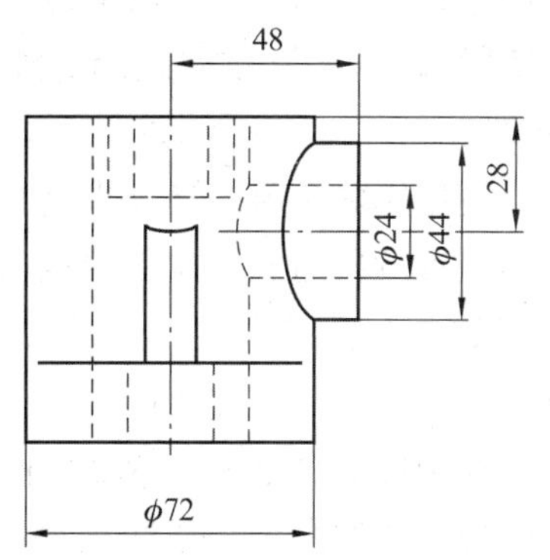

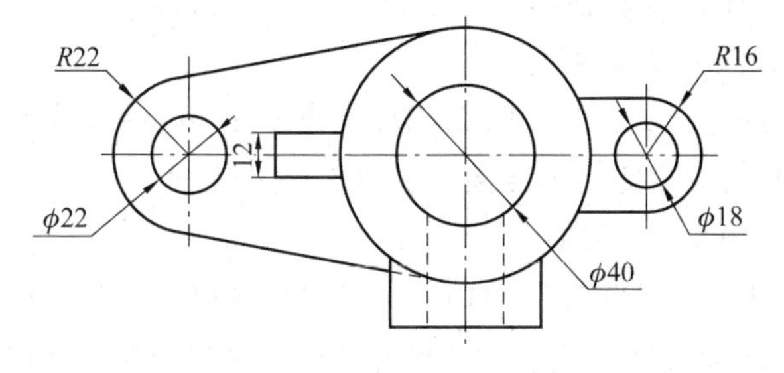

图 8-1　组合体三视图

任务一　绘制组合体三视图

任务描述：应用 AutoCAD 绘图命令绘制图 8-1 所示三视图，借助 AutoCAD 中极轴、对象捕捉、对象追踪等辅助命令实现三视图“长对正、高平齐、宽相等”的投影规律。

任务分析：

(1)组合体由底板、圆柱套筒、肋板、凸台、耳板组成；

(2)尺寸完整的直线和圆弧可以直接绘制，但是相贯线的部分需要借助三等关系。

任务操作步骤：

启动 AutoCAD 软件，打开 A4 图纸样板。打开正交模式，启用对象捕捉(端点、交点、圆心)和对象追踪功能。

1)画俯视图

(1)选择点画线图层，用直线命令绘制图 8-2(a)中两条相交的基准线 1、2。

(2)选择粗实线图层，以交点 O_1 为圆心，绘制 $\phi72$ 和 $\phi40$ 的圆。

(3)将直线 1 向左偏移 80 mm，得到直线 3 与直线 2 相交于点 O_2；以 O_2 为圆心画 $R22$ 和 $\phi22$ 的圆。

(4)设置对象捕捉，只控制切点；执行直线命令，将光标移动到 $R22$ 圆的附近，出现相切符号时单击，再将光标移动到 $\phi72$ 的圆附近，出现相切符号时单击，即可画出与两圆相切的直线。

(5)应用修剪命令，修剪掉 $R22$ 多余的圆弧。

(6)设置对象捕捉，控制端点、交点、圆心；执行直线命令，将光标移到 O_1 处，向左平移待出现对象追踪虚线后，输入“55”确定起点，向上画直线 6，向右画直线，长度穿过 $\phi72$ 的圆，如图 8-2(b)所示。

(7)应用修剪命令，以 $\phi72$ 的圆为界线，修剪掉右侧多余直线。

(8)应用镜像命令完成肋板绘制：单击“镜像”按钮或输入镜像命令“MIRROR”，选择上一步所画的半个肋板，右击或按〈Enter〉键转换命令，选择 O_1 和 O_2 为镜像点，默认不删除源对象，按〈Enter〉键完成镜像，如图 8-2(c)所示。

(9)将直线 1 向右偏移 52 mm，得到直线 4 且与直线 2 相交于点 O_3；以点 O_3 为圆心画 $R16$ 和 $\phi18$ 的圆；绘制直线，将 $R16$ 的圆与 $\phi72$ 的圆连接，如图 8-2(d)所示。

(10)修剪掉多余的直线和圆弧，如图 8-2(e)所示。

(11)单击工具栏中“圆弧”按钮或输入圆弧命令“ARC”，指定圆弧第一点(点 A)，输入“C”改变命令选项，指定圆心 O_1，最后指定端点 B，完成圆弧绘制。选择圆弧，转移到虚线图层，如图 8-2(f)所示。

(12)执行直线命令，将光标移动到点 O_1，出现交点标记后向下移动，待出现对象追踪轴时输入“48”，确定起始点。向右移动光标到下一点，输入“22”，向上移动光标，画出一小段直线，利用镜像命令，将所画直线以直线 1 为镜像线进行镜像，如图 8-2(g)所示。

(13)单击工具栏中“延伸”按钮--/或输入延伸命令“EXTEND”，选择ϕ72 的圆作为延伸界限，右击或按〈Enter〉键转换命令，选择上一步中两个较短的竖线，按〈Enter〉键结束命令，如图 8-2(h)所示。

(14)选择虚线图层，应用直线命令绘制两条距离直线 1 为 11 mm 的直线，如图 8-2(i)所示。

(15)应用延伸命令，将上一步所画两条直线延伸至ϕ40 的圆弧，如图 8-2(j)所示。

(16)将图 8-2(k)中标注的部分改成虚线。应用修剪命令剪掉该段，选择虚线图层，应用直线命令重新补画该段直线，注意对象捕捉切点，最终俯视图如图 8-2(l)所示。

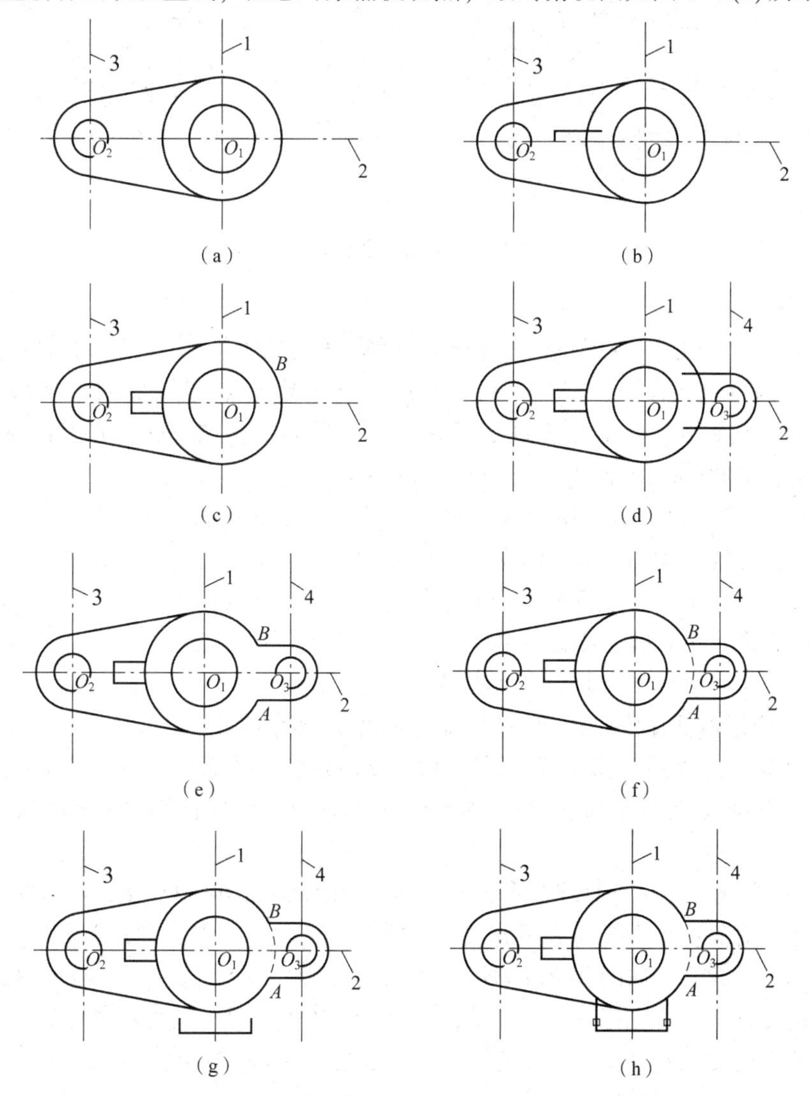

图 8-2　俯视图画法

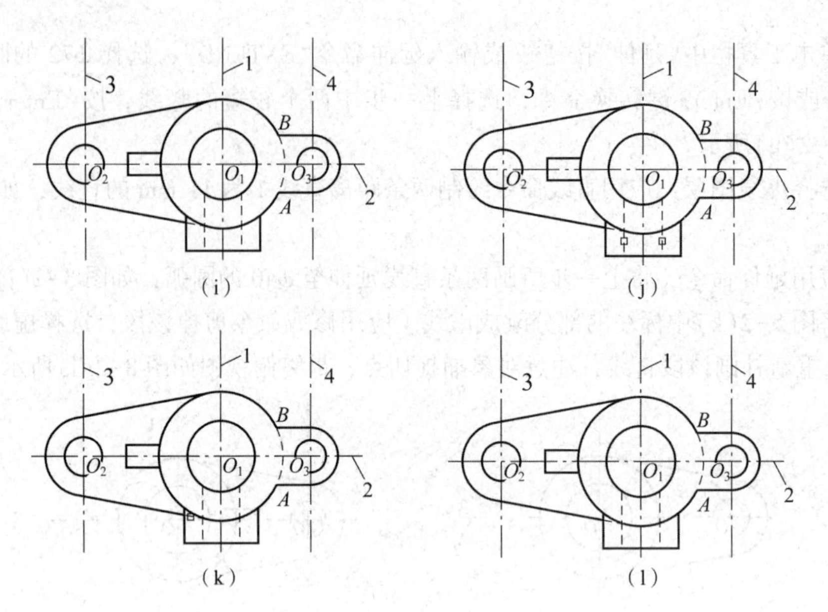

图 8-2　俯视图画法(续)

2)画主视图

(1)选择粗实线图层，应用直线命令画 $\phi72$ 圆柱的主视图，要注意与俯视图对齐，如图 8-3(a)所示。执行直线命令，将光标移动到点 C，出现交点符号×后向上平移光标，沿着对象追踪直线，找到合适位置单击确定起始点，然后向左移 72 mm、向上移 80 mm、向右移 72 mm、向下移 80 mm 画直线，按〈Enter〉键结束命令。

(2)应用直线命令画底板。执行直线命令，以主视图左下角为第一点，向左移动光标拉出水平直线，将光标移动到点 D，出现交点符号×后，竖直向上移动光标出现对象捕捉追踪线，与水平线相交并出现交点符号×，单击确定第二点。继续向上移画长为 20 mm 的直线，向右移动光标出现水平直线，将光标移动至点 E，出现切线端点符号□后，向上移动光标出现追踪直线，与水平直线相交并出现交点符号×，单击确定最后一点，结束直线命令，如图 8-3(b)所示。应用修剪命令去掉圆柱与底板相交后的多余线段。

(3)利用偏移命令将最上端的直线向下偏移 28 mm，并将直线转移到点画线图层；以偏移直线与竖直点画线交点为圆心，画 $\phi44$ 和 $\phi24$ 的圆，完成凸台主视图，如图 8-3(c)所示。

(4)画肋板主视图。执行直线命令，将光标放到图 8-3(d)中点 F，出现端点符号□后，向上移动光标，对象追踪直线与底板相交并出现交点符号×，单击此点(注意，尺寸与轮廓线很近，但不是轮廓线，如图 8-3(e)所示)确定第一点，向上画长为 34 mm 的直线确定第二点，关闭正交选项，将光标移动到点 G，出现端点符号□后向上移动光标，对象追踪直线和底边相交并出现交点符号×，单击确定第三点，按〈Enter〉键结束直线命令。应用修剪命令，去掉和肋板相交的圆柱轮廓线，如图 8-3(d)所示。

(5)打开正交选项，应用直线命令和修剪命令画出耳板主视图，如图 8-3(f)所示，注意与俯视图对齐，对其方法与上述步骤相同。

(6)选择虚线图层，应用直线命令画出不可见孔的轮廓线，注意与俯视图对齐，如图 8-3(g)所示。

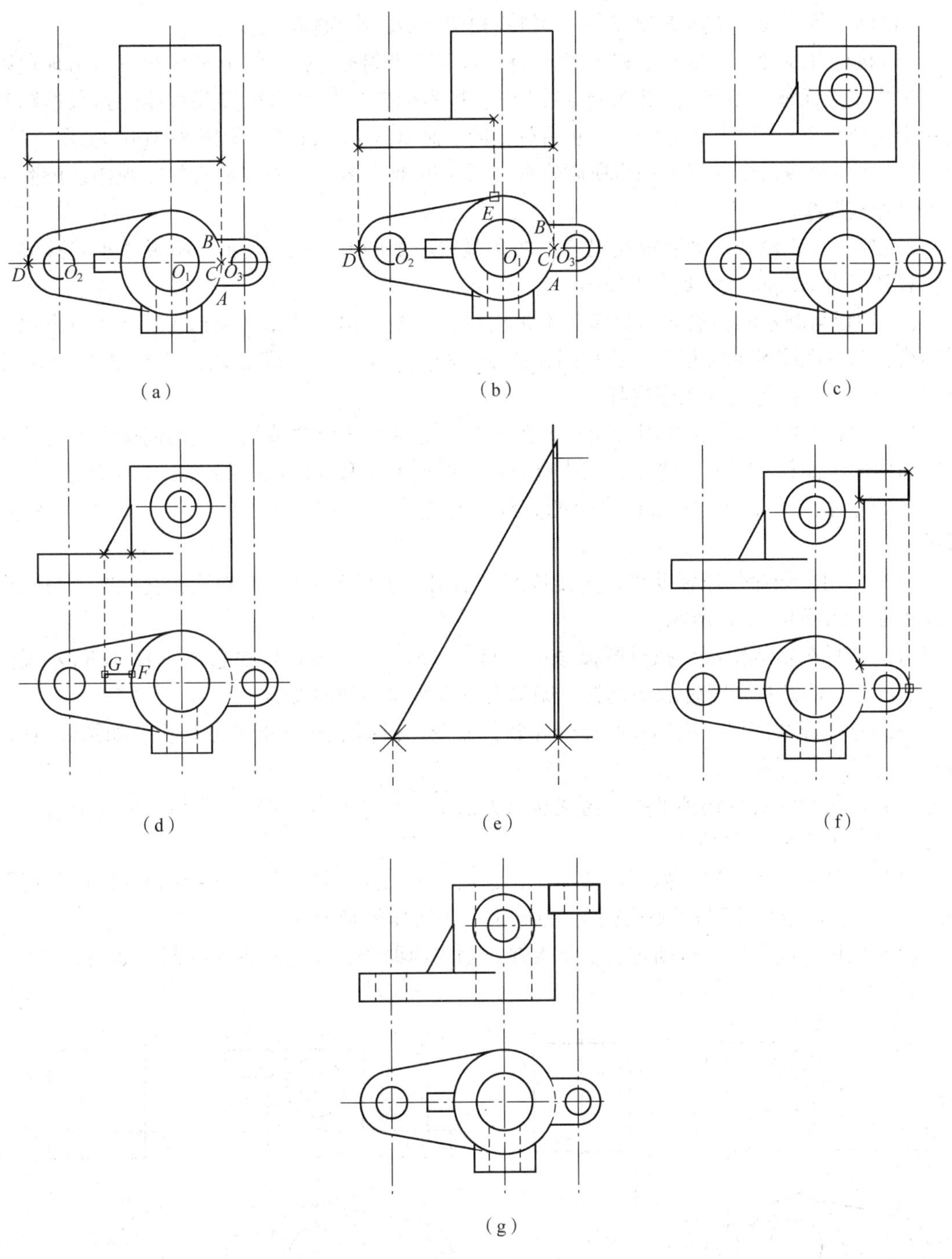

图 8-3　主视图画法

3) 画左视图

(1) 选择细实线图层，打开极轴(45°)，在适当位置画一条45°斜线，如图 8-4(a)所示。

(2) 选择点画线图层，打开正交选项，画左视图基准线，注意与俯视图位置对应。

(3) 选择粗实线图层，画 ϕ72 圆柱的左视图，注意高平齐、宽相等。

(4)画一条直线，从点 E 出发与45°斜线相交于 H，作为辅助线。

(5)执行直线命令，将光标移动到点 H，出现交点符号×后，向上平移光标，出现追踪直线，再将光标移动到点 I，出现端点符号□后将光标向右移动出现追踪直线，两条追踪直线相交出现交点×，单击确定此点为起始点，向右画直线到基准线，如图8-4(b)所示。

(6)应用镜像命令，将上一步所画直线，关于基准线镜像，得到底板的左视图。删除上一步所作辅助线。

(7)应用直线命令，画肋板左视图中两条竖线，如图8-4(c)所示。肋板关于基准线对称，总宽度为12 mm，高度为34 mm。

(8)肋板与圆柱的相贯线是圆弧，不是横线，需要画出。从图8-4(d)中点 J 引出水平辅助线，与左视图基准线相交。执行圆弧命令，起点、第二点、端点依次选择图8-4(e)中所示三点，注意按逆时针顺序选择。

(9)选择点画线图层，利用直线命令和高平齐规律画凸台的轴线。应用偏移命令将凸台轴线向两侧各偏移22 mm，将左视图中竖直基准线向右偏移48 mm，如图8-4(f)所示。

(10)应用修剪命令去掉凸台多余的直线，并把图层转移到粗实线图层，如图8-4(g)所示。

(11)应用直线命令作辅助线。直线从点 K 引出，水平向右与45°斜线相交后向上与凸台轴线相交，如图8-4(h)所示。

(12)选择粗实线图层，执行圆弧命令，起点、第二点、端点依次选择图8-4(h)左视图中所示三点，注意按逆时针顺序选择。删除上一步所作的辅助线。

(13)选择虚线图层，应用直线命令和修剪命令，根据尺寸画不可见结构，如图8-4(i)所示。

(14)应用直线命令作辅助线。直线从点 L 引出，水平向右与45°斜线相交后向上与凸台轴线相交，如图8-4(j)所示。

(15)选择粗实线图层，执行圆弧命令，起点、第二点、端点依次选择图8-4(j)左视图中所示三点，注意按逆时针顺序选择。删除上一步所作的辅助线。

(16)应用打断命令，打断过长的基准线，删除辅助线，完成三视图绘制，如图8-4(k)所示。

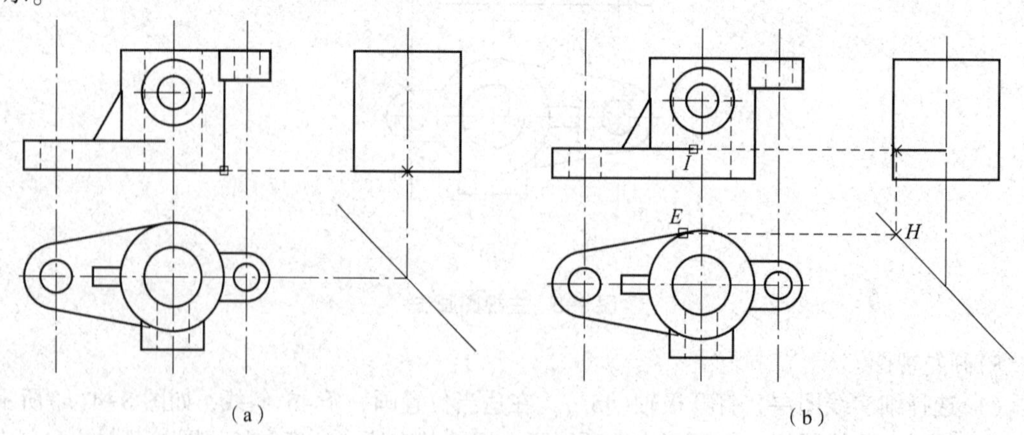

图8-4　左视图画法

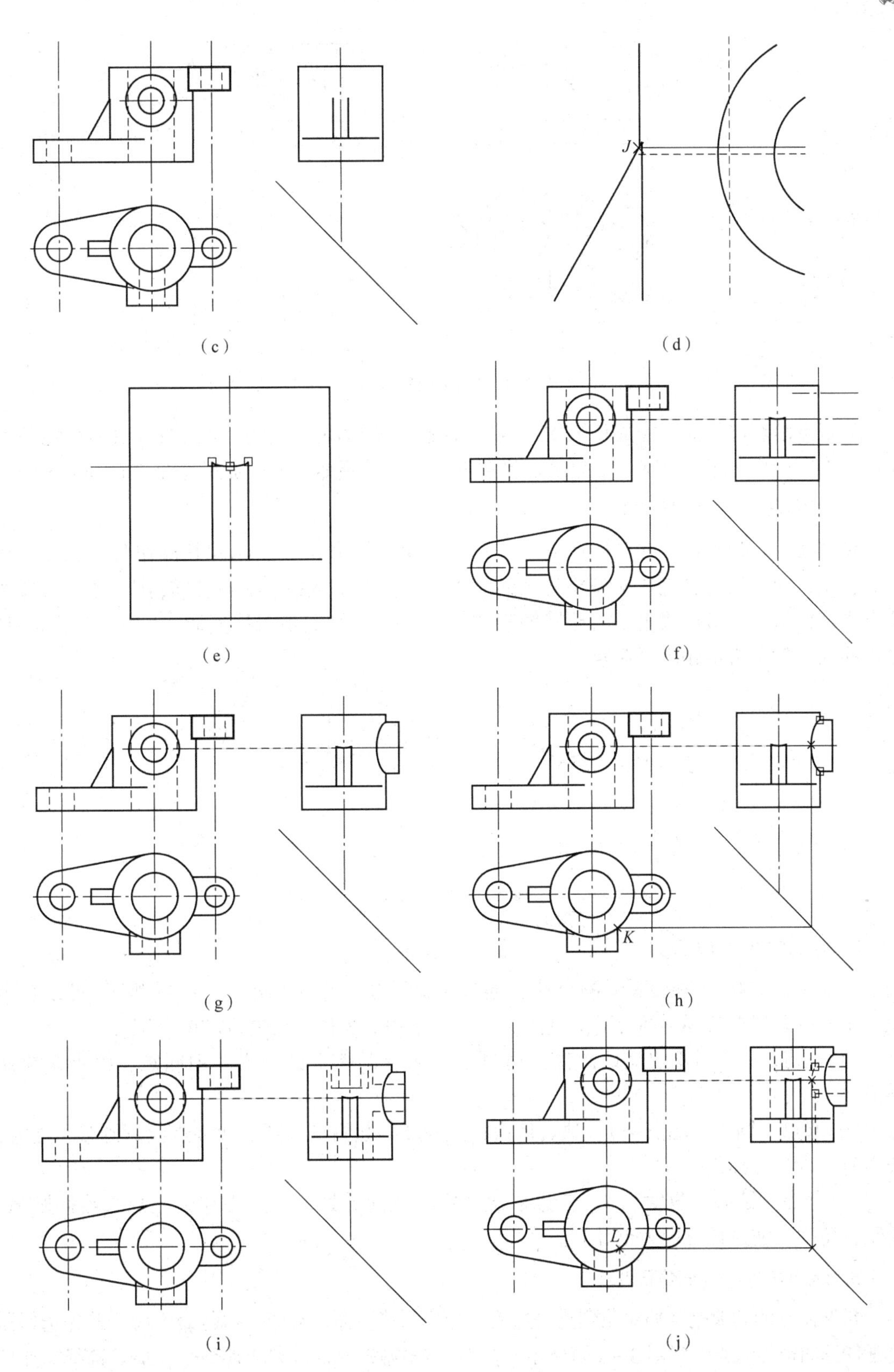

图 8-4　左视图画法(续)

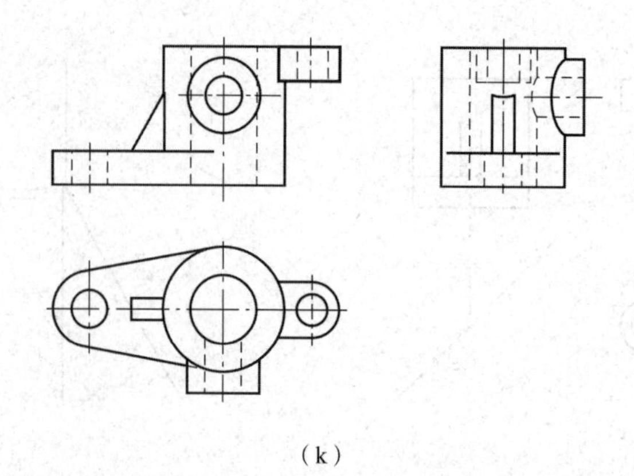

(k)

图 8-4　左视图画法(续)

知识点总结与补充：完成任务主要应用直线命令辅助定点功能，重点在于找到对应位置关系。在完成任务过程中应用了镜像、圆弧和延伸 3 个新命令，下面对命令进行补充说明。

1. 镜像命令(MIRROR)

镜像命令以指定镜像线对称地复制或移动对象，如图 8-5 所示，其操作与复制和移动类似，执行命令后，首先选择需要镜像的对象，然后右击或按〈Enter〉键转换命令，再通过两点指定镜像线，最后确定是否删除源对象。“否(N)”则实现对称复制，“是(Y)”则实现对称移动，默认为不删除源对象。

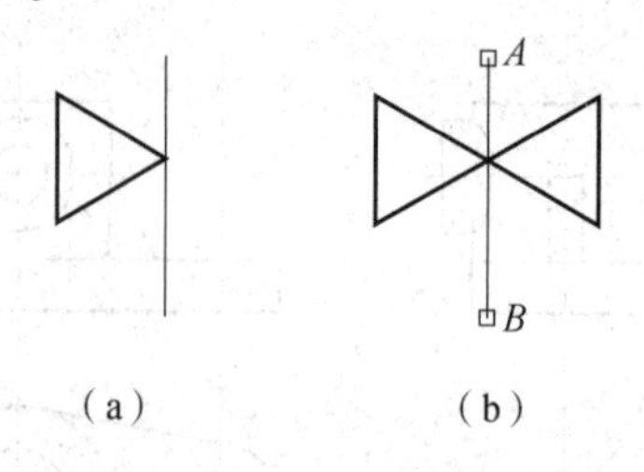

(a)　　(b)

图 8-5　镜像命令

2. 圆弧命令(ARC)

圆弧命令中有 11 种画圆弧的方法，通过单击下拉菜单中“绘图”—“圆弧”，可以全展现，用户可以根据需要选择合适的画法。下面对常用的 3 种方法进行简单介绍。

(1)三点(P)：圆弧的默认画法，通过依次指定圆弧上的起点、中间点、终点来绘制圆弧。

(2)起点、圆心、端点(S)：通过依次指定圆弧的起始点、圆心和终点绘制圆弧。注意，按逆时针方向选择起点、端点。

(3)起点、圆心、角度(T)：通过依次指定圆弧的起始点、圆心和圆心角来绘制圆弧。注意，角度按逆时针方向为正计算。

3. 延伸命令(EXTEND)

延伸命令的功能是延伸对象到指定边界，操作与修剪命令类似。执行命令后，首先选择需要延伸到的边界元素，如图 8-6(a)所示，然后右击或按〈Enter〉键转换命令，最后选择需要延长的直线，如图 8-6(b)所示。因为可以同时延伸多条边，所以需要按〈Enter〉键结束命令。

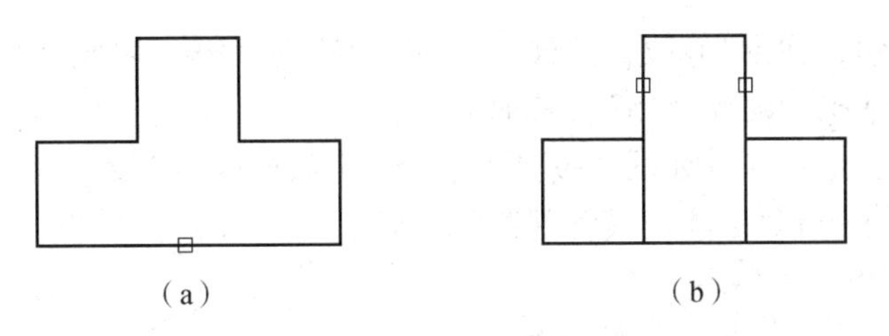

图 8-6　延伸命令

任务二　尺寸标注

任务描述：应用 AutoCAD 为任务一中完成的三视图标注尺寸。学习 AutoCAD 中尺寸标注的方法以及各种不同情况下尺寸标注的设置。

任务分析：

(1)一个完整的尺寸包括尺寸线、尺寸界线、尺寸数字、箭头等要素，这些要素之间的相对位置以及大小，需要根据图样进行设置。

(2)本任务中尺寸包括线性尺寸、直径尺寸、半径尺寸等多种类型，AutoCAD 中提供了不同尺寸的标注命令。

任务操作步骤：

1)选择细实线图层

尺寸界线和尺寸线都是细实线。

2)设置标注样式

单击下拉菜单中"格式"—"标注样式"，弹出"标注样式管理器"对话框，如图 8-7 所示。

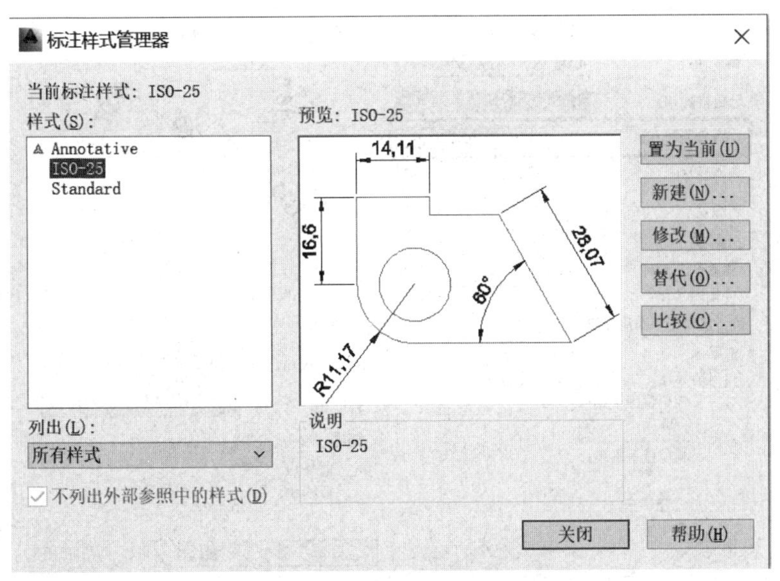

图 8-7　"标注样式管理器"对话框

单击“修改”按钮，弹出“修改标注样式：ISO-25”对话框，切换至“文字”选项卡，如图8-8所示，将“文字高度”设置为“5”，其他不变。

切换至“主单位”选项卡，如图8-9所示，将“小数分隔符”设置为“.”(句点)，其他不变，单击“确定”按钮回到“标注样式管理器”对话框。

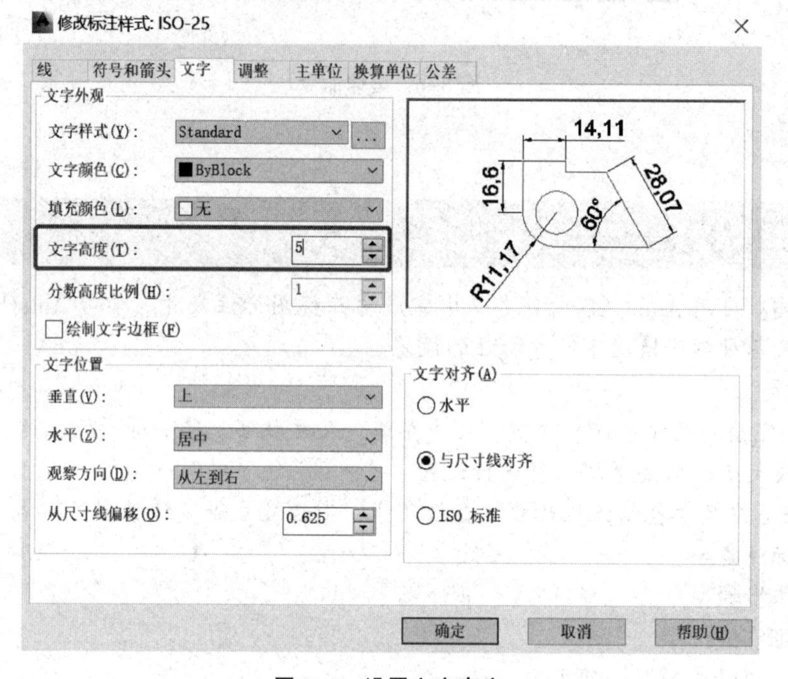

图8-8　设置文字高度

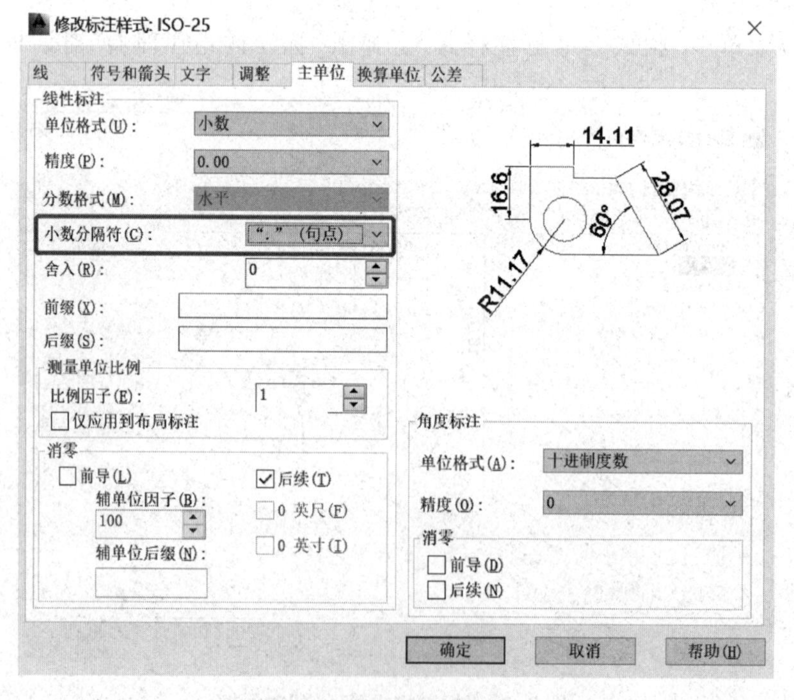

图8-9　设置小数分隔符

单击选中刚刚修改过的“ISO－25”，单击“新建”按钮，创建子样式。弹出对话框如图 8-10 所示，子样式名称可自行设置，然后单击“继续”按钮，进入“新建标注样式：副本 ISO-25”对话框，切换至“文字”选项卡，在“文字对齐”部分，选择“水平”单选按钮，如图 8-11 所示。单击“确定”按钮。

创建新标注样式
新样式名(N)：
副本 ISO-25
继续
基础样式(S)：
ISO-25
取消
注释性(A)
帮助(H)
用于(U)：
所有标注

图 8-10　“创建新标注样式”对话框

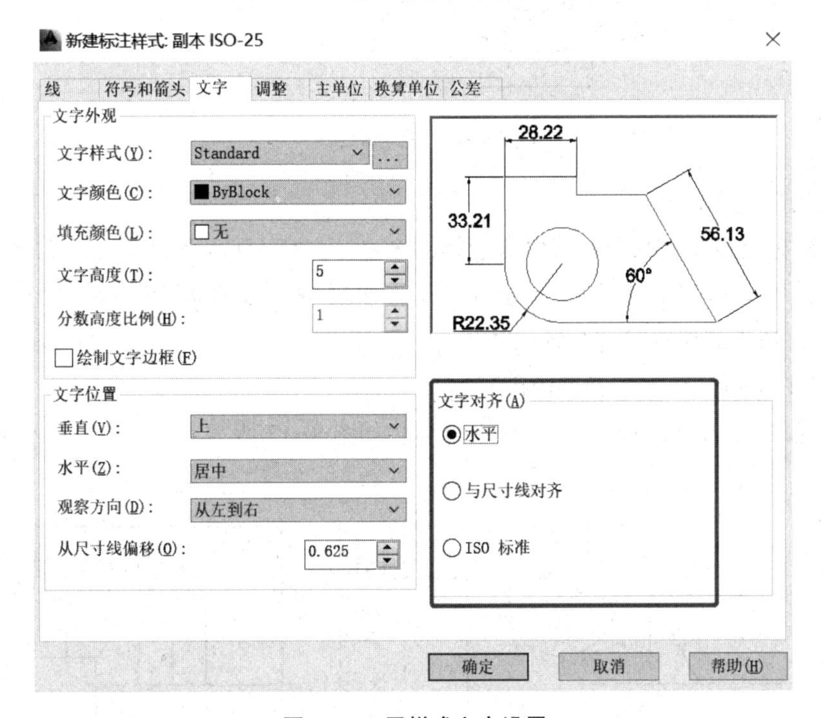

图 8-11　子样式文字设置

在“标注样式管理器”对话框中，选中“ISO-25”设置为当前图层。

3）标注线性尺寸

打开对象捕捉（端点、交点、圆心）。单击下拉菜单中“标注”—“线性”，第一个界线原点选择图 8-12 中点 A，第二个界线原点选择点 B，向左移动光标至适当位置单击。

尺寸标注中，只要选好界线原点，软件就直接测量出尺寸，注意界线原点一定要选取准确。

重复执行线性标注命令，完成 80、34、55、52、20、48、28、12 的尺寸标注，如图 8-12 所示。

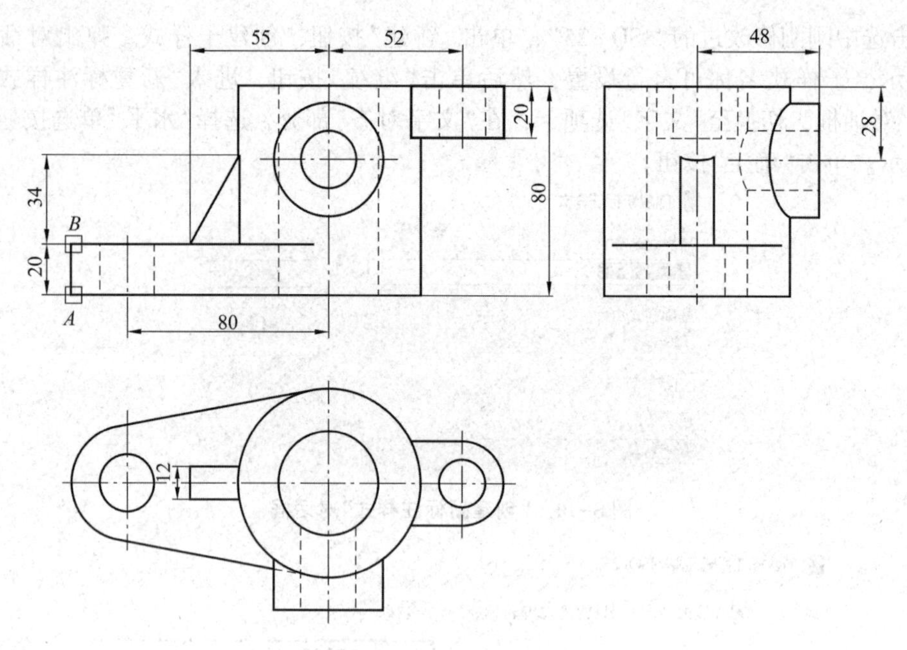

图 8-12　尺寸标注一

4）标注线性尺寸直径

执行线性标注命令，两个界线原点选择图 8-13 中 C、D 两点，注意此时测量的尺寸没有直径符号，不要单击，在命令行输入“T”，然后输入需要标注的尺寸“%%c72”，按〈Enter〉键，在适当的位置单击放置尺寸。

“%%c”在 AutoCAD 中代表直径符号“ϕ”。

重复上述命令，标注凸台尺寸 ϕ24 和 ϕ44，如图 8-13 所示。

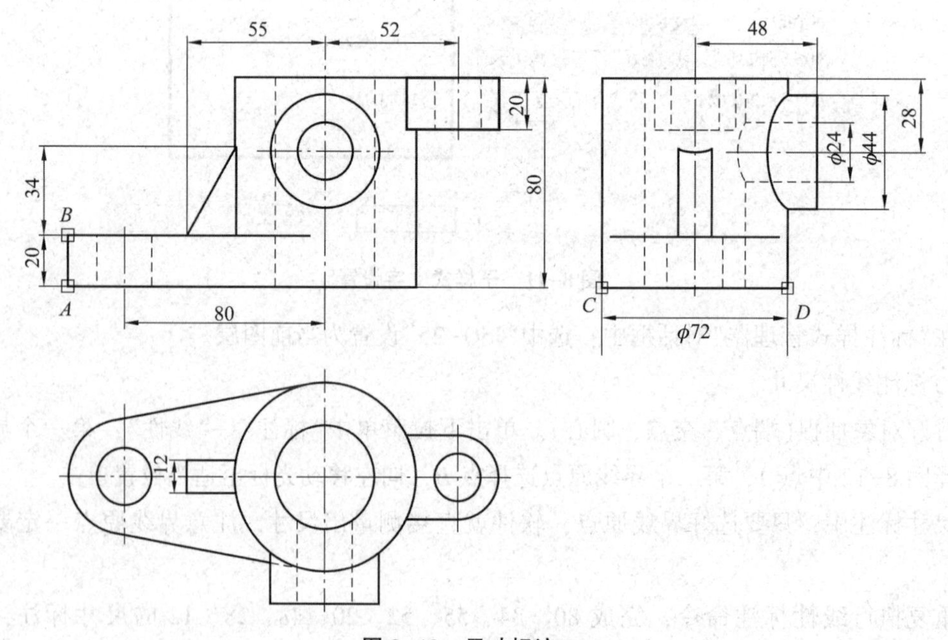

图 8-13　尺寸标注二

5)标注直径与半径

单击下拉菜单“格式”—“标注样式”，弹出“标注样式管理器”对话框，将之前创建的子样式设置为当前。

单击下拉菜单中“标注”—“直径”，再单击选择需要标注的圆即可标注直径尺寸。单击下拉菜单中“标注”—“半径”，再单击选择需要标注的圆弧即可标注半径尺寸，如图 8-14 所示。

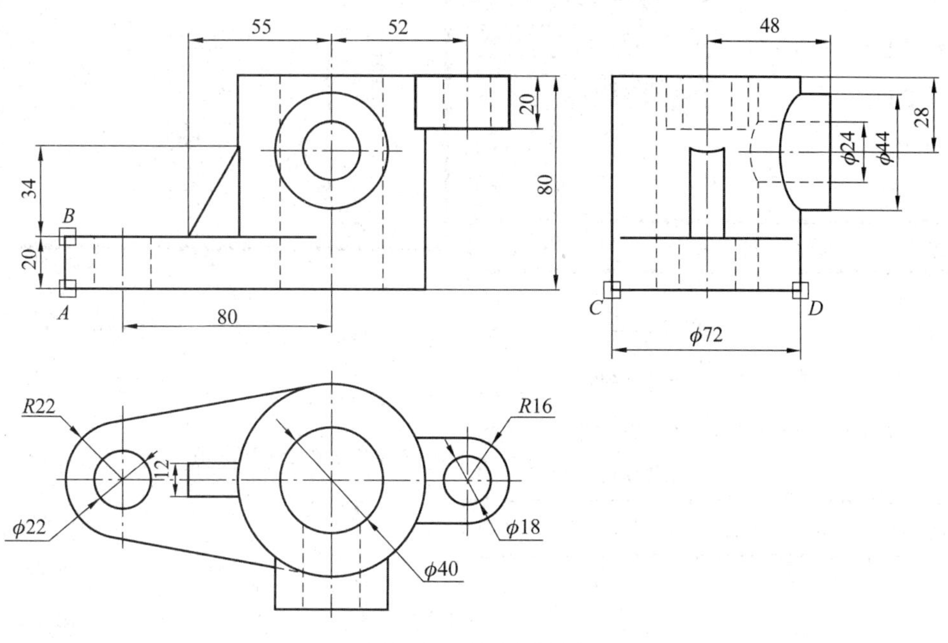

图 8-14　尺寸标注三

6)调整尺寸

单击“打断”按钮，将俯视图中水平基准线在肋板厚度尺寸 12 处打断，使尺寸数字 12 完全显示。

单击“分解”按钮或输入分解命令“EXPLODE”，分解对象选择左视图尺寸 28，结束命令。

应用打断命令，打断穿过尺寸 ϕ24 和 ϕ44 的尺寸界线，完成图 8-1 所示尺寸标注。

国家标准规定，标注尺寸时，尺寸数字不能被直线通过，像图 8-14 肋板的厚度尺寸 12、凸台的直径尺寸 ϕ24 和 ϕ44 都是不合格的，此时需要应用打断命令将穿过尺寸数字的基准线等进行打断。

知识点总结与补充：本任务旨在培养学习应用 AutoCAD 进行尺寸标注的能力，主要应用设置尺寸标注样式和尺寸标注命令两项，绘图命令只应用到分解，且命令简单，不再详述。下面对设置尺寸标注样式和尺寸标注命令进行补充说明。

1. 设置尺寸标注样式

AutoCAD 中有默认的尺寸标注样式，但是跟国家标准略有差距，使用过程中可以在此基础上修改，也可以创建新的尺寸样式，具体操作通过“标注样式管理器”对话框设置。

在“线”选项卡中，通常不需要进行特殊设置，根据尺寸标注的需要可以对尺寸线和尺寸界线进行隐藏设置，如图 8-15 所示。

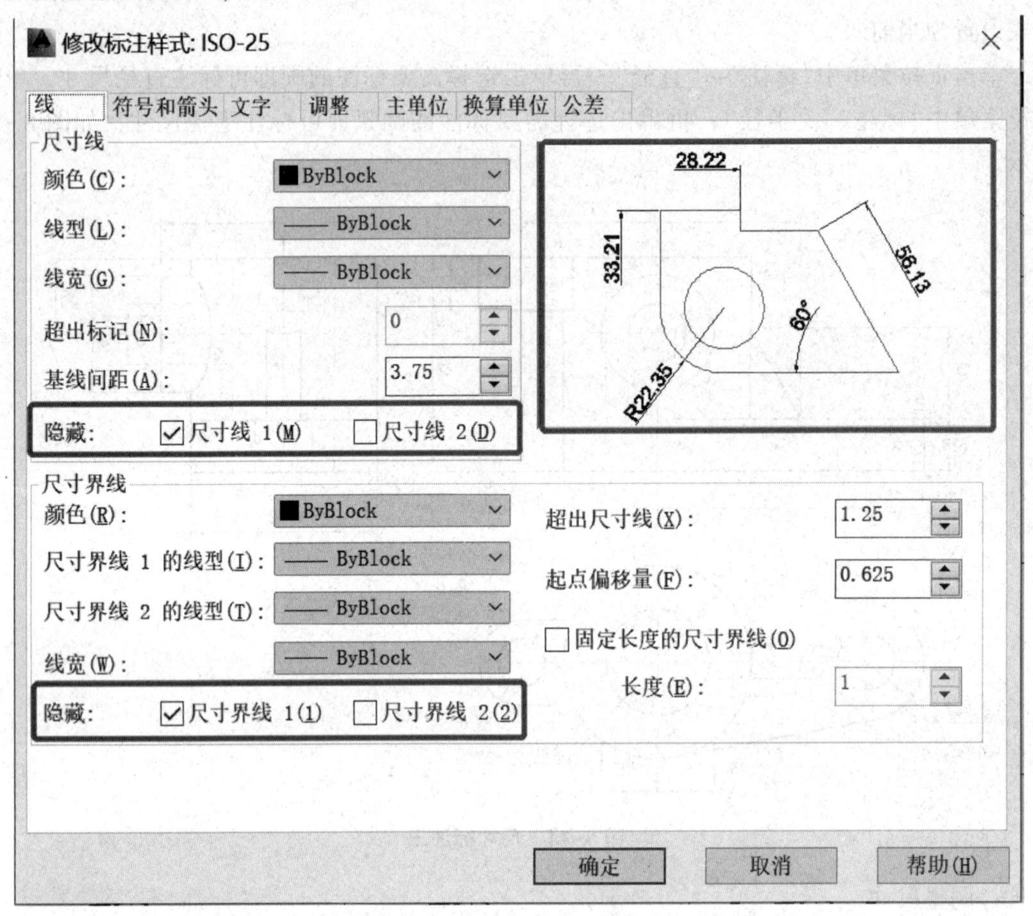

图 8-15　尺寸线、尺寸界线设置

“文字”选项卡用于设置文字样式、高度、对齐方式等，如图 8-8 所示。文字样式可根据需要选择，注意此处可选用的文字样式是在“格式”—“文字样式”中创建的。设置标注样式时要注意对文字高度和文字对齐的设置，具体操作在任务中已经体现，其他不用改变。

“主单位”选项卡用于设置尺寸数字的单位。在该选项卡中，需要注意“小数分隔符”，很多 AutoCAD 默认的标注样式中，小数分隔符是逗号。设置前缀和后缀时，可以在尺寸数字前、后添加规定符号，如图 8-16 所示。任务中凸台的尺寸 ϕ24 和 ϕ44 也可通过设置新的带有前缀的标注样式进行标注。“比例因子”可以改变测量单位。若画图比例不是 1∶1，则测量的距离是画图尺寸而不是真实尺寸，而尺寸标注要求标注真实尺寸，此时可以通过修改“比例因子”，使标注的尺寸为真实尺寸。

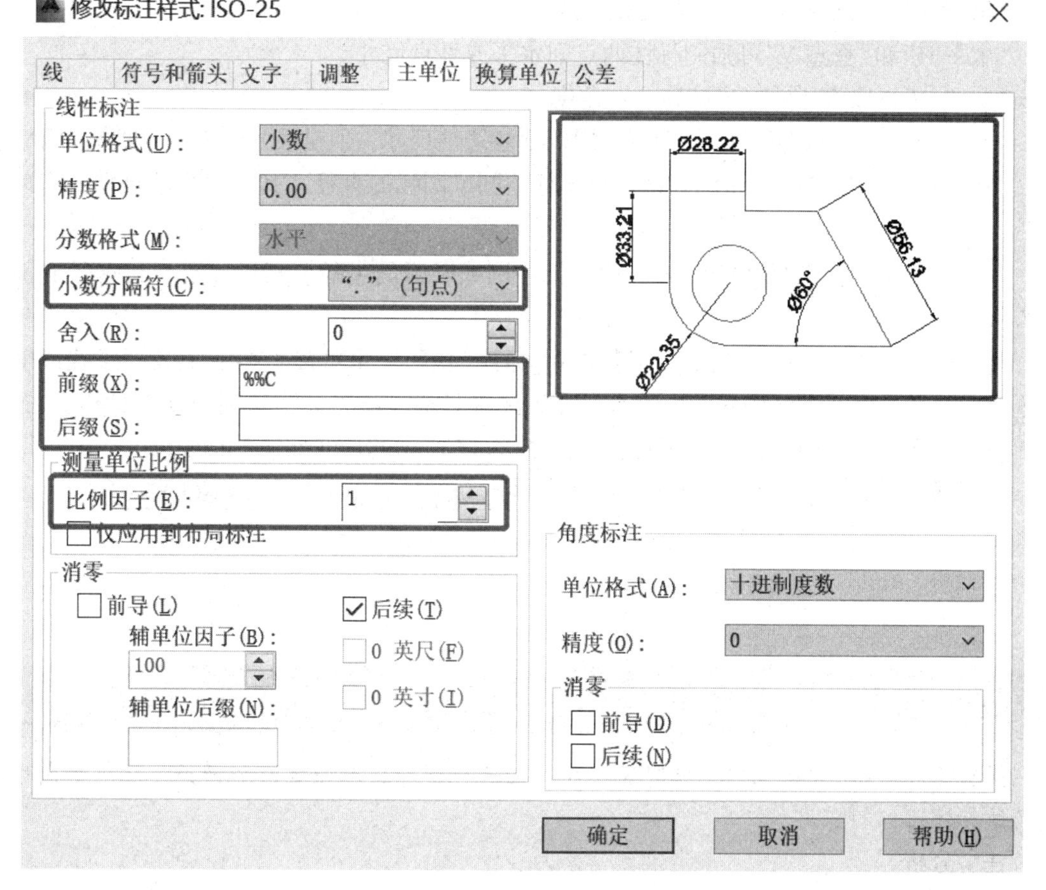

图 8-16　尺寸数字单位格式设置

在 AutoCAD 软件中，很多常用的符号例如“ϕ”“±”等都不能直接输入，而是用代码表示，如表 8-1 所示。

其他选项卡中内容保持原样，不必更改。

表 8-1　常用符号代码

常用符号	代码	常用符号	代码
“±”(正、负号)	%%p	“ϕ”(直径)	%%c
“¯”(上划线)	%%o	“°”(度)	%%d
“_”(下划线)	%%u	“%”(百分号)	%%%

2. 尺寸标注命令

AutoCAD 提供了全面的尺寸标注命令，其中最常用的有线性标注、对齐标注、直径标注和半径标注。

(1)线性标注⊢⊣(DIMLINEAR)：用以标注水平和垂直的尺寸。在指定界线原点后，命令行会提供不同的选项。

“多行文字 M”和“文字 T”可以对尺寸数字进行编辑。

“角度A”可以改变文字书写的角度。

“水平H”和“垂直V”可强制标注两点间水平或垂直尺寸。

“旋转R”可以将尺寸标注旋转一定角度。

(2)对齐标注(DIMALLIGNED)：用以标注线性尺寸，但是尺寸线平行于被测要素。

(3)直径标注(DIMIAMETER)：用于标注圆或圆弧的直径，其尺寸数字自动带有前缀“ϕ”。

(4)半径标注(DIMRADIUS)：用于标注圆或圆弧的半径，其尺寸数字自动带有前缀“R”。

此处标注的命令，可以通过下拉菜单中“标注”执行，也可以直接从工具栏寻找或输入命令代码。AutoCAD默认的界面中没有尺寸标注工具栏，将光标移动到任意工具栏上右击，在弹出的对话框中选中“标注”，即可弹出如图8-17所示的尺寸标注工具栏。

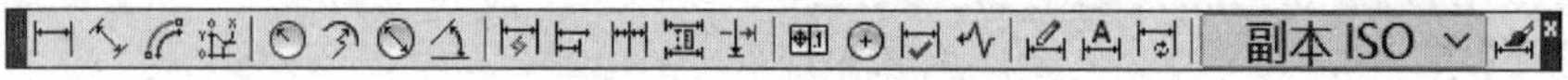

副本ISO

图8-17　尺寸标注工具栏

附加任务

任务描述：在A4图纸中完成图8-1所示的三视图。要求通过附加任务，理解画图比例和尺寸标注比例的应用。

任务分析：

(1)三视图的总体尺寸虽然小于A4图纸尺寸，但是三视图之间需要有间距，尺寸标注需要位置，故三视图总体超出A4纸范围，需要缩小比例。

(2)尺寸标注要求标注真实尺寸，而AutoCAD中尺寸标注命令标注的是图形的测量尺寸，需要在标注样式设置中改变测量比例。

(3)为了便于画图，可以采用1∶1的比例画图，再通过编辑命令进行比例修改。

任务操作步骤：

(1)打开AutoCAD软件，应用创建好的A4样板。

(2)在A4图框外，以1∶1的比例完成图8-1中所示的三视图。

(3)缩小画图比例。

命令：或SCALE

SCALE选择对象：选中完成的三视图，右击或按〈Enter〉键

SCALE指定基点：选中三视图上任意一点(此点位置不点，以此点为中心放大或缩小)

SCALE指定比例因子：0.5

(4)应用移动命令，将三视图移动到A4图框中。

(5)标注尺寸。在设置尺寸标注样式时，在图8-16所示的“主单位”选项卡中，将“比例因子”设置为“2”，其他操作同任务二。

项目总结

本项目介绍了 AutoCAD 绘制三视图的方法。通过绘制三视图，可以熟练应用直线辅助地点功能，学习 AutoCAD 中尺寸标注的方法，进一步理解画图比例的含义。

练习：采用 2∶1 的比例绘制图 8-18 所示三视图。

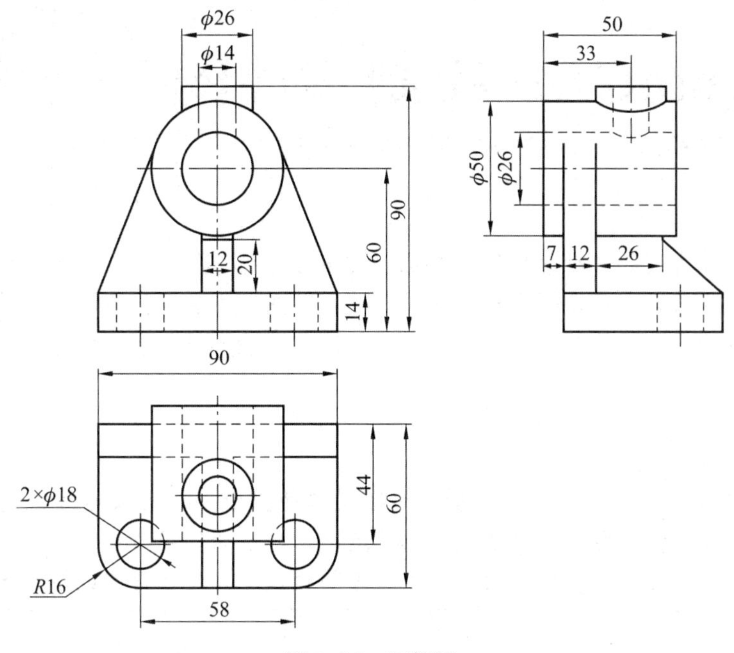

图 8-18 三视图

项目九 AutoCAD 绘制零件图

任何机器、设备或部件都是由零件装配而成的，零件是最小的制造单元。表达零件结构、尺寸和技术要求等内容的图样称为零件图。零件图是重要的技术文件，反映了设计者的意图，表达了机器对该零件的要求，是加工、制造和检验零件的主要依据。

项目描述

本项目绘制如图 9-1 所示的法兰盘零件图。零件图中采用的表达方式更加多样，尺寸标注更加完整且伴有技术要求。要求能够熟练运用学习过的绘图命令完成图形绘制，学习阵列等新的命令，学习尺寸公差的标注方法以及表面粗糙度等技术要求的标注方法。

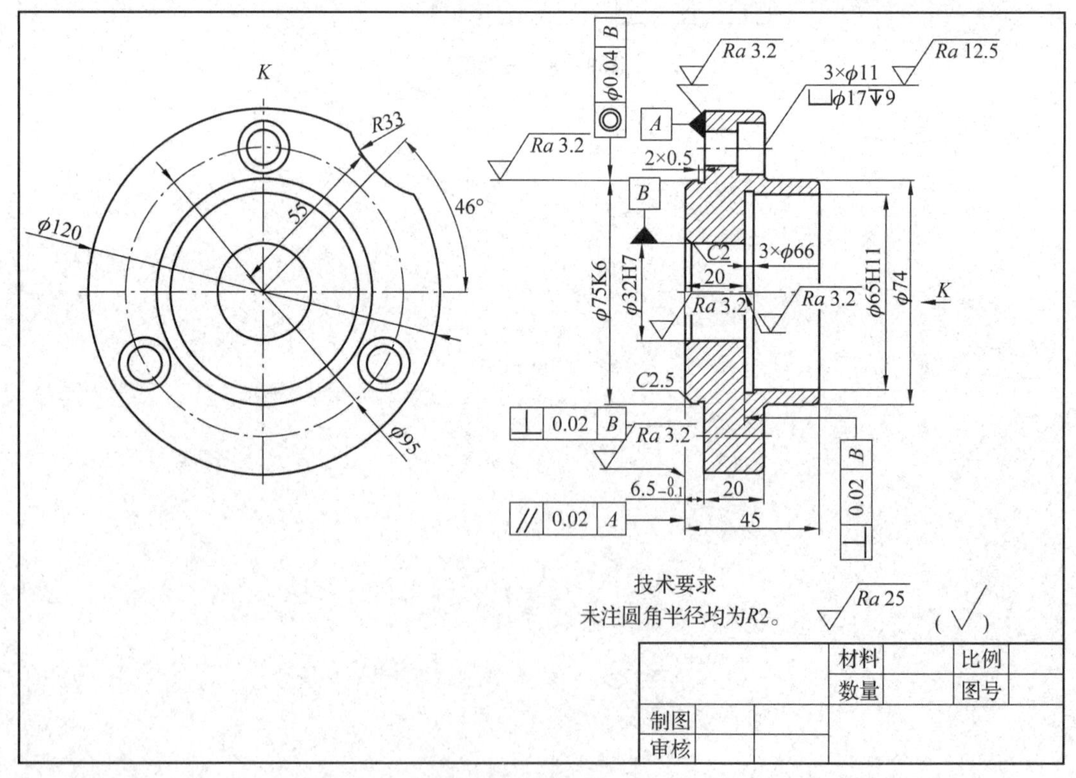

图 9-1　法兰盘零件图

任务一　绘制零件图

任务描述：绘制图 9-1 所示法兰盘的零件图。法兰盘属于盘盖类零件，由主视图和向视图两个视图进行表达，其中主视图采用的是全剖视的表达方法。

任务分析：

(1)根据尺寸，应用直线、修剪、倒角等命令即可画出主视图，再应用对象填充命令完成剖切符号的绘制；

(2)向视图主要应用画圆命令绘制，其均匀分布的 3 个圆孔可以用阵列命令完成。

任务操作步骤：

(1)在新建的 AutoCAD 文件中，应用直线、修剪、倒角等命令依据尺寸完成主视图绘制，如图 9-2(a)所示。画图时可以直接画图，也可以先完成一半，然后应用镜像命令完成整个图形绘制。

(2)单击工具栏中“图案填充”按钮 或输入图案填充命令“HATCH”，弹出“图案填充和渐变色”对话框，如图 9-3 所示。单击“图案”右侧按钮 ...，弹出“图案填充选项板”对话框，如图 9-4 所示，选择“ANSI”选项中的 45°斜线，单击“确定”按钮。单击“添加：拾取点”按钮，选择需要填充剖面符号的部分(注意必须是封闭区间)，如图 9-2(b)所示。选好拾取点后按〈Enter〉键返回“图案填充和渐变色”对话框，单击“确定”按钮，即可完成图案填充，如图 9-2(c)所示。

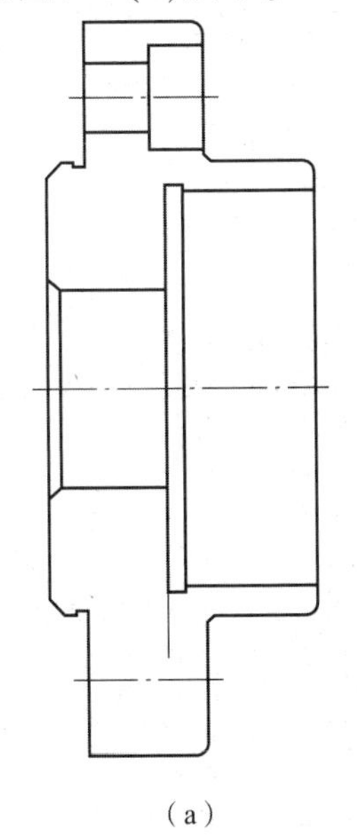

(a)

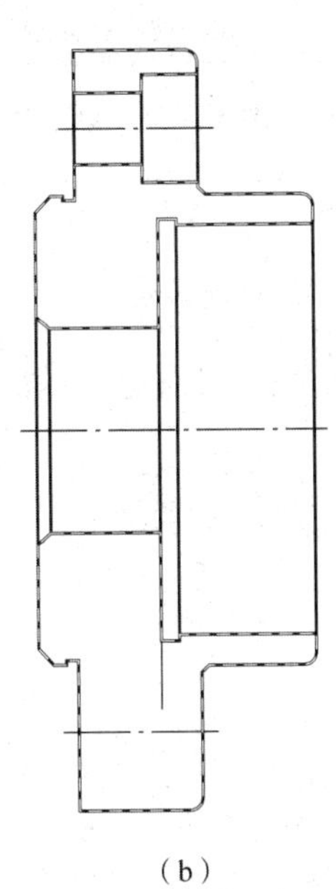

(b)

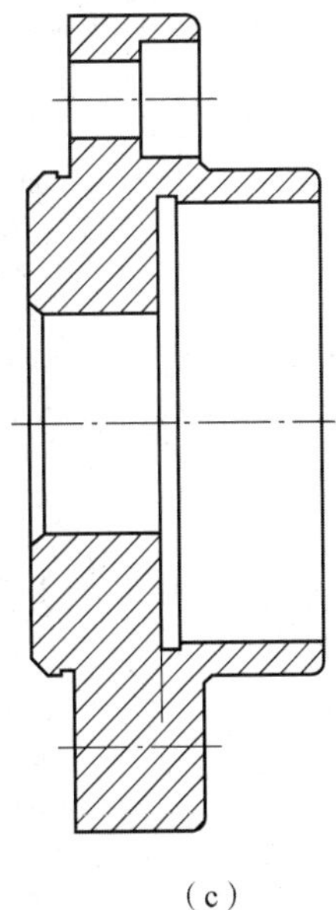

(c)

图 9-2　零件图主视图

图 9-3 “图案填充和渐变色”对话框

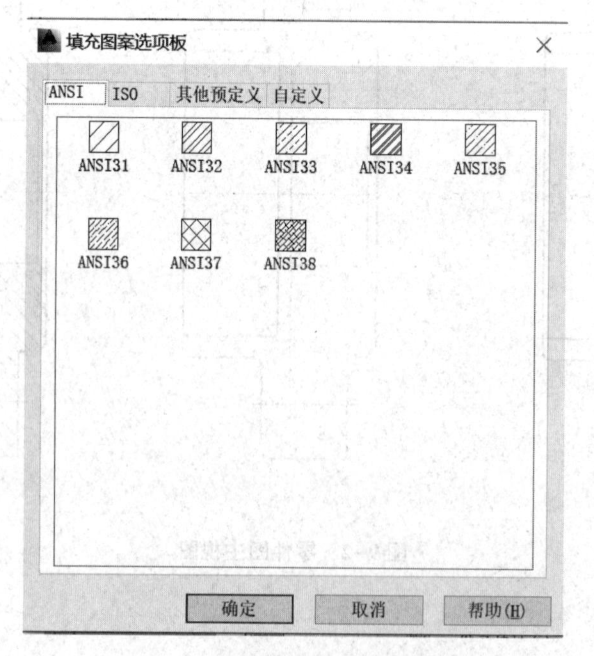

图 9-4 “图案填充选项板”对话框

(3)应用直线命令绘制向视图的基准线。应用画圆命令，绘制 $\phi120$、$\phi95$、$\phi75$、$\phi70$ 和 $\phi32$ 的圆，如图 9-5(a)所示。

(4)执行极轴命令，设置极轴 46°，以圆心 O 为起始点，沿极轴方向画直线 OA，长度为 88 mm，如图 9-5(b)所示。

(5)执行画圆命令，以 A 为圆心，33 mm 为半径画圆，与 $\phi120$ 的圆弧相交，应用修剪命令将多余的圆弧部分修剪掉，如图 9-5(c)所示。

(6)执行画圆命令，以 B 为圆心，画 $\phi17$ 和 $\phi11$ 的同心圆，如图 9-5(d)所示。

(7)应用阵列命令完成圆孔均匀的绘制，如图 9-5(e)所示。

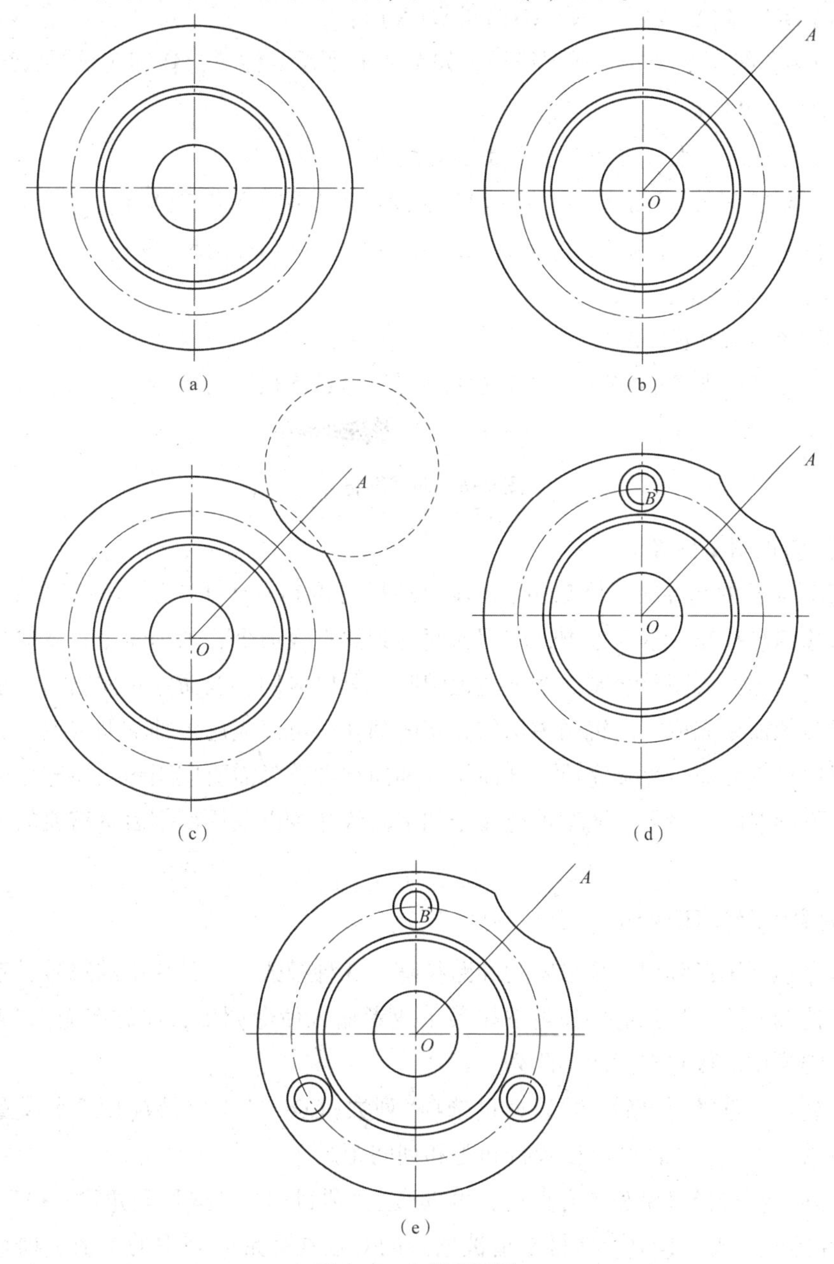

图 9-5 向视图画法

命令："修改"—"阵列"—"环形阵列"

ARRAYPOLAR 选择对象：选择上一步绘制的两个同心圆，右击

ARRAYPOLAR 指定阵列的中心点[基点(B)旋转轴(A)]：单击选择圆心 O

ARRAYPOLAR 选择夹点以编辑阵列或[关联(AS)基点(B)项目(I)项目间角度(A)填充角度(F)行(ROM)层(L)选择项目(ROT)退出(X)]：I

ARRAYPOLAR 输入阵列中项目数或[表达式(E)]：3

ARRAYPOLAR 选择夹点以编辑阵列或[关联(AS)基点(B)项目(I)项目间角度(A)填充角度(F)行(ROM)层(L)选择项目(ROT)退出(X)]：

(8)应用多段线命令绘制向视图符号，如图 9-6 所示。注意，在细实线图层绘制。

命令：或 PLINE

PLINE 指定起点：在适当的位置单击确定起点

PLINE 指定下一点或[圆弧(A)半宽(H)长度(L)放弃(U)宽度(W)]：6

PLINE 指定下一点或[圆弧(A)半宽(H)长度(L)放弃(U)宽度(W)]：w

PLINE 指定起点宽度：1

PLINE 指定端点宽度：0

PLINE 指定下一点或[圆弧(A)半宽(H)长度(L)放弃(U)宽度(W)]：4

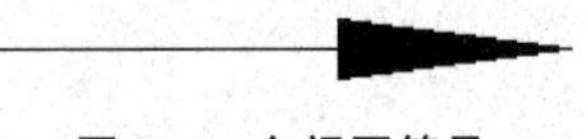

图 9-6 向视图符号

(9)标注向视图名称 K。

(10)打断较长的基准线，修删多余的辅助线即可得到图 9-1 中所示的零件图。

知识点总结与补充：本任务中，应用前面学到的直线命令、画圆命令、修剪命令、倒角命令等，即可大体完成图形绘制。在画主视图时，可以应用直线命令整体绘制，也可以绘制一半后应用镜像命令完成。向视图中均匀分布的圆孔，可以应用极轴辅助定点，通过圆心画圆，也可以通过阵列命令直接完成。剖面符号和向视图符号需要应用图案填充命令和多段线命令绘制。下面对阵列命令、图案填充命令和多段线命令以及局部剖表达需要的波浪线进行补充说明。

1. 阵列命令(ARRAY)

阵列命令包括矩形阵列、环形阵列和路径阵列 3 种模式。工具栏中的符号，默认的是矩形阵列，其他两种阵列形式需要通过下拉菜单或者输入命令调出，注意在输入"ARRAY"命令时，阵列类型中的极轴即为环形阵列。

矩形阵列：在选择对象后，可以通过选项"列数(COL)"和"行数(R)"来设置需要阵列的列数和行数，通过"间距(S)"设置行间距和列间距。

环形阵列：在选择对象和中心点后，可以通过"项目(I)""项目间角度(A)"和"填充角度(F)"设置排列方式。其中，项目是指被选中的对象在环形阵列中的个数；项目间角度是指环形阵列中相邻对象间的圆心角；填充角度是指整个环形阵列所包含的圆心角。

路径阵列：可以沿着指定的路径创建对象的副本。

2. 图案填充(HATCH)

执行图案填充命令后将弹出“图案填充和渐变色”对话框，如图 9-3 所示。单击“图案”按钮会弹出“图案填充选项板”对话框，如图 9-4 所示，可以选择剖面线的类型。通过在“比例”编辑框内输入相应的数值，可以放大或缩小填充图案中线条间的距离。通过在“角度”编辑框内输入相应的数值，可以使图案旋转相应角度。

选择剖面线填充区域时有“拾取点”和“选择对象”两种方法。

(1)拾取点：将光标移至需要填充剖面线的封闭区域内任意一点，单击，拾取该区域，该区域边界以高亮显示，选好所有区域后按〈Enter〉键返回“图案填充和渐变色”对话框。拾取点时，所点区域必须封闭。

(2)选择对象：分别选择需要填充剖面线区域的各条边，注意各边必须是独立的线段。

3. 多段线命令(PLINE)

多段线命令可创建相互连接的同种线段；也可创建直线、弧线或两者组合的线段，并可以指定线宽。多段线默认的绘图方式为直线段，需要通过选项控制实现圆弧或改变线宽。

4. 波浪线绘制

局部视图和局部剖视图上的波浪线可用样条曲线命令(SPLINE)绘制，其操作方式与直线类似，按照提示指定点即可。注意，画波浪线时需要关闭“正交模式”。

任务二 零件图尺寸标注

任务描述：为了保证零件具有良好的互换性，零件的关键尺寸需要有公差要求，本任务要求应用学习过的知识标注法兰盘零件尺寸并学习公差标注的方法。

任务分析：

(1)标注零件图中的尺寸，应用 AutoCAD 标注命令，包括线性标注、直径标注、半径标注和角度标注；

(2)线性标注中需要对有前缀符号、有公差带代号和有上下偏差的尺寸进行特殊处理。

任务操作步骤：

(1)根据需要设置标注样式，选择细实线图层。

(2)应用“标注”—“线性”命令，完成图 9-7 中线性尺寸的标注。

(3)应用“标注”—“线性”命令，通过选项“文字(T)”，完成图 9-8 中尺寸标注。

(4)应用“标注”—“直径”命令，标注图 9-9 中的 $\phi120$ 和 $\phi95$；应用“标注”—“半径”命令，标注 $R33$；应用“标注”—“对齐”命令，标注 55；应用“标注”—“角度”命令，标注 46°。

(5)应用“标注”—“线性”命令，通过“多行文字(M)”，标注主视图中 $6.5^{0}_{-0.1}$。

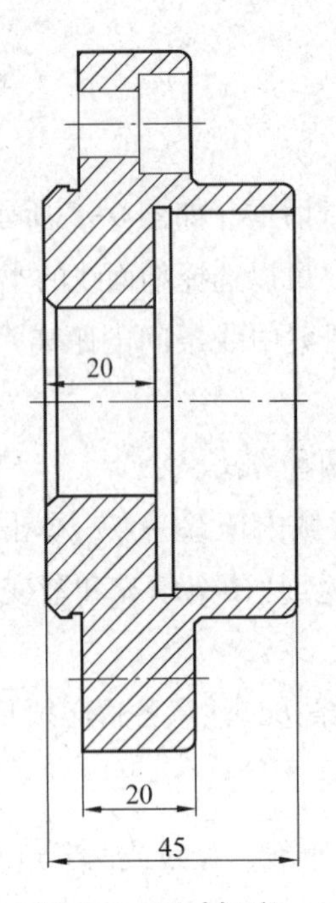

图 9-7 尺寸标注一

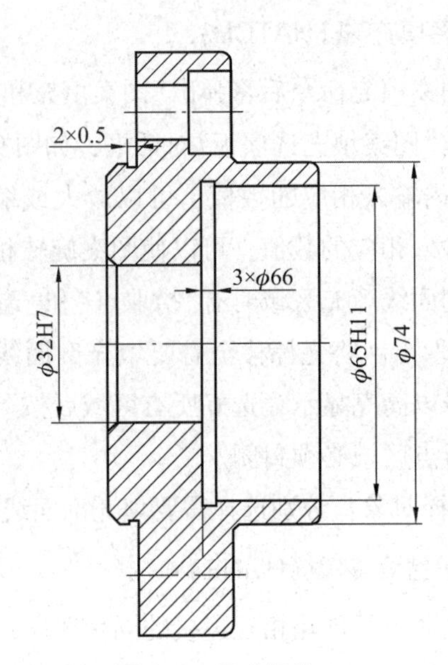

图 9-8 尺寸标注二

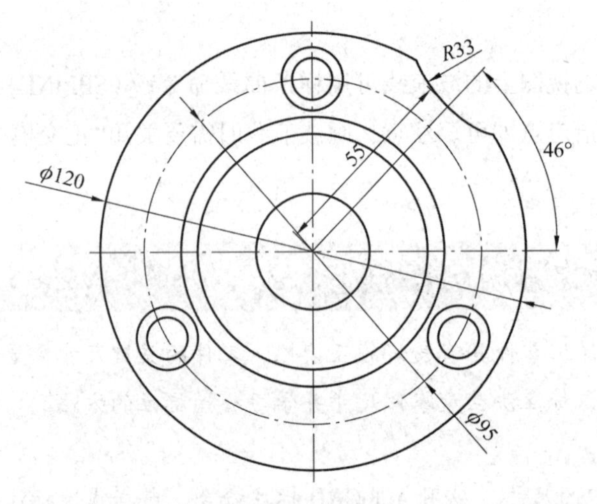

图 9-9 尺寸标注三

命令："标注"—"线性"

DIMLINEAR 指定第一个尺寸界线原点或[选择对象]：选择标注第一点

DIMLINEAR 指定第一个尺寸界线原点：选择第二点

DIMLINEAR[多行文字(M)文字(T)角度(A)水平(H)垂直(V)旋转(R)]：M

在弹出的文本框中输入"6.5 0^-0.1"，应用鼠标选中"0^-0.1"，单击文字格式中堆叠"$\frac{b}{a}$"，如图 9-10 所示，单击"确定"按钮。

注意，为了让上偏差和下偏差中的 0 对齐，输入时需要在上偏差 0 前加空格，选择堆叠时要选择空格。

6.5 0^-0.1

图 9-10　多行文字标注

(6)应用直线命令画出辅助线，应用多行文字标注 *C*2、*C*2.5 和$\frac{3\times\phi 11}{\sqcup\phi 17\downarrow 9}$。

将文字格式设置为“gdt”，输入“V”即可出现符号⌴，输入“X”可出现符号↧。

知识点总结：本任务要求应用 AutoCAD 中尺寸标注命令进行标注。在遇到有上、下偏差的尺寸时，可以通过选项“多行文字(M)”完成，依次输入尺寸数字、上偏差、下偏差(上、下偏差之间用符号∧隔开)，选中上、下偏差，单击“文字格式”中堆叠“$\frac{b}{a}$”，即可实现。

任务三　零件图技术要求标注

任务描述：零件图的技术要求包括表面粗糙度、极限与配合、几何公差、热处理和表面处理等内容，是零件制造的标准。在绘图中，如公差、表面粗糙度、热处理等，应按照国家标准规定的各种符号、代号、文字标注在图上。本任务对零件图的技术要求进行标注。

任务分析：

(1)零件图中的技术要求包括尺寸公差、表面粗糙度、几何公差和圆角处理；

(2)尺寸公差在尺寸标注中已经完成，圆角处理可应用多行文字书写，重点在于表面粗糙度和几何公差标注。

任务操作步骤：

1. 标注表面粗糙度

(1)在细实线图层绘制表面粗糙度符号，如图 9-11 所示。

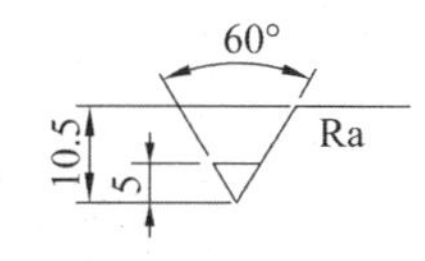

图 9-11　表面粗糙度符号

（2）单击下拉菜单中“绘图”—“块”—“定义属性”，弹出“属性定义”对话框，如图 9-12 所示。在“标记”中输入“Ra”，“提示”和“默认”中输入适当表面粗糙度值，单击“确定”按钮。移动光标，将“RA”放置到图 9-11 的表面粗糙度符号中，如图 9-13 所示。

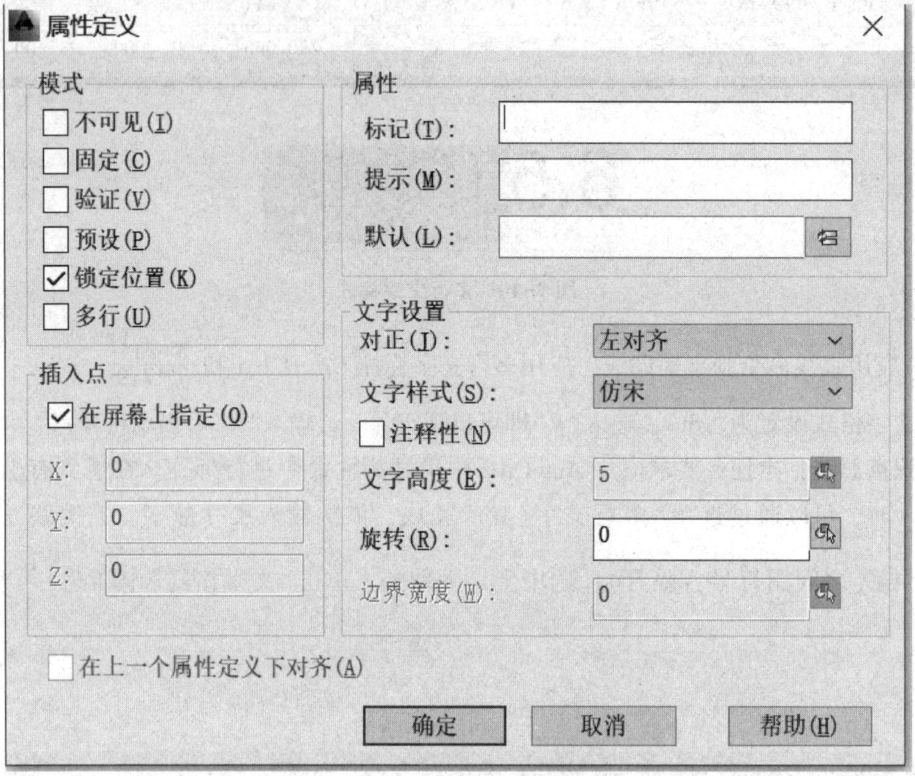

图 9-12 “属性定义”对话框

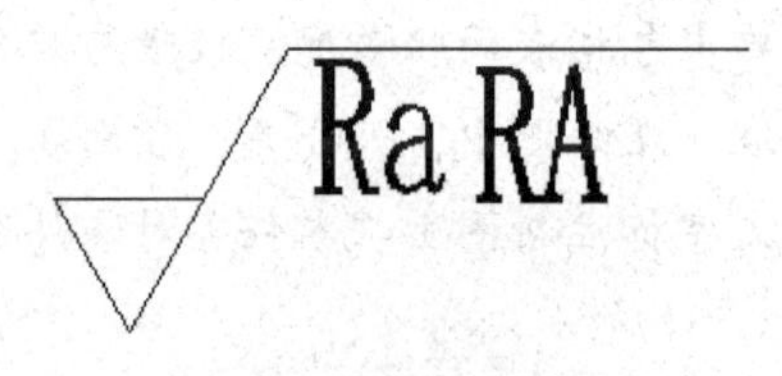

图 9-13 表面粗糙度符号

（3）单击工具栏中按钮或输入命令“BLOCK”，弹出“块定义”对话框，如图 9-14 所示。定义块的名称，“拾取点”选择表面粗糙度符号下端顶尖，“选择对象”为图 9-13，按〈Enter〉键返回“块定义”对话框，单击“确定”按钮，弹出“编辑属性”对话框，如图 9-15 所示，数值不需要改变，单击“确定”按钮。

图 9-14　“块定义”对话框

编辑属性
块名:　粗糙度
6.3　6.3
确定　取消　上一个(P)　下一个(N)　帮助(H)

图 9-15　“编辑属性”对话框

(4)单击工具栏中按钮或输入命令“INSERT”，弹出“插入”对话框，如图 9-16 所示，在名称处选择之前创建的块的名称，单击“确定”按钮。命令行中提示“指定插入点或[基点

(B)比例(S)旋转(R)]”，若需要改变块的大小，则可以输入“S”，若需要旋转角度，则可输入“R”，角度逆时针为正，若比例和角度不需要改变，可直接通过鼠标将表面粗糙度符号插入适当位置。单击后，弹出“编辑属性”对话框，如图9-15所示，输入正确的表面粗糙度数值，单击“确定”按钮。

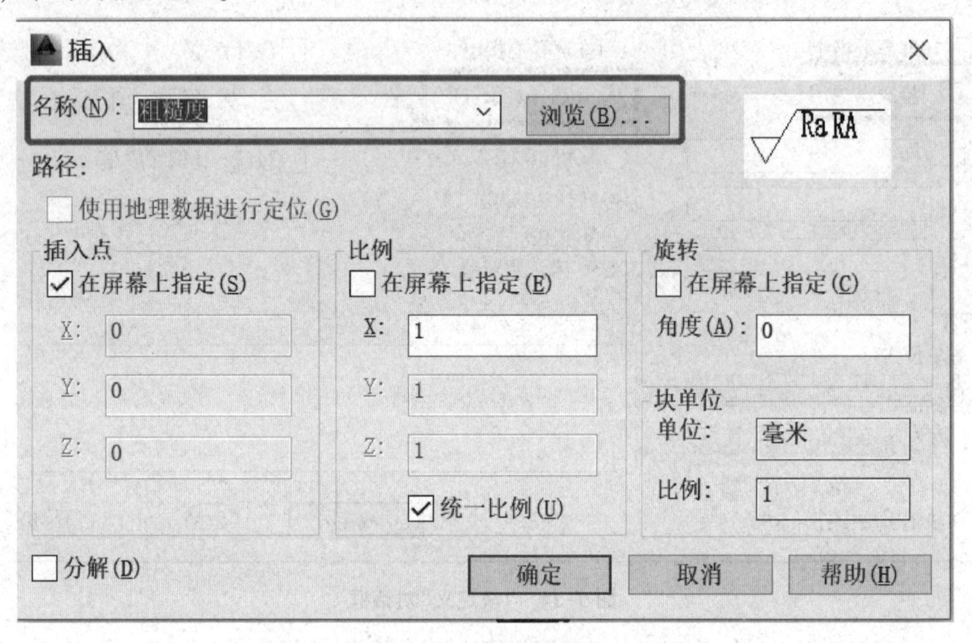

图9-16 “插入”对话框

(5)重复上一步插入块命令，完成表面粗糙度的标注。对于图9-17所示需要引出线的表面粗糙度标注，在命令行输入“LE”，输入设置选项“S”，在弹出的“引线设置”对话框中，如图9-18所示，选择“块参照”单选按钮，单击“确定”按钮。在指定的位置引出线，类似直线命令。在命令行输入需要插入的块名称，根据提示可以设置比例、旋转角度等。

图9-17 引线标注表面粗糙度

2. 几何公差标注

命令：LE

QLEADER 指定第一个引线点或[设置(S)]：S

弹出图9-18所示对话框，选择“公差”单选按钮，单击“确定”按钮

QLEADER 指定第一个引线点或[设置(S)]：指定公差引出点

QLEADER 指定下一点：指定适当点

QLEADER 指定下一点：指定适当点

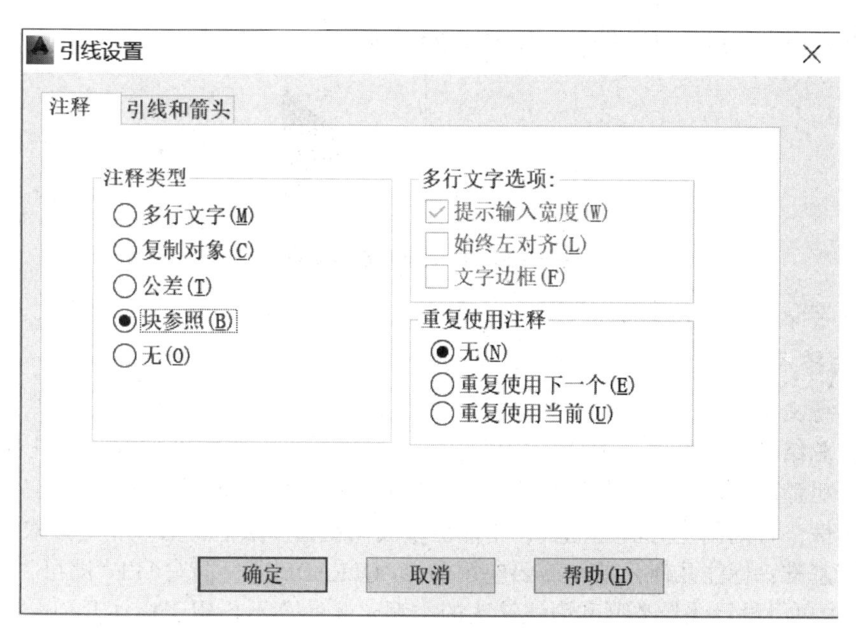

图 9-18 “引线设置”对话框

弹出“形位公差”对话框，如图 9-19 所示。单击“符号”下的黑框，可弹出形位公差项目符号，选择需要标注的符号。在“公差”下，单击左边的黑框可以直接加前缀 ϕ，单击后边的黑框可加公差原则符号，例如Ⓜ，在中间白色框中输入公差数值，前缀 ϕ 也可在此框中通过“%%c”输入。在“基准”下的白色框中输入基准代号(如 A、B 等)，单击黑色框可加入公差原则符号。单击“确定”按钮。

形位公差
符号 公差 1 公差 2 基准 1 基准 2 基准 3
高度(H):
延伸公差带:
基准标识符(D):
确定 取消 帮助

图 9-19 “形位公差”对话框

3. 几何公差基准标注

命令：或 PLINE

PLINE 指定起点：在适当的位置单击

PLINE 指定下一点或[圆弧(A)半径(H)长度(L)放弃(U)宽度(W)]：W

PLINE 指定起点宽度：3

PLINE 指定端点宽度：0

继续执行命令，画出基准符号，如图 9-20 所示。

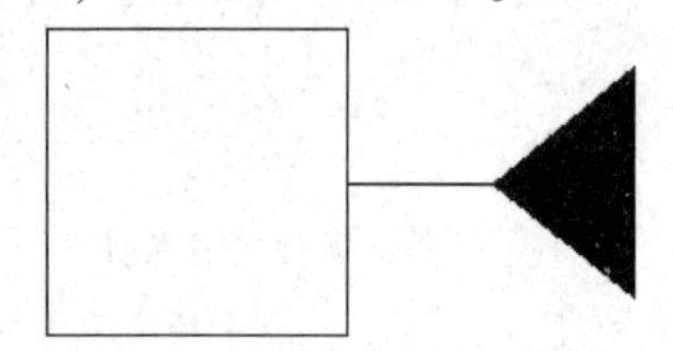

图 9-20　形位公差基准符号

应用文字命令，写上基准代号。

4. 书写技术要求

应用多行文字命令，在适当位置书写技术要求。

知识点总结与注意事项：本任务中的主要知识点是表面粗糙度的标注和几何公差的标注。在表面粗糙度的标注中需要注意：块的符号要按照比例标准画，线型为细实线；必须先对块定义属性，否则创建的块是死块，不能更改表面粗糙度数值；必须指定拾取点，都在插入块时没有基准；标注几何公差，需要应用命令“QLEADER”，简写“LE”即可，在“引线设置”对话框中可以设置注释类型和引线箭头的类型，此命令不止用于标注几何公差，也可用于标注带有引线的表面粗糙度、多行文字等。

项目总结

本项目介绍了 AutoCAD 绘制零件图的方法。通过绘制法兰盘零件图，练习常用绘图命令和尺寸标注命令，学习零件图中技术要求的标注方法。AutoCAD 软件中，创建过的块永远有效，下次画图可以直接应用。

练习：绘制图 9-21、图 9-22 所示零件图。

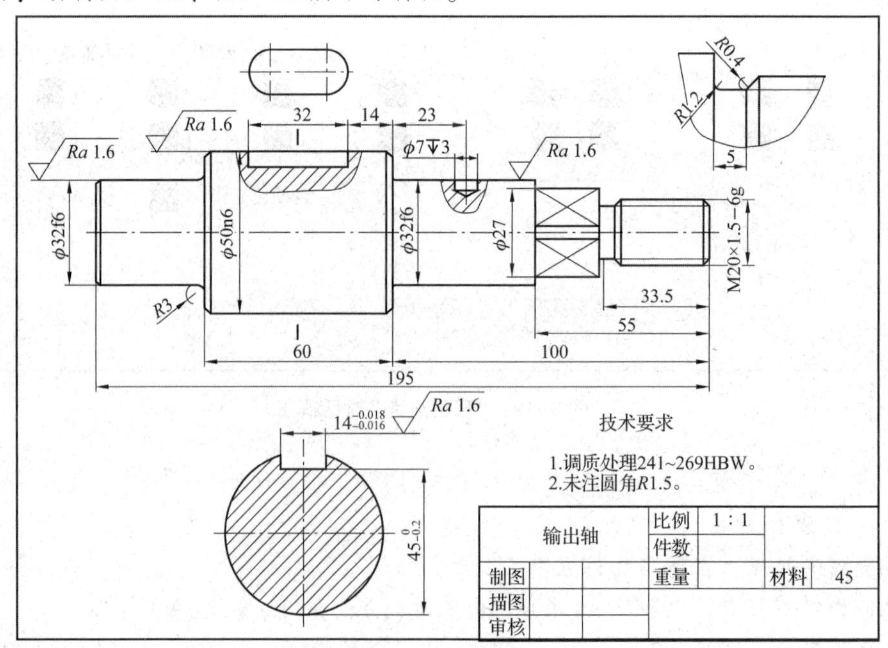

图 9-21　零件图一

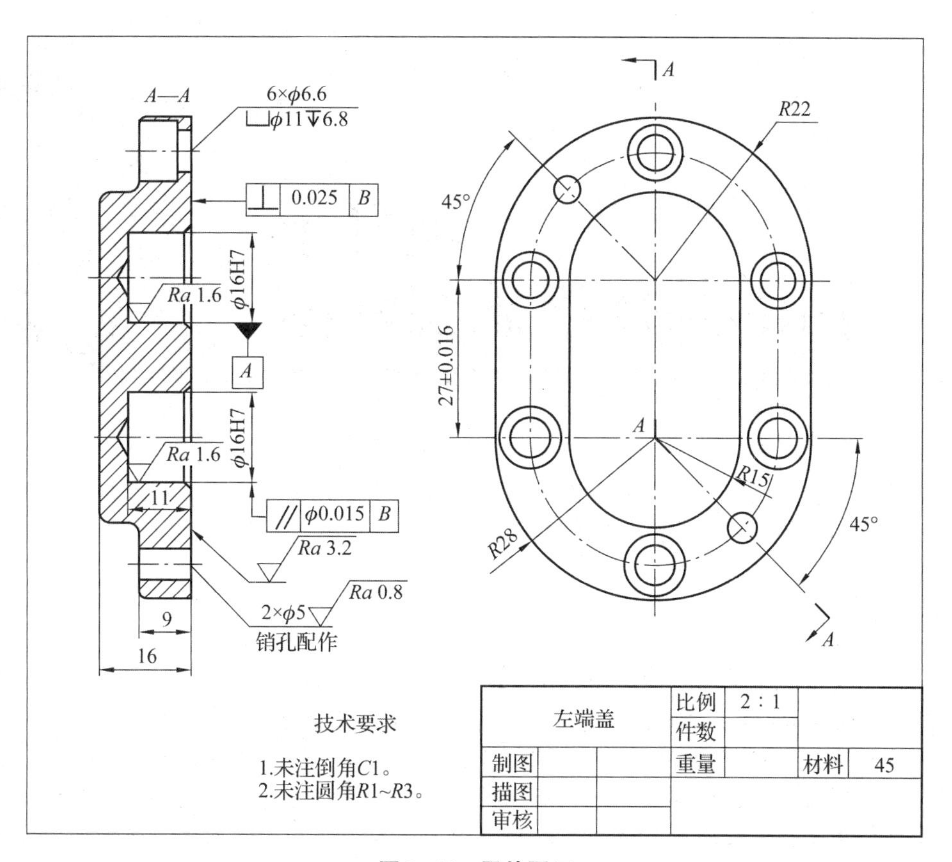
A—A
6×ϕ6.6
ϕ11 ↧6.8
0.025 B
Ra 1.6
ϕ16H7
A
Ra 1.6
ϕ16H7
11
ϕ0.015 B
Ra 3.2
Ra 0.8
2×ϕ5
销孔配作
9
16
A
R22
45°
27±0.016
A
R15
45°
R28
A
技术要求
1.未注倒角C1。
2.未注圆角R1~R3。
左端盖
比例
2∶1
件数
制图
重量
材料
45
描图
审核

图 9-22　零件图二

项目十 AutoCAD绘制装配图

装配图用于表达机器或部件的工作原理、零件的连接方式、装配关系以及主要零件的主要结构，是机器安装、检验和维修的依据。

项目描述

本项目中共有两个任务，即绘制轴承架装配图和千斤顶装配图，轴承架和千斤顶的零件图已经给出。用 AutoCAD 绘制装配图，可以按照手工绘图的方法，应用 AutoCAD 画图命令直接画出装配图，也可以通过“带基点复制”和“粘贴”用已有的零件图拼画装配图。直接应用绘图命令绘制装配图，效率较低，但是在设计过程中可以进行尺寸调整。在零件确定的条件下，由零件图拼画装配图效率较高。本项目中通过两个任务，分别介绍两种绘图方法。

任务一　绘制轴承架装配图

任务描述：绘制轴承架装配图，如图 10-1 所示。已知轴承架零件图，如图 10-2 所示。应用 AutoCAD 绘图命令，绘制装配图。

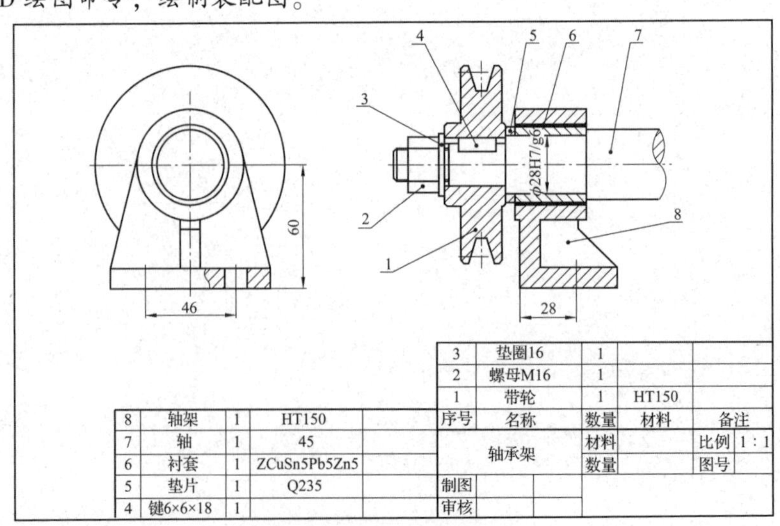

图 10-1　轴承架装配图

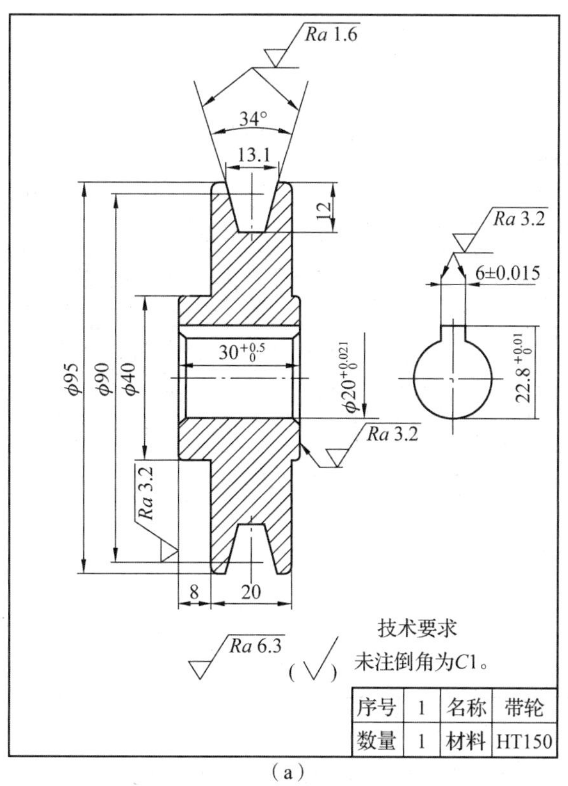

（a）

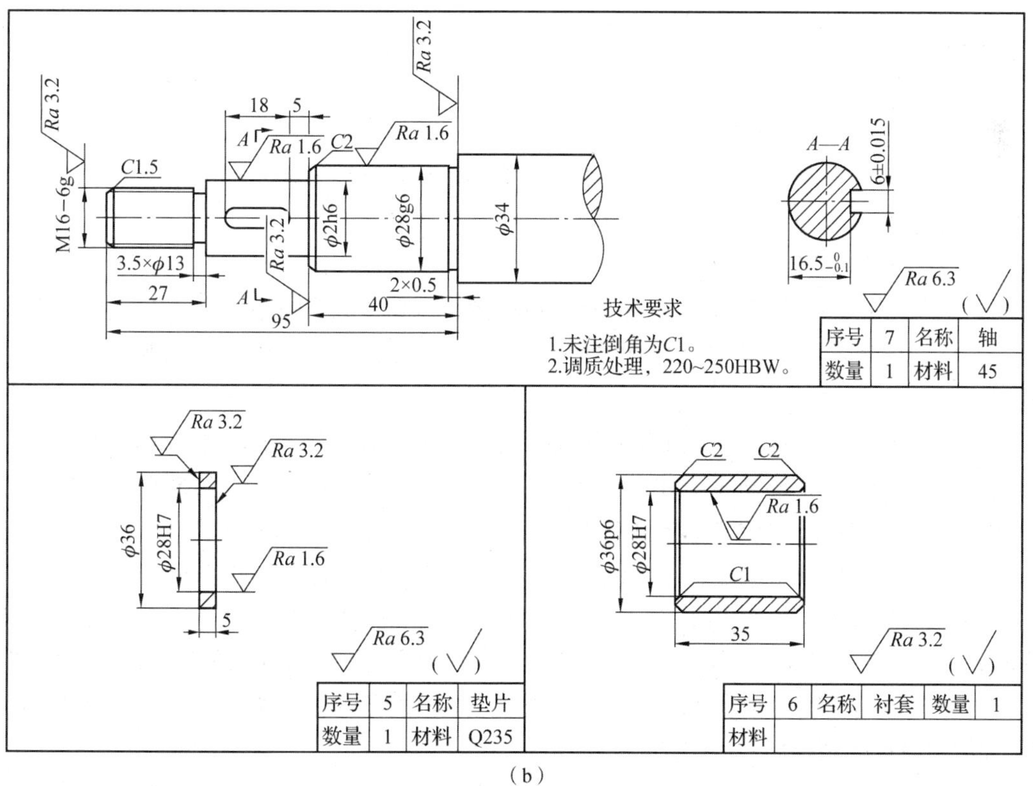

（b）

图 10-2　轴承架零件图

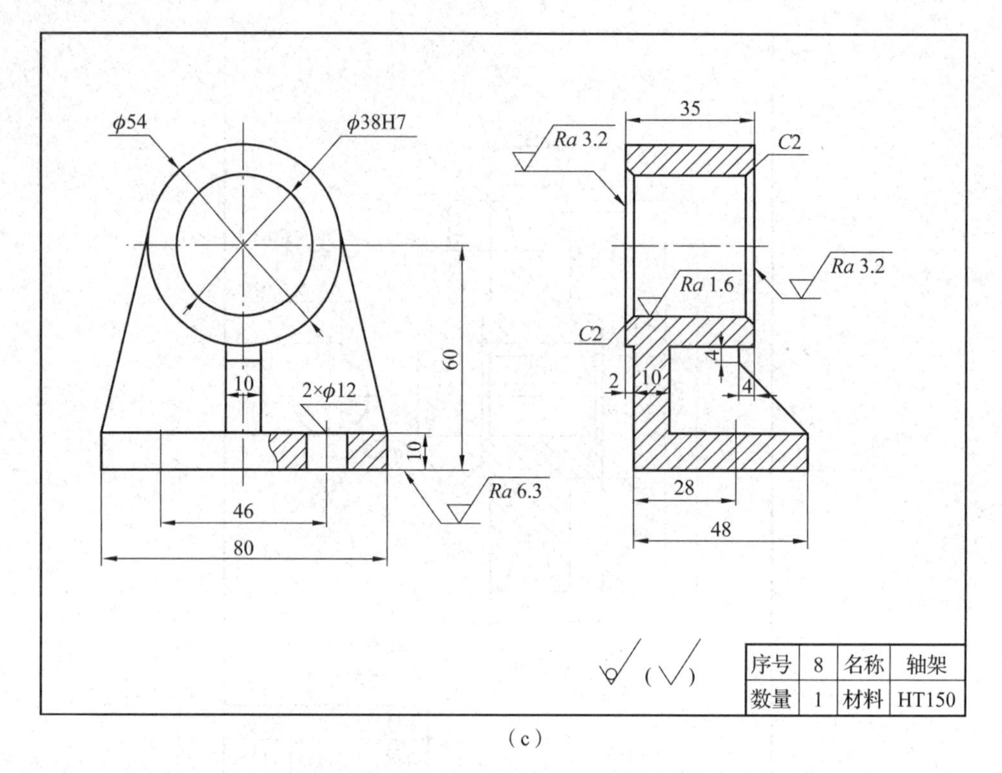

序号	8	名称	轴架
数量	1	材料	HT150

(c)

图 10-2 轴承架零件图(续)

任务分析:

(1)轴承架共有 8 个零件，其中螺母、垫圈和键是标准件，可以根据国家标准尺寸画图，其他零件尺寸如图 10-2 所示。

(2)轴架属于箱体类零件，起支承作用；衬套安装在轴与轴架之间，起保护作用；带轮通过键安装在轴上，垫片和垫圈起保护作用，螺母起到定位、固定作用。

任务操作步骤:

(1)应用 AutoCAD 绘图命令，绘制轴架主视图，倒角可以省略不画。

(2)以轴线为基准，在轴架内画出衬套，如图 10-3(a)所示。注意，相邻零件剖面线应相反。

(3)径向方向轴线对齐，轴向方向以 ϕ34 轴左端面与轴架右端面对齐，画轴并修剪遮挡住的线型，如图 10-3(b)所示。注意，轴上 $C2$ 的倒角、3. 5×ϕ13 和 2×0. 5 的退刀槽在装配图中可以省略不画，而且键槽需要画在轴的上端，反映键槽长度和深度。

(4)在键槽中画出键，键槽的长度为 18 mm，深度为 6 mm，如图 10-3(c)所示。

(5)径向方向轴线对齐，轴向方向以轴架的左端面和垫片右端面对齐，画出垫片，如图 10-3(c)所示。主要零件交界处可以通过填充角度和填充比例，控制相邻零件剖面线区别。

(6)径向方向轴线对齐，轴向方向以 ϕ28 轴的左端面和带轮右端面对齐，按尺寸画出带轮，如图 10-3(d)所示。

(7)径向方向轴线对齐，轴向方向从带轮左端面开始，向右依次画出垫圈和螺母，如图 10-3(e)所示。垫圈和螺母的尺寸可以依据国家标准查找。垫圈和螺母剖切后仍按不剖画图，注意修剪被其挡住的线型。

(8)根据零件图中尺寸，画出轴架的右视图，并依据看图方向补充 $\phi34$ 轴和带轮的投影，如图 10-3(f)所示。

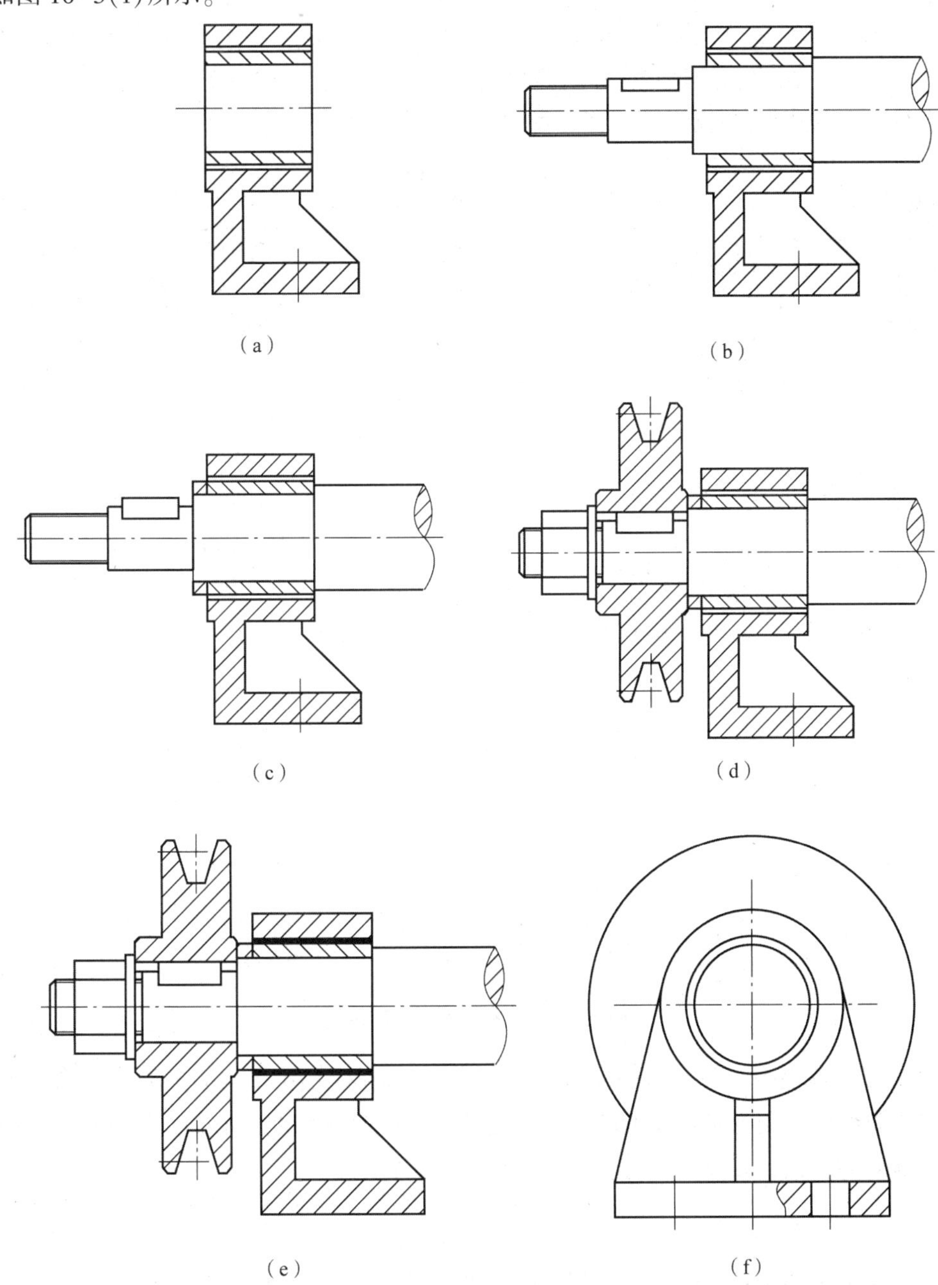

图 10-3　轴承架装配图画法

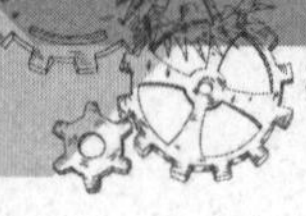

(9)标注装配图必要尺寸。

(10)标注装配图序号。

在命令行输入“LE”，按〈Enter〉键，继续按〈Enter〉键进入设置状态，在弹出的“引线设置”对话框中，选择“多行文字”单选按钮，如图 10-4(a)所示；将箭头形式改成“小点”，如图 10-4(b)所示；在“附着”选项卡中勾选“最后一行加下划线”复选框，如图 10-4(c)所示。

设置好后，应用“LE”命令，标注装配图序号，注意需要水平、竖直对齐。

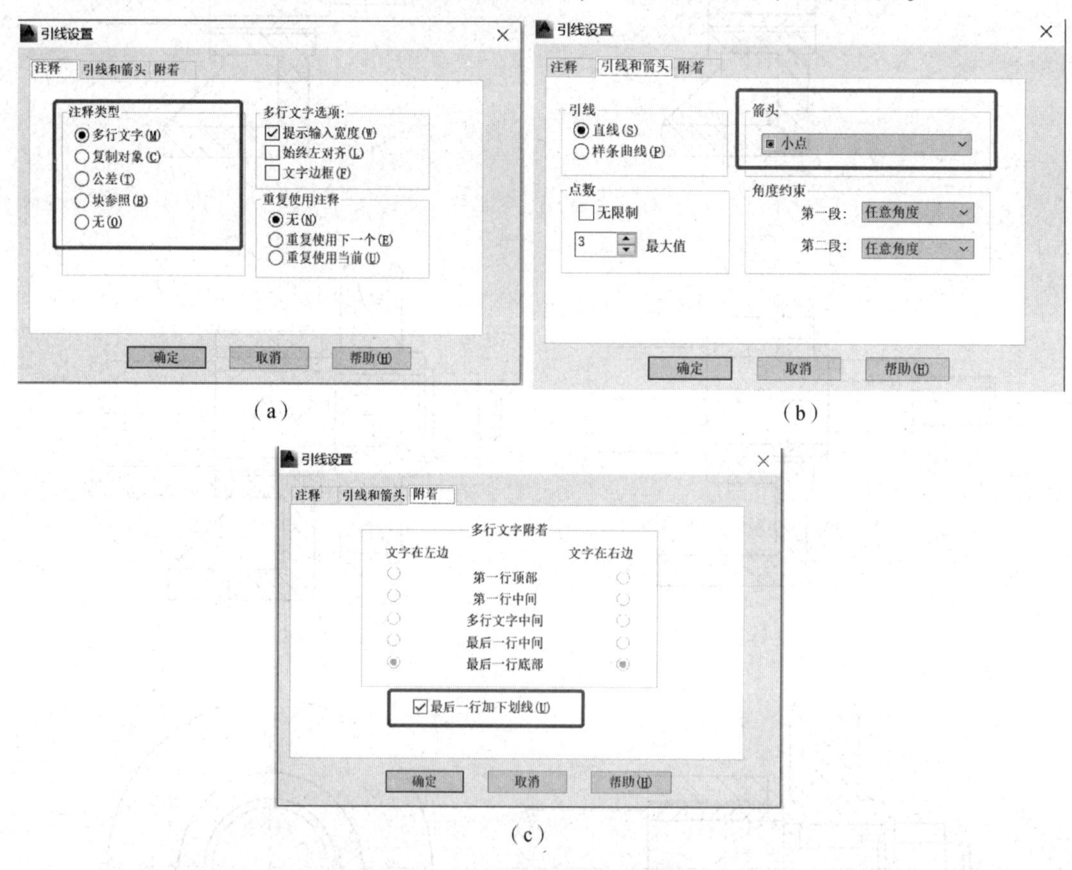

(a)　　(b)

(c)

图 10-4　“引线设置”对话框

(11)应用直线命令、偏移命令和多行文字命令，画出图 10-1 中明细栏，注意线型。

知识点总结：应用 AutoCAD 的命令逐步绘制装配图的过程没有新的命令，画图时只需要注意基准对齐关系，以及注意修剪被遮挡住的线型即可。

任务二　绘制千斤顶装配图

任务描述：应用 AutoCAD 绘图命令绘制千斤顶零件图，如图 10-5 所示；应用带基点复制和粘贴命令，用已有零件图拼画装配图，如图 10-6 所示。

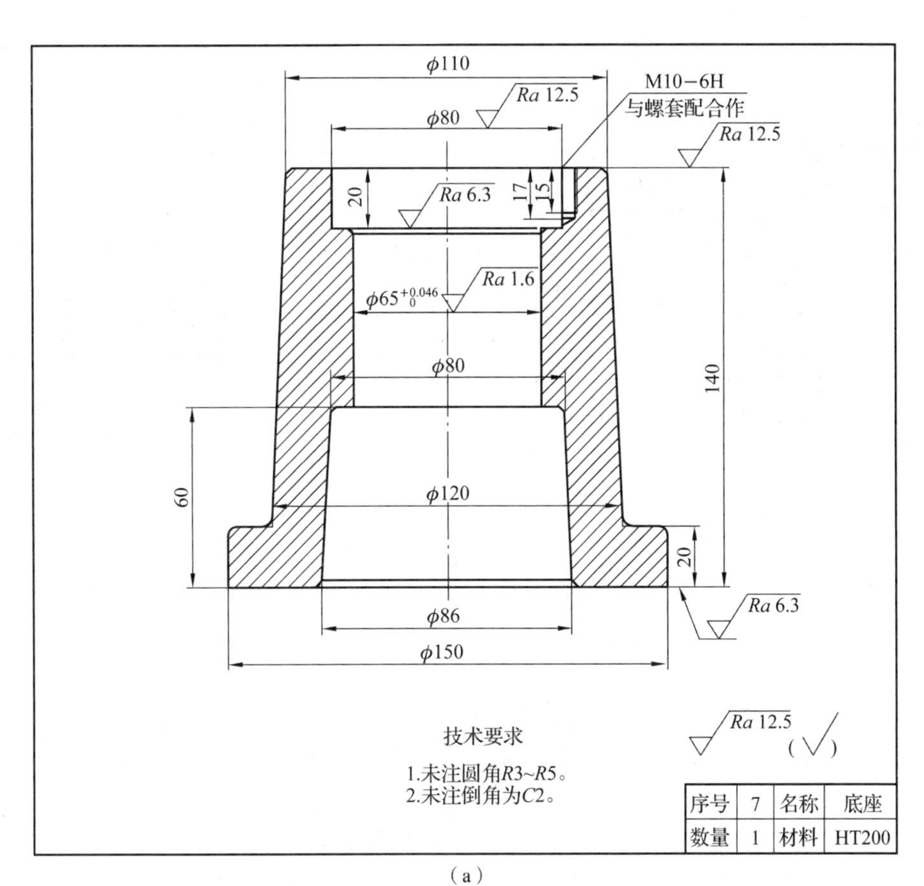

序号	7	名称	底座
数量	1	材料	HT200

（a）

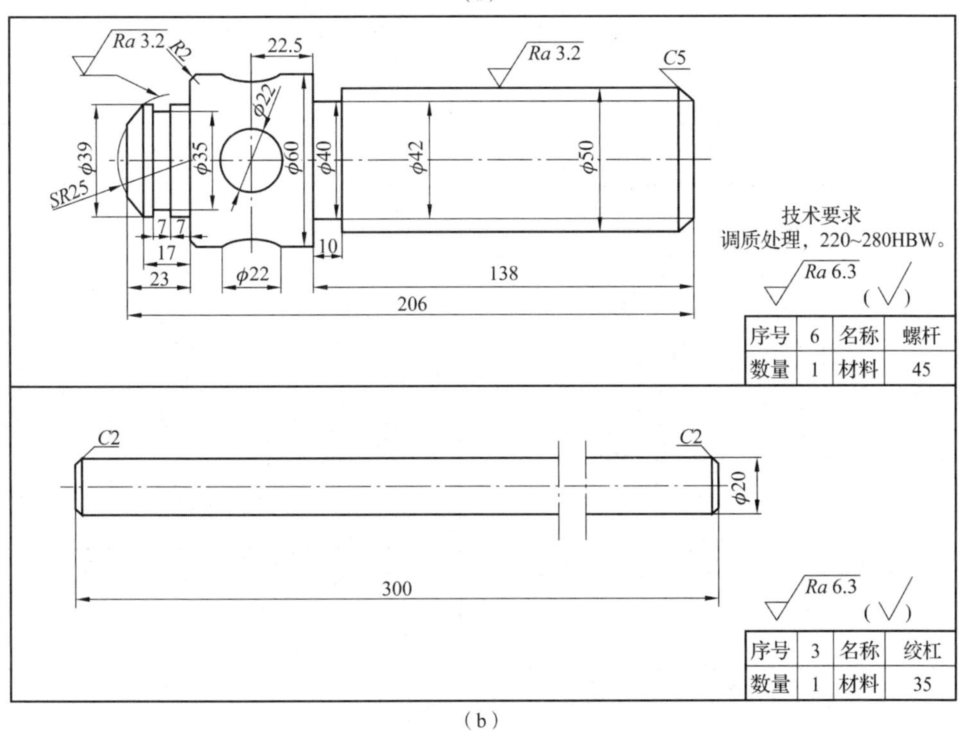

序号	6	名称	螺杆
数量	1	材料	45

序号	3	名称	绞杠
数量	1	材料	35

（b）

图 10-5 千斤顶零件图

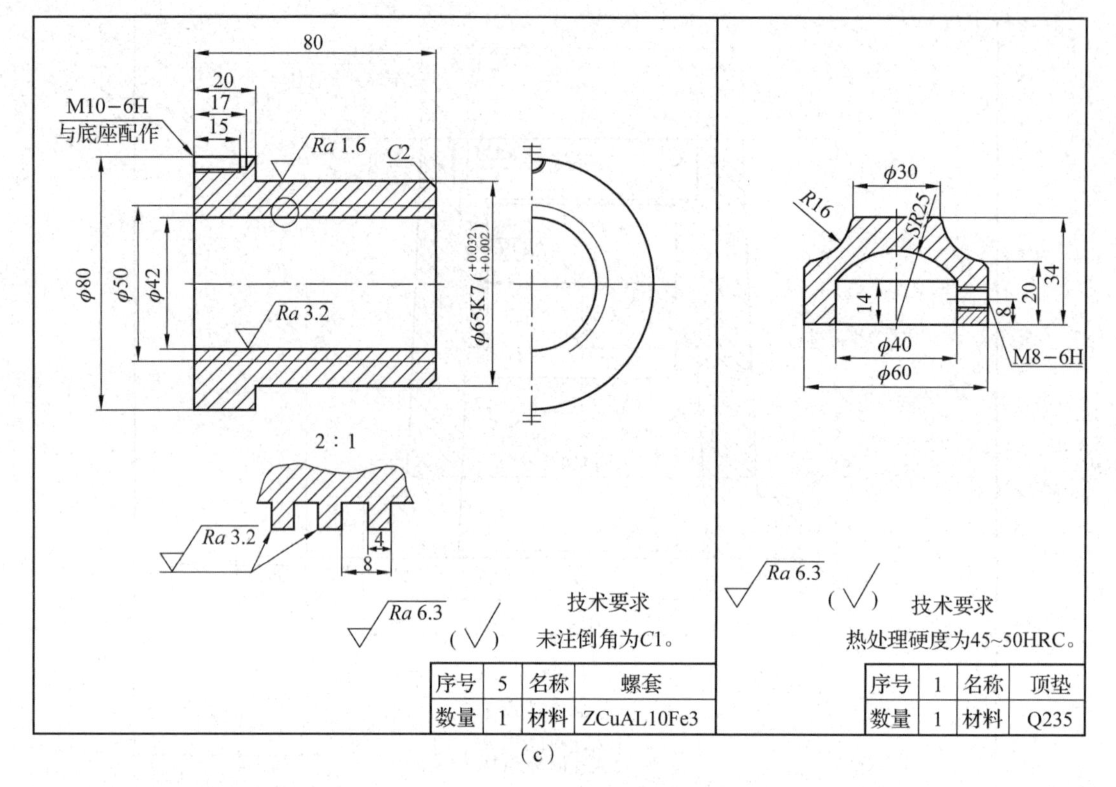

序号	5	名称	螺套
数量	1	材料	ZCuAL10Fe3

序号	1	名称	顶垫
数量	1	材料	Q235

图 10-5　千斤顶零件图(续)

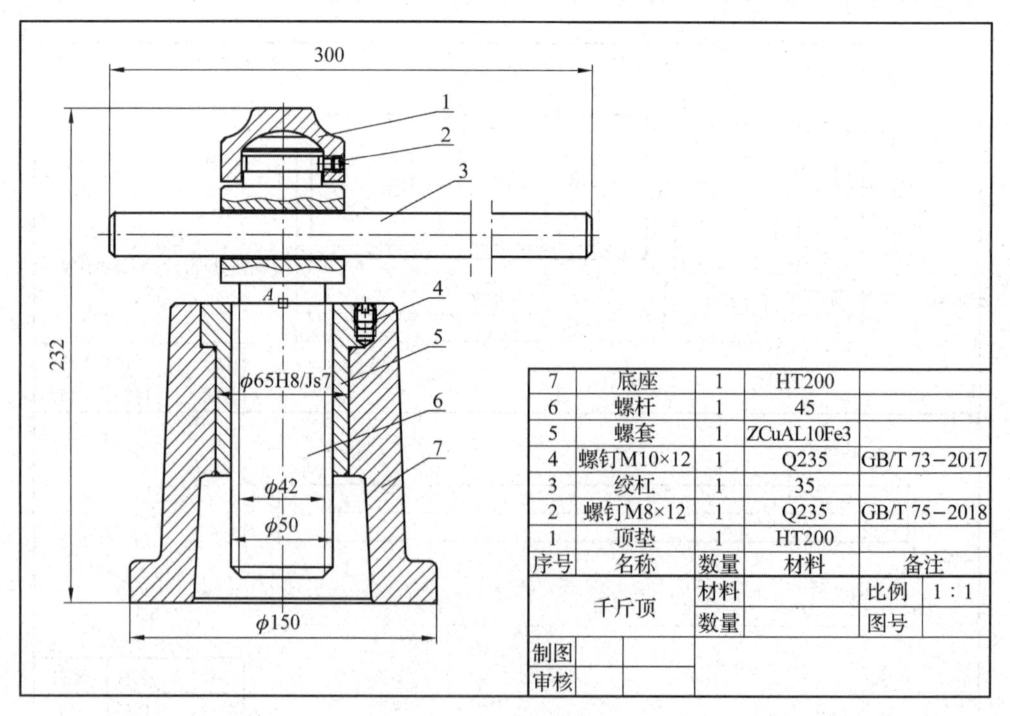

序号	名称	数量	材料	备注
7	底座	1	HT200	
6	螺杆	1	45	
5	螺套	1	ZCuAL10Fe3	
4	螺钉M10×12	1	Q235	GB/T 73−2017
3	绞杠	1	35	
2	螺钉M8×12	1	Q235	GB/T 75−2018
1	顶垫	1	HT200	

千斤顶	材料		比例	1 : 1
	数量		图号	
制图				
审核				

图 10-6　千斤顶装配图

任务分析：

(1)千斤顶共有7个零件，其中螺钉2和4属于标准件，可以根据国家标准尺寸画图，其他零件尺寸如图10-5所示。

(2)底座属于箱体类零件，起支撑作用；螺套安装在底座内部，与底座同轴，其内螺纹与螺杆旋合；顶垫盖在螺杆上端。

任务操作步骤：

(1)应用AutoCAD绘图命令，绘制如图10-5所示的千斤顶零件图；注意单独设置一个图层用于尺寸标注。

(2)新建一个AutoCAD文件用于绘制装配图。

(3)打开底座零件图，冻结零件图上的标注的尺寸，如图10-7(a)所示，单击下拉菜单中"编辑"—"带基点复制"，系统提示：

COPYBASE 指定基点：A

COPYBASE 选择对象：选择底座视图

(4)回到装配图，单击下拉菜单中"编辑"—"粘贴"，将底座粘贴到合适位置。

(5)打开螺套零件图，重复步骤(3)、(4)，将螺套主视图粘贴到装配图中。

(6)单击工具栏命令按钮 或输入命令"ROTATE"，根据命令行提示选择螺套主视图，右击或按〈Enter〉键结束选择视图，指定一个合适点为基点，输入需要旋转的角度(逆时针为正，顺时针为负)，旋转后如图10-7(b)所示。

(7)应用移动命令，将螺套装配到底座中，注意点B与点A重合；应用修剪命令去除被遮挡的线型，如图10-7(c)所示。

(8)打开螺杆零件图，重复步骤(3)、(4)、(5)，将螺杆粘贴到装配图中，并旋转方向，如图10-7(d)所示。

(9)应用移动命令，将螺杆装配到图10-7(c)中，注意点C与点A重合；应用修剪命令去除被遮挡住的线型；修改螺纹线型以及剖面线剖切范围，如图10-7(e)所示。

(10)打开顶垫零件图，冻结零件图上的标注的尺寸，如图10-7(f)所示，应用带基点复制和粘贴命令，将顶垫粘贴到图10-7(e)上，注意点E与点D重合，修剪被遮住的线型，如图10-7(g)所示。

(11)重复步骤(3)、(4)，应用带基点复制和粘贴命令，将绞杠粘贴到装配图中，注意轴线重合。

(12)将绞杠位置改成局部剖切，如图10-7(h)所示。

(13)依据国家标准的尺寸，画出2、4号零件螺钉，如图10-7(i)所示。

(14)应用偏移命令将螺钉插入装配图中，注意轴线对齐，并修改螺纹连接处线型，修剪被遮挡的线型，如图10-7(j)所示。

(15)选择细实线图层，标注装配图必要尺寸。

(16)标注装配图序号。

在命令行输入"LE"，然后按〈Enter〉键进入设置状态，在弹出的"引线设置"对话框中，选择"多行文字"单选按钮，如图10-4(a)所示；将箭头形式改成"小点"，如图10-4(b)所示，在"附着"选项卡中勾选"最后一行加下划线"复选框，如图10-4(c)所示。

设置好后，应用"LE"命令，标注装配图序号，注意需要水平、竖直对齐。

(17)应用直线命令、偏移命令和多行文字命令，画出图 10-6 中明细栏，注意线型。

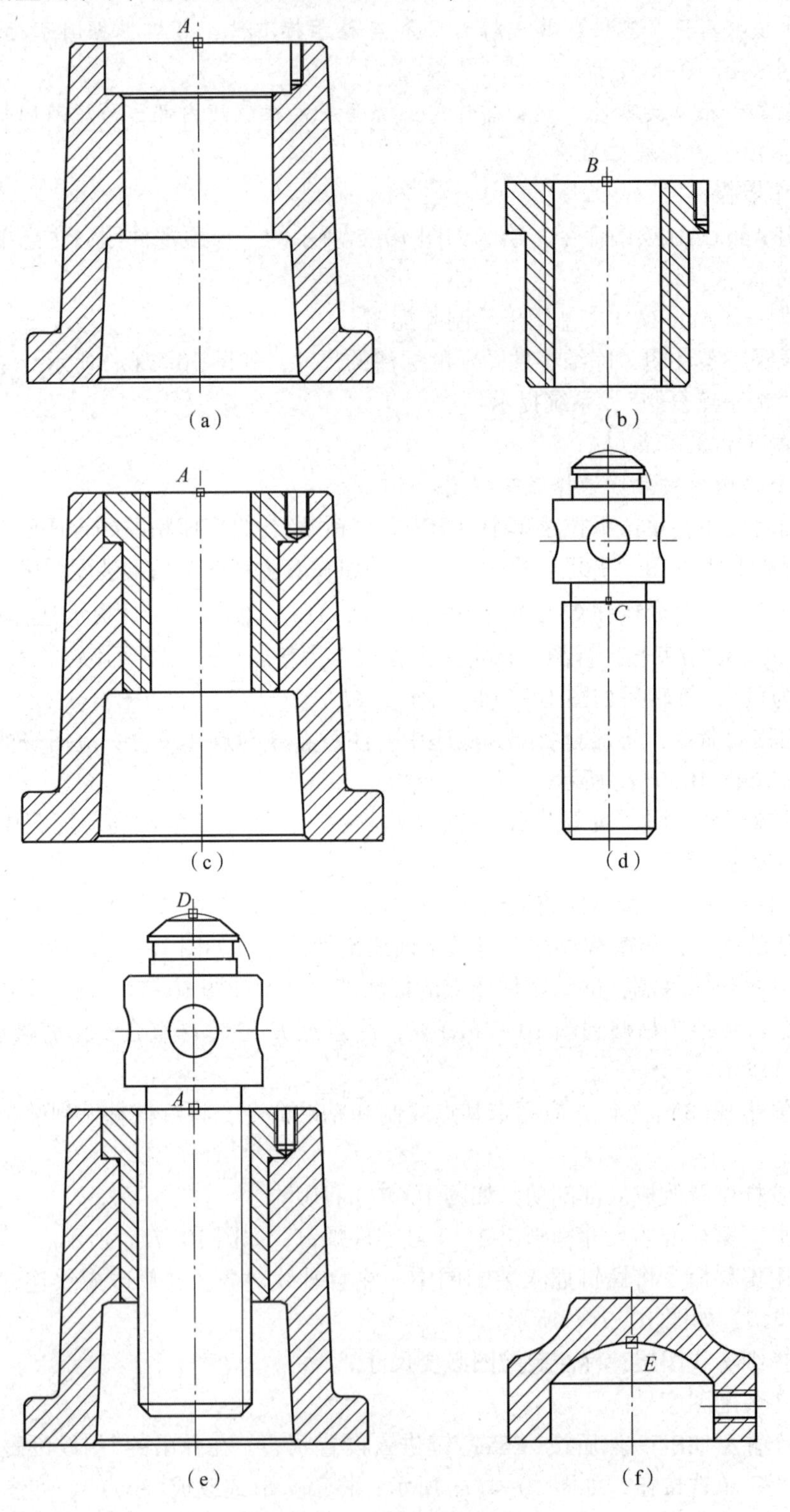

图 10-7　千斤顶绘图过程

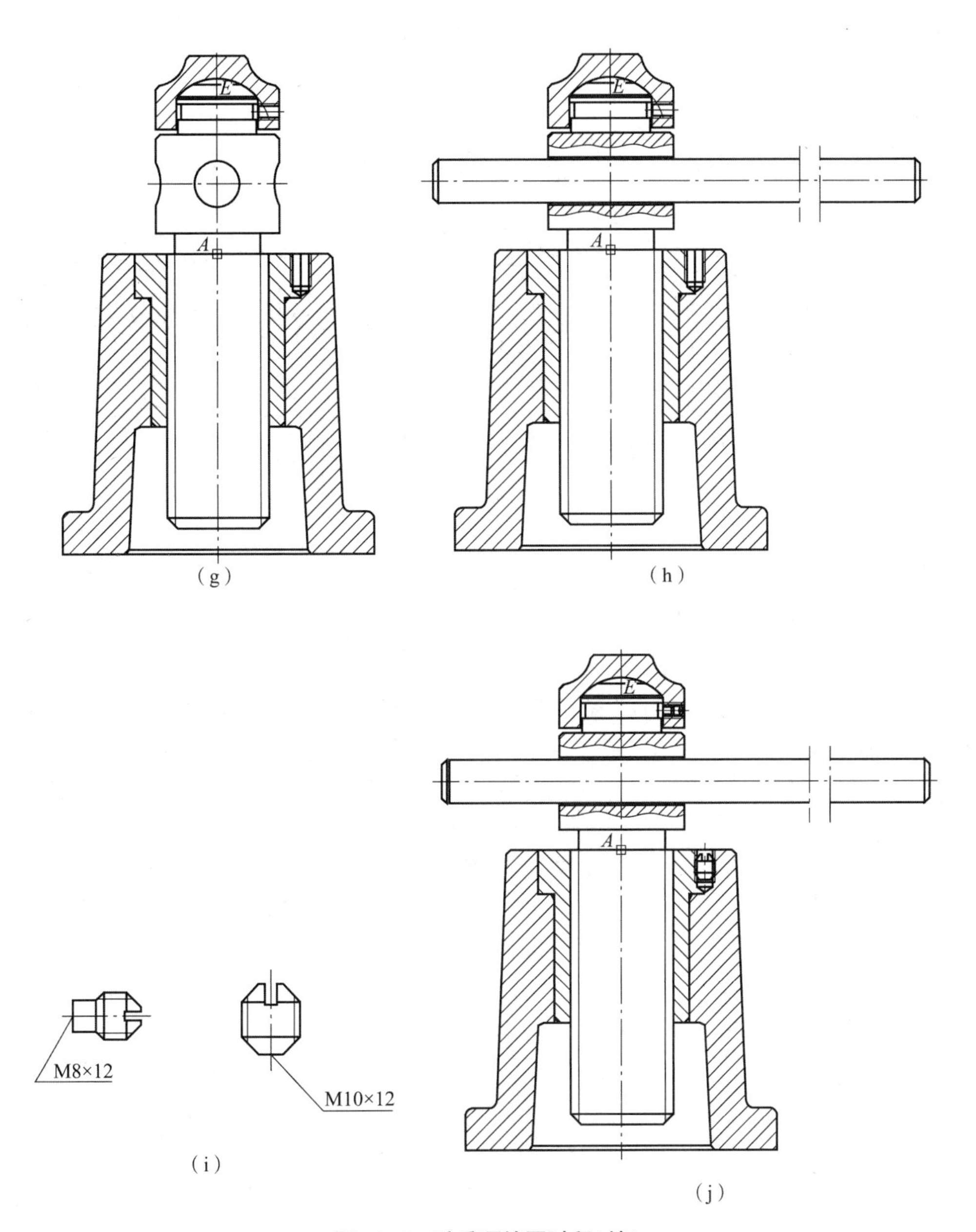

图 10-7　千斤顶绘图过程(续)

项目总结

本项目介绍了 AutoCAD 绘制装配图的方法。应用带基点复制和粘贴命令拼画装配图时，只要找准基准点即可。在拼画时，需要把尺寸标注冻结或删除，若尺寸标注是单独的图层，则可以冻结，若尺寸标注和细实线是一个图层，则需要删除。如果所有零件图画在一个文件中，用复制或移动命令即可完成拼画。零件图画图方向和装配图不一致时，需要采用旋转等命令转换图形角度。完成装配图时需要注意修剪被遮挡的线型，以及修改剖面线等细节。

练习：绘制图 10-8 所示齿轮泵装配图，零件图尺寸见图 6-7~图 6-15。

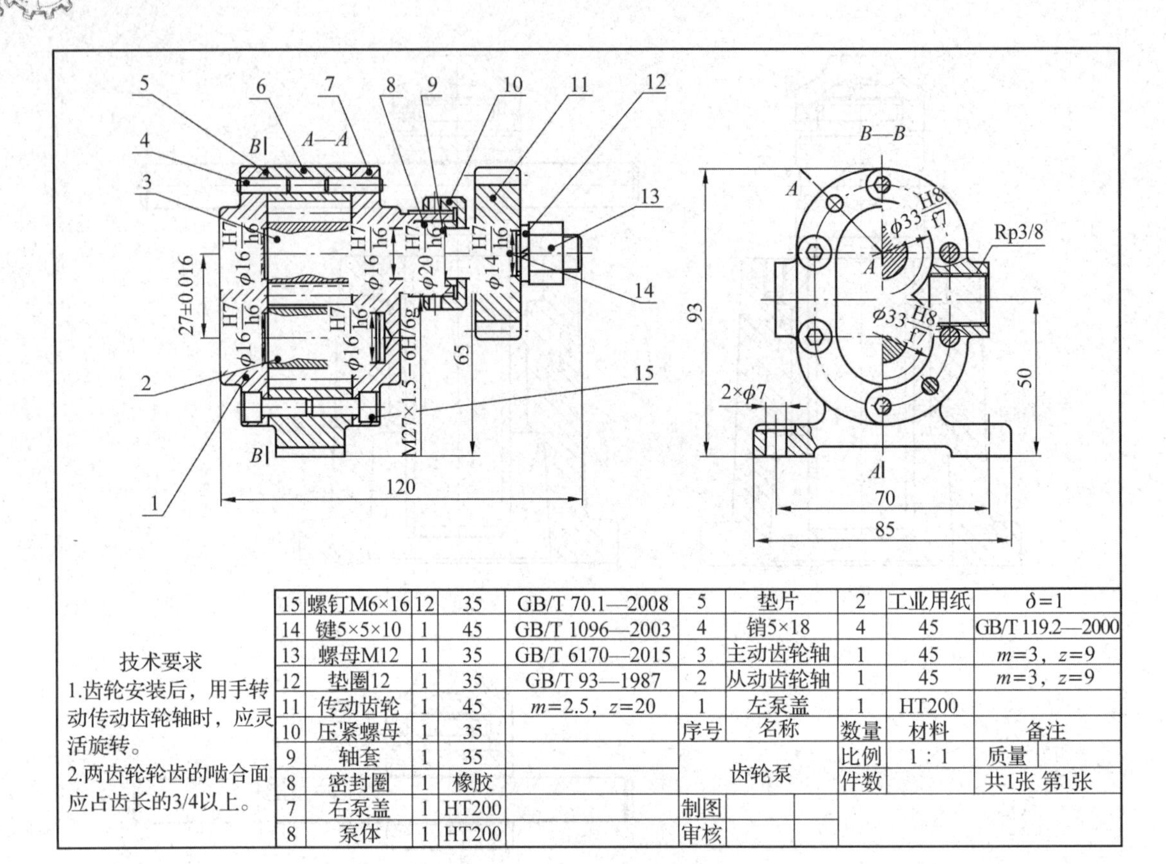

技术要求

1.齿轮安装后，用手转动传动齿轮轴时，应灵活旋转。

2.两齿轮轮齿的啮合面应占齿长的3/4以上。

15	螺钉M6×16	12	35	GB/T 70.1—2008	5	垫片	2	工业用纸	$\delta=1$
14	键5×5×10	1	45	GB/T 1096—2003	4	销5×18	4	45	GB/T 119.2—2000
13	螺母M12	1	35	GB/T 6170—2015	3	主动齿轮轴	1	45	$m=3$，$z=9$
12	垫圈12	1	35	GB/T 93—1987	2	从动齿轮轴	1	45	$m=3$，$z=9$
11	传动齿轮	1	45	$m=2.5$，$z=20$	1	左泵盖	1	HT200	
10	压紧螺母	1	35		序号	名称	数量	材料	备注
9	轴套	1	35		齿轮泵		比例	1∶1	质量
8	密封圈	1	橡胶				件数		共1张 第1张
7	右泵盖	1	HT200		制图				
8	泵体	1	HT200		审核				

图 10-8　齿轮泵装配图

附　录

附录 A

一、零件工艺结构

(一) 零件倒圆与倒角(GB/T 6403.4—2008)

1. 倒圆、倒角型式

α 一般采用 45°，也可采用 30°或 60°。

R、C 尺寸系列：0.1，0.2，0.3，0.4，0.5，0.6，0.8，1.0，1.2，1.6，2.0，2.5，3.0，4.0，5.0，6.0，8.0，10，12，16，20，25，32，40，50。

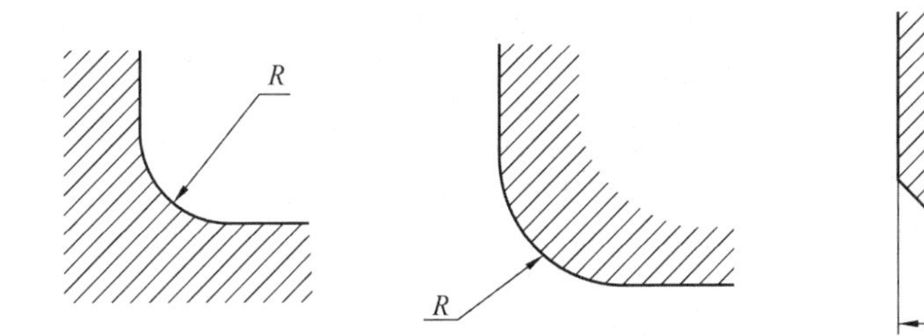

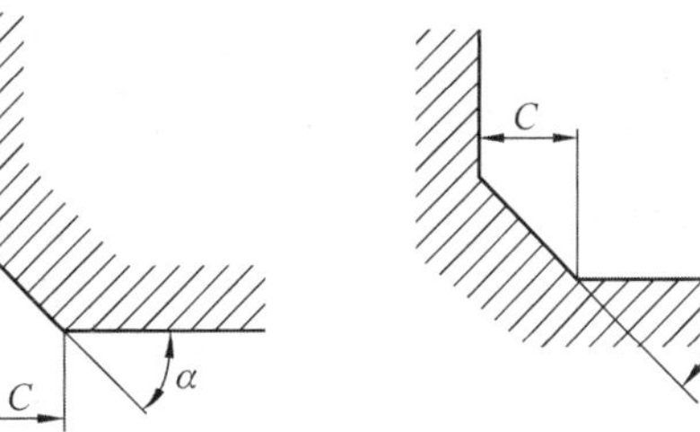

2. 内角、外角分别为倒圆、倒角(倒角为 45°)的装配型式

$$C_1>R \quad R_1>R \quad C<0.58R_1 \quad C_1>C$$

注：上述关系在装配时，内角与外角取值要适当，外角的倒圆或倒角过大会影响零件工作面，内角的倒圆或倒角过小会产生应力集中。

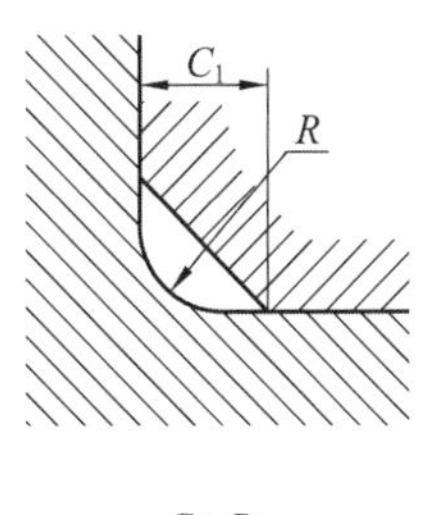

$C_1>R$

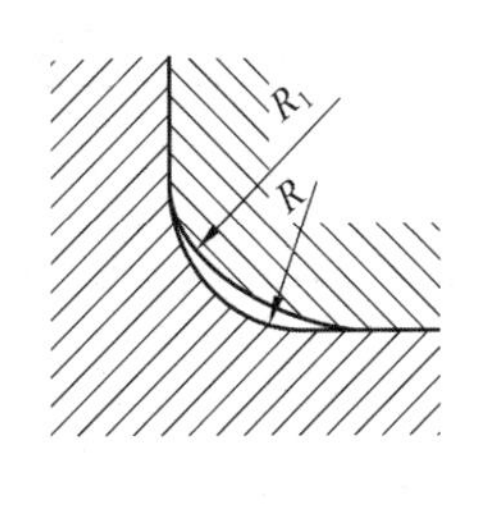

$R_1>R$

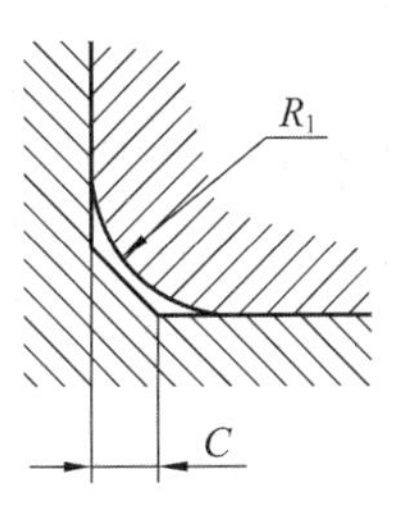

$C<0.58R_1$

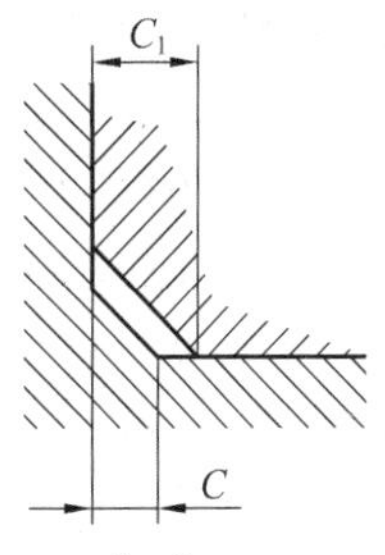

$C_1>C$

附表 1　内角倒角、外角倒圆时 C 的最大值 C_{max} 与 R_1 的关系　mm

R_1	0.1	0.2	0.3	0.4	0.5	0.6	0.7	1.0	1.2	1.6	2.0
C_{max}	—	0.1	0.1	0.2	0.2	0.3	0.4	0.5	0.6	0.8	1.0
R_1	2.5	3.0	4.0	5.0	6.0	8.0	10	12	16	20	25
C_{max}	1.2	1.6	2.0	2.5	3.0	4.0	5.0	6.0	8.0	10	12

附表 2　与直径 ϕ 相应的倒角 C、倒圆 R 的推荐值　mm

ϕ	<3	>3~6	>6~10	>10~18	>18~30	>30~50
C 或 R	0.2	0.4	0.6	0.8	1.0	1.6
ϕ	>50~80	>80~120	>120~180	>180~250	>250~320	>320~400
C 或 R	2.0	2.5	3.0	4.0	5.0	6.0
ϕ	>400~500	>500~630	>630~800	>800~1000	>1000~1250	>1250~1600
C 或 R	8.0	10	12	16	20	25

（二）砂轮越程槽（GB/T 6403.5—2008）

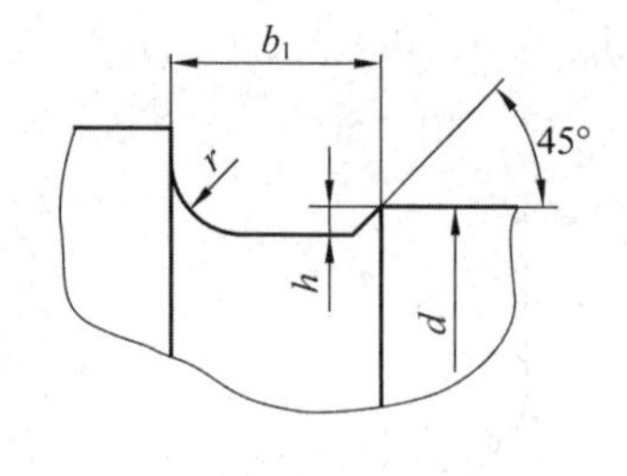

磨外圆

磨内圆

附表 3　回转面及端面砂轮越程槽的尺寸　mm

<table>
<tr><td>b_1</td><td>0.6</td><td>1.0</td><td>1.6</td><td>2.0</td><td>3.0</td><td>4.0</td><td>5.0</td><td>8.0</td><td>10</td></tr>
<tr><td>b_2</td><td>2.0</td><td colspan="2">3.0</td><td colspan="2">4.0</td><td colspan="2">5.0</td><td>8.0</td><td>10</td></tr>
<tr><td>h</td><td>0.1</td><td colspan="2">0.2</td><td>0.3</td><td colspan="2">0.4</td><td>0.6</td><td>0.8</td><td>1.2</td></tr>
<tr><td>r</td><td>0.2</td><td colspan="2">0.5</td><td>0.8</td><td colspan="2">1.0</td><td>1.6</td><td>2.0</td><td>3.0</td></tr>
<tr><td>d</td><td colspan="3"><10</td><td colspan="2">>10~50</td><td colspan="2">>50~100</td><td colspan="2">>100</td></tr>
</table>

注：1. 越程槽内与直线相交处，不允许产生尖角。

2. 越程槽深度 h 与圆弧半径 r，要满足 $r \leqslant 3h$。

(三)普通螺纹退刀槽与倒角(GB/T 3—1997)

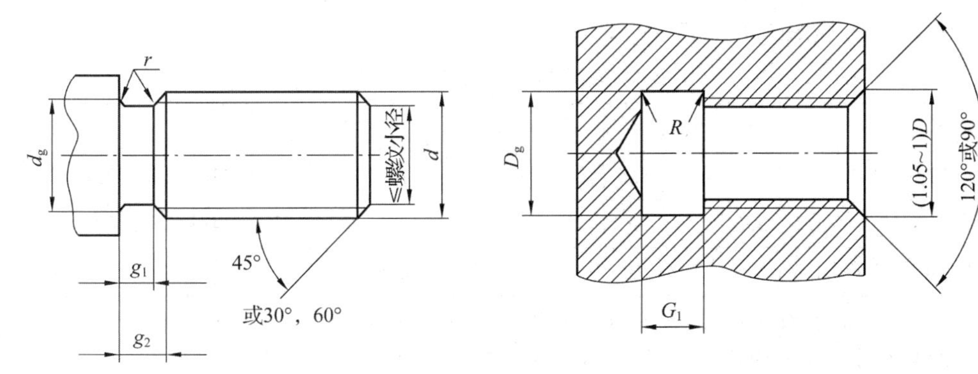

附表 4　普通螺纹退刀槽　　mm

螺距 P	外螺纹				内螺纹			
	$g_{1,max}$	$g_{2,min}$	d_g	$r\approx$	G_1 一般	G_1 短的	D_g	$R\approx$
0.5	1.5	0.8	d-0.8	0.2	2	1	D+0.3	0.2
0.6	1.8	0.9	d-1	0.4	2.4	1.2		0.3
0.7	2.1	1.1	d-1.1	0.4	2.8	1.4		0.4
0.75	2.25	1.2	d-1.2	0.4	3	1.5		0.4
0.8	2.4	1.3	d-1.3	0.4	3.2	1.6		0.4
1	3	1.6	d-1.6	0.6	4	2	D+0.5	0.5
1.25	3.75	2	d-2	0.6	5	2.5		0.6
1.5	4.5	2.5	d-2.3	0.8	6	3		0.8
1.75	5.25	3	d-2.6	1	7	3.5		0.9
2	6	3.4	d-3	1	8	4		1
2.5	7.5	4.4	d-3.6	1.2	10	5		1.2
3	9	5.2	d-4.4	1.6	12	6		1.5
3.5	10.5	6.2	d-5	1.6	14	7		1.8
4	12	7	d-5.7	2	16	8		2
4.5	13.5	8	d-6.4	2.5	18	9		2.2
5	15	9	d-7	2.5	20	10		2.5
5.5	17.5	11	d-7.7	3.2	22	11		2.8
6	18	11	d-8.3	3.2	24	12		3

注：1. d_g公差为 h13(d>3 mm)、h12(d≤3 mm)。

2. 短退刀槽仅在结构受限制时采用。

3. D_g公差为 H13。

(四)紧固件通孔及沉孔尺寸

1. 紧固件通孔(GB/T 5277—1985)

附表 5　螺栓和螺钉孔尺寸 mm

螺纹规格 d		3	4	5	6	8	10	12	14	16	18	20	22	24	27	30	36
通孔直径	精装配	3.2	4.3	5.3	6.4	8.4	10.5	13	15	17	19	21	23	25	28	31	37
	中等装配	3.4	4.5	5.5	6.6	9	11	13.5	15.5	17.5	20	22	24	26	30	33	39
	粗装配	3.6	4.8	5.8	7	10	12	14.5	16.5	18.5	21	24	26	28	32	35	42

注：1. 螺纹规格 d=M1~M150，表中未列入的尺寸，可查阅相关标准。

2. 精装配系列：H12；中等装配系列：H13；粗装配系列：H14。

2. 沉头螺钉用沉孔(GB/T 152.2—2014)

附表 6　沉头螺钉用沉孔尺寸 mm

螺纹规格 d		1.6	2	2.5	3	3.5	4	5	6	8	10
	d_h	1.8	2.4	2.9	3.4	3.9	4.5	5.5	6.6	9	11
	D_c	3.6	4.4	5.5	6.2	8.3	9.4	10.4	12.6	17.3	20
	$t\approx$	0.95	1.05	1.35	1.55	2.25	2.55	2.58	3.13	4.28	4.65

注：按 GB/T 5277—1985 中等装配系列的规定，公差带为 H13。

3. 圆柱头用沉孔(GB/T 152.3—1988)

附表 7　圆柱用沉孔尺寸 mm

螺纹规格 d			4	5	6	8	10	12	14	16	20
	用于内六角圆柱头螺钉的沉孔	d_2	8	10	11	15	18	20	24	26	
		t	4.6	5.7	6.8	9	11	13	15	17.5	
		d_3	—	—	—	—	—	16	18	20	
		d_1	4.5	5.5	6.6	9	11	13.5	15.5	17.5	
	用于开槽圆柱头螺钉的沉孔	d_2	8	10	11	15	18	20	24	26	
		t	3.2	4.0	4.7	6	7	8	9	10.5	
		d_3	—	—	—	—	—	16	18	20	
		d_1	4.5	5.5	6.6	9	11	13.5	15.5	17.5	

注：1. 用于内六角圆柱头螺钉的沉孔螺纹规格为 d=M1.6~M36，表中未列入的尺寸，可查阅相关标准。

2. 尺寸 d_1、d_2 和 t 的公差带均为 H13。

4. 六角头螺栓和六角螺母用沉孔(GB/T 152.4—1988)

附表 8　六角头螺栓和六角螺母用沉孔尺寸　　mm

螺纹规格 d		4	5	6	8	10	12	14	16	18	20	22	24	27	30	36
	d_2	10	11	13	18	22	26	30	33	36	40	43	48	53	61	71
	d_3	—	—	—	—	—	16	18	20	22	24	26	28	33	36	42
	d_1	4.5	5.5	6.6	9	11	13.5	15.5	17.5	20	22	24	26	30	33	39

注：1. 螺纹规格 d=M1.6~M64，表中未列入的尺寸，可查阅相关标准。

2. 对尺寸 t，只要能制出与通孔轴线垂直的圆平面即可。

3. 尺寸 d_1 的公差带为 H13；尺寸 d_2 的公差带为 H15。

二、螺纹

(一)普通螺纹(GB/T 193—2003)

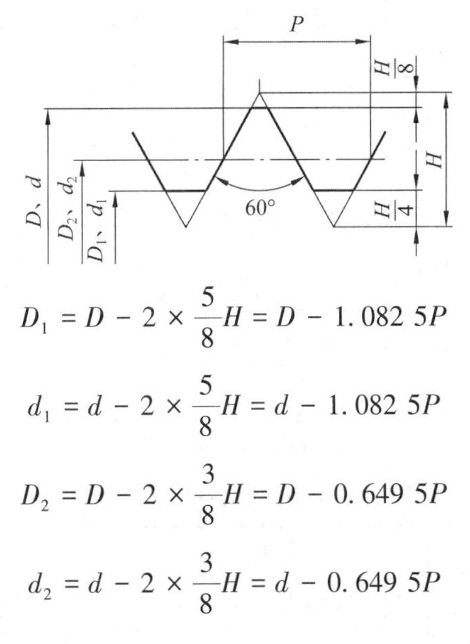

$$D_1 = D - 2 \times \frac{5}{8}H = D - 1.082\,5P$$

$$d_1 = d - 2 \times \frac{5}{8}H = d - 1.082\,5P$$

$$D_2 = D - 2 \times \frac{3}{8}H = D - 0.649\,5P$$

$$d_2 = d - 2 \times \frac{3}{8}H = d - 0.649\,5P$$

式中，$H = \frac{\sqrt{3}}{2}P = 0.866\,0P$。

按以上公式计算螺纹的大径和小径时，计算数值需圆整到小数点后三位。

标记示例：公称直径为 8 mm，螺距为 1 mm 的左旋单线细牙普通螺纹：

M8×1-LH

附表 9　普通螺纹的直径与螺距系列

mm

公称直径 D、d 第一系列	公称直径 D、d 第二系列	螺距 P 粗牙	螺距 P 细牙
3		0.5	0.35
	3.5	0.6	
4		0.7	0.5
	4.5	0.75	
5		0.8	
6		1	0.75
	7		
8		1.25	1，0.75
10		1.5	1.25，1，0.75

公称直径 D、d 第一系列	公称直径 D、d 第二系列	螺距 P 粗牙	螺距 P 细牙
12		1.75	1.25，1
	14	2	1.5，1.25，1
16			1.5，1
	18	2.5	2，1.5，1
20			
	22		
24		3	
	27		
30		3.5	(3)，2，1.5，1

公称直径 D、d 第一系列	公称直径 D、d 第二系列	螺距 P 粗牙	螺距 P 细牙
33		3.5	(3)，2，1.5
36		4	3，2，1.5
	39		
42		4.5	4，3，2，1.5
	45		
48		5	
	52		
56		5.5	
	60		

注：1. 优先选用第一系列，括号内尺寸尽可能不用。

2. 公称直径 D、d 为 1~1.25 mm 和 64~300 mm 的部分未列入，第三系列全部未列入。

3. M14×1.25 仅用于发动机的火花塞。

(二)梯形螺纹(GB/T 5796.2—2022)

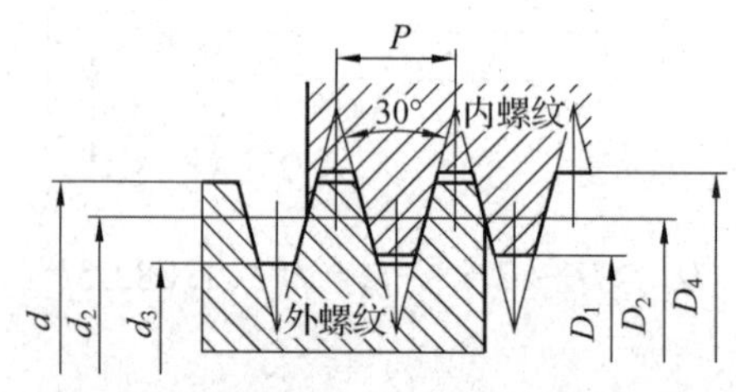

标记示例：公称直径为 40 mm，导程为 14 mm，螺距为 7 mm 的左旋双线梯形螺纹：

Tr40×14(P7)LH

附表 10　梯形螺纹的直径与螺距系列

mm

公称直径 D、d 第一系列	公称直径 D、d 第二系列	螺距 P	公称直径 D、d 第一系列	公称直径 D、d 第二系列	螺距 P	公称直径 D、d 第一系列	公称直径 D、d 第二系列	螺距 P
8		1.5	28		3，5，8	52		3，8，12
	9	1.5，2		30	3，6，10		55	3，9，14
10		1.5，2	32		3，6，10	60		3，9，14
	11	2，3		34	3，6，10		65	4，10，16
12		2，3	36		3，6，10	70		4，10，16
	14	2，3		38	3，7，10		75	4，10，16

续表

公称直径 D、d		螺距 P	公称直径 D、d		螺距 P	公称直径 D、d		螺距 P
第一系列	第二系列		第一系列	第二系列		第一系列	第二系列	
16		2，4	40		3，7，10	80		4，10，16
	18	2，4		42	3，7，10		85	4，12，18
20		2，4	44		3，7，12	90		4，12，18
	22	3,5，8		46	3，8，12		95	4，12，18
24		3,5，8	48		3，8，12	100		4，12，20
	26	3,5，8		50	3，8，12		110	4，12，20

注：1. 公称直径 D、d 为 120～300 mm 的部分未列入，第三系列全部未列入。

2. 优先选用表中带下划线的螺距。

三、常用标准件

(一) 螺栓

六角头螺栓(GB/T 5782—2016)，六角头螺栓 C 级(GB/T 5780—2016)。

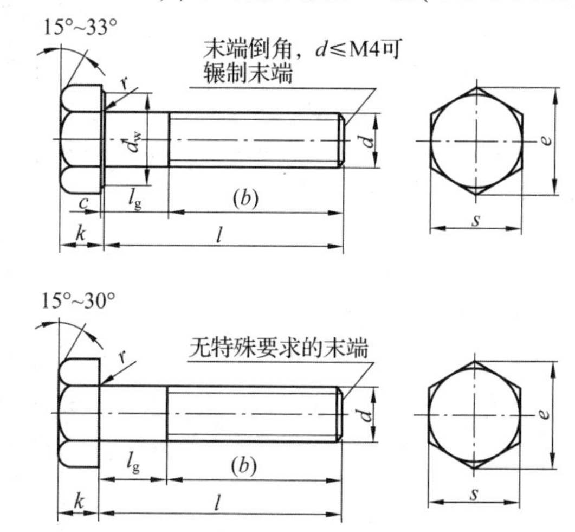

标记示例：螺纹规格 d=M12，公称长度 l=80 mm，性能等级为 8.8 级，表面不经处理，产品等级为 A 级的六角头螺栓：

螺栓 GB/T 5782 M12×80

附表 11　六角头螺栓各部分尺寸

mm

螺纹规格 d			M3	M4	M5	M6	M8	M10	M12	M16	M20	M24	M30	M36	M42
螺距 P			0. 5	0. 7	0. 8	1	1. 25	1. 5	1. 75	2	2. 5	3	3. 5	4	4. 5
b（参考）	$l\leqslant125$	12	14	16	18	22	26	30	38	46	54	66	—	—	—
	$125<l\leqslant200$	18	20	22	24	28	32	36	44	52	60	72	84	96	—
	$l>200$	31	33	35	37	41	45	49	57	65	73	85	97	109	—
c max			0. 4	0. 4	0. 5	0. 5	0. 6	0. 6	0. 6	0. 8	0. 8	0. 8	0. 8	0. 8	1. 0
d_w	产品等级	A	4. 57	5. 88	6. 88	8. 88	11. 63	14. 63	16. 63	22. 49	28. 19	33. 61	—	—	—
		B、C	4. 45	5. 74	6. 74	8. 74	11. 47	14. 47	16. 47	22	27. 7	33. 25	42. 75	51. 11	59. 95
e	产品等级	A	6. 01	7. 66	8. 79	11. 05	14. 38	17. 77	20. 03	26. 75	33. 53	39. 98	—	—	—
		B、C	5. 88	7. 50	8. 63	10. 89	14. 20	17. 59	19. 85	26. 17	32. 95	39. 55	50. 85	60. 79	71. 3
k（公称）			2	2. 8	3. 5	4	5. 3	6. 4	7. 5	10	12. 5	15	18. 75	22. 5	26
r min			0. 1	0. 2	0. 2	0. 25	0. 4	0. 4	0. 6	0. 6	0. 8	0. 8	1	1	1. 2
s（公称）			5. 5	7	8	10	13	16	18	24	30	36	46	55	65
l（商品规格范围）			20~30	25~40	25~50	30~60	40~80	45~100	50~120	65~160	80~200	90~240	110~300	140~360	160~440
l（系列）			12，16，20，25，30，35，40，45，50，55，60，65，70，80，90，100，110，120，130，140，150，160，180，200，220，240，260，280，300，320，340，360，380，400，420，440，460，480，500												

注：1. A 级用于 $d\leqslant24$ mm 和 $l\leqslant10d$ 或 $\leqslant150$ mm 的螺栓；B 级用于 $d>24$ mm 和 $l>10d$ 或 150 mm 的螺栓。

2. 螺纹规格 d 的范围：GB/T 5780 为 M5~M64；GB/T 5782 为 M1. 6~M64。

3. 公称长度 l 的范围：GB/T 5780 为 25~500 mm；GB/T 5782 为 12~500 mm。

(二)双头螺柱

双头螺柱 $b_m=1d$(GB/T 897—1988)，双头螺柱 $b_m=1.25d$(GB/T 898—1988)，双头螺柱 $b_m=1.5d$(GB/T 899—1988)，双头螺柱 $b_m=2d$(GB/T 900—1988)。

A型

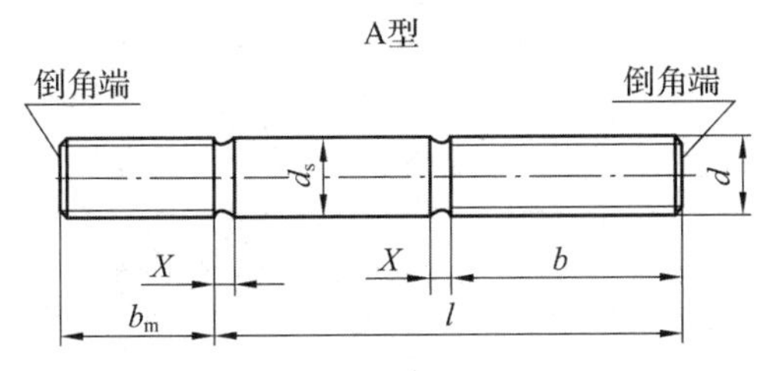

B型

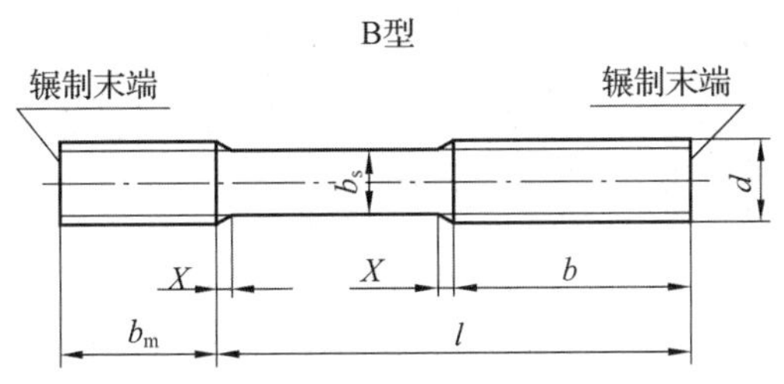

$d_s\approx$螺纹中径(仅适用于 B 型)。

标记示例：两端均为普通粗牙螺纹，$d=10$ mm，$l=50$ mm，性能等级为 4.8 级，不经表面处理，B 型，$b_m=1d$ 的双头螺柱：

螺柱 GB 897 M10×50

旋入机体一端为粗牙普通螺纹，旋螺母一端为螺距 $P=1$ mm 的普通细牙螺纹，$d=10$ mm，$l=50$ mm，性能等级为 4.8 级，不经表面处理，A 型，$b_m=1.25d$ 的双头螺柱：

螺柱 GB 898 AM10—M10×1×50

附表 12　双头螺柱各部分尺寸

mm

螺纹规格		M5	M6	M8	M10	M12	M16	M20	M36	M42	M48
b_m（公称）	GB/T 897—1988	5	6	8	10	12	16	20	36	42	48
	GB/T 898—1988	6	8	10	12	15	20	25	45	52	
	GB/T 899—1988	8	10	12	15	18	24	30	54	65	
	GB/T 900—1988	10	12	16	20	24	32	40	72	84	
d_s	max	5	6	8	10	12	16	20	36	42	48
	min	4. 7	5. 7	7. 64	9. 64	11. 57	15. 57	19. 48	35. 48	41. 38	47. 38
x　max		1. 5P									
$\frac{l}{b}$		$\frac{16\sim(22)}{10}$	$\frac{20\sim(22)}{10}$	$\frac{20\sim(22)}{12}$	$\frac{25\sim(28)}{14}$	$\frac{25\sim30}{16}$	$\frac{30\sim(38)}{20}$	$\frac{35\sim40}{25}$	$\frac{(65)\sim(75)}{45}$	$\frac{70\sim80}{50}$	$\frac{80\sim90}{60}$
		$\frac{25\sim50}{16}$	$\frac{20\sim30}{14}$	$\frac{25\sim30}{16}$	$\frac{30\sim(38)}{16}$	$\frac{(32)\sim40}{20}$	$\frac{40\sim(55)}{30}$	$\frac{45\sim(65)}{35}$	$\frac{80\sim110}{60}$	$\frac{(85)\sim110}{70}$	$\frac{(95)\sim110}{80}$
			$\frac{(32)\sim(75)}{18}$	$\frac{(32)\sim90}{22}$	$\frac{40\sim120}{26}$	$\frac{45\sim120}{30}$	$\frac{60\sim120}{38}$	$\frac{70\sim120}{45}$	$\frac{120}{78}$	$\frac{120}{90}$	$\frac{120}{102}$
					$\frac{130}{32}$	$\frac{130\sim180}{38}$	$\frac{130\sim200}{44}$	$\frac{130\sim200}{52}$	$\frac{130\sim200}{84}$	$\frac{130\sim200}{96}$	$\frac{130\sim200}{108}$
									$\frac{210\sim300}{97}$	$\frac{210\sim300}{109}$	$\frac{210\sim300}{121}$
l(系列)		16，(18)，20，(22)，25，(28)，30，(32)，35，(39)，40，45，50，(55)，60，(65)，70，(75)，80，(85)，90，(95)，100，110，120，130，140，150，160，170，180，190，200，210，220，230，2440，250，260，280，300。									

注：1. 尽可能不采用括号内的规格。

2. P 表示粗牙螺纹的螺距。

3. 螺纹规格 d=M5～M48，括号内的螺纹规格未列出。

(三)螺钉

1. 开槽圆柱头螺钉(GB/T 65—2016)

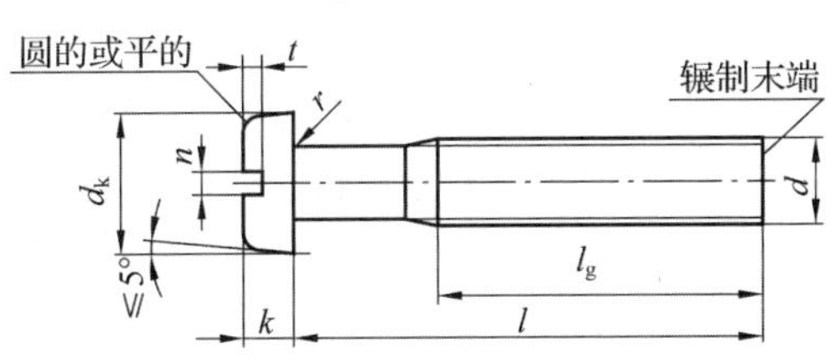

标记示例：螺纹规格 d=M5，公称长度 l=20 mm，性能等级为 4.8 级，表面不经处理的 A 级开槽圆柱头螺钉：

螺钉 GB/T 65 M5×20

附表 13 开槽圆柱头螺钉各部分尺寸 mm

螺纹规格 d		M3	M4	M5	M6	M8	M10
螺距 P		0.5	0.7	0.8	1	1.25	1.5
b min		25	38	38	38	38	38
d_k	公称=max	5.50	7.00	8.50	10.00	13.00	16.00
	min	5.32	6.78	8.28	9.78	12.73	15.73
k	公称=max	2.0	3.6	3.3	3.9	5.0	6.0
	min	1.86	2.46	3.12	3.6	4.7	5.7
n(公称)		0.8	1.2	1.2	1.6	2	2.5
r min		0.1	0.2	0.2	0.25	0.4	0.4
t min		0.85	1.1	1.3	1.6	2	2.4
l		4~30	5~40	6~50	8~60	10~80	12~80
l 系列		2，3，4，5，6，8，10，12，(14)，16，20，25，30，35，40，45，50，(55)，60，(65)，70，(75)，80。					

注：1. 公称长度 l≤40 mm 的螺钉，制出全螺纹。
2. 尽可能不采用括号内的规格。
3. 螺纹规格 d=M1.6~M10，公称长度 l=2~80 mm。d<M3 的螺钉未列入。

2. 开槽盘头螺钉(GB/T 67—2016)

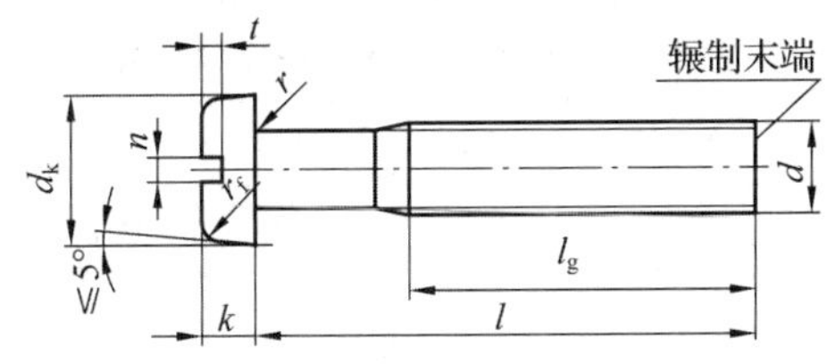

标记示例：螺纹规格 d=M5，公称长度 l=20 mm，性能等级为 4.8 级，表面不经处理的 A 级开槽盘头螺钉：

螺钉 GB/T 67 M5×20

附表 14　开槽盘头螺钉各部分尺寸

mm

螺纹规格 d		M3	M4	M5	M6	M8	M10
螺距 P		0.5	0.7	0.8	1	1.25	1.5
b min		25	38	38	38	38	38
d_k	公称=max	5.60	8.00	9.50	12.00	16.00	20.00
	min	5.3	7.64	9.14	11.57	15.57	19.48
k	公称=max	1.8	2.4	3.0	3.6	4.8	6.0
	min	1.66	2.26	2.88	3.3	4.5	5.7
n(公称)		0.8	1.2	1.2	1.6	2	2.5
r min		0.1	0.2	0.2	0.25	0.4	0.4
t min		0.85	1.1	1.3	1.6	2	2.4
r(参考)		0.9	1.2	1.5	1.8	2.4	3
l		4~30	5~40	6~50	8~60	10~80	12~80
l 系列		2，2.5，3，4，5，6，8，10，12，(14)，16，20，25，30，35，40，45，50，(55)，60，(65)，70，(75)，80。					

注：1. 尽可能不采用括号内的规格。

2. 螺纹规格 d=M1.6~M10，公称长度 l=2~80 mm。d<M3 的螺钉未列入。

3. M1.6~M3 螺钉，公称长度 l≤30 mm 时，制出全螺纹；M4~M10 的螺钉，公称长度 l≤40 mm 时，制出全螺纹。

3. 开槽沉头螺钉(GB/T 68—2016)

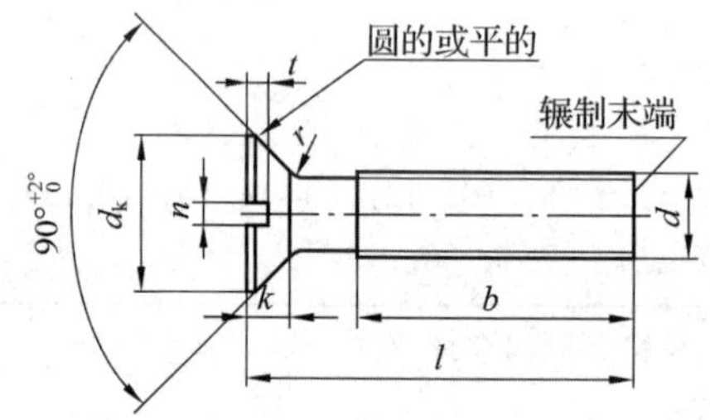

标记示例：螺纹规格 d=M5，公称长度 l=20 mm，性能等级 4.8 级，表面不经处理的 A 级开口沉头螺钉：

螺钉 GB/T 68 M5×20

附表 15　开槽沉头螺钉各部分尺寸

mm

螺纹规格 d	M1.6	M2	M2.5	M3	M4	M5	M6	M8	M10
螺距 P	0.35	0.4	0.45	0.5	0.7	0.8	1	1.25	1.5
b min	25	25	25	25	38	38	38	38	38
d_k	3.6	4.4	5.5	6.3	9.4	10.4	12.6	17.3	20
k	1	1.2	1.5	1.65	2.7	2.7	3.3	4.65	5
n 公称	0.4	0.5	0.6	0.8	1.2	1.2	1.6	2	2.5

续表

螺纹规格 d	M1.6	M2	M2.5	M3	M4	M5	M6	M8	M10
r max	0.4	0.5	0.6	0.8	1	1.3	1.5	2	2.5
t max	0.5	0.6	0.75	0.85	1.3	1.4	1.6	2.3	2.6
l	2.5~16	3~20	4~25	5~30	6~40	8~50	8~60	10~80	12~80
l 系列	2.5，3，4，5，6，8，10，12，(14)，16，20，25，30，35，40，45，50，(55)，60，(65)，70，(75)，80。								

注：1. 螺纹规格 d=M1.6~M10，尽可能不采用括号内的规格。

2. M1.6~M3 螺钉，公称长度 l≤30 mm 时，制出全螺纹；M4~M10 的螺钉，公称长度 l≤45 mm 时，制出全螺纹。

4. 内六角圆柱头螺钉(GB/T 70.1—2008)

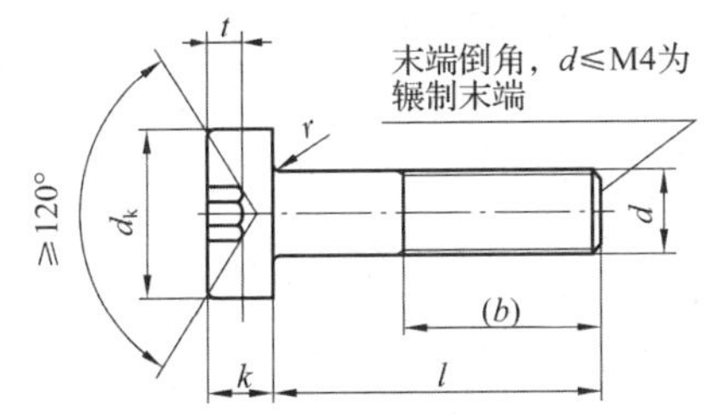

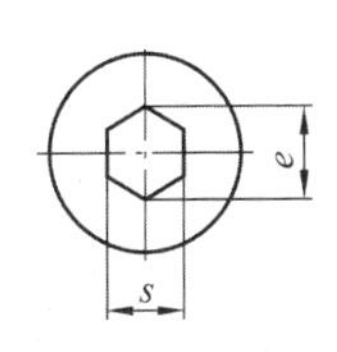

标记示例：螺纹规格 d=M5，公称长度 l=20 mm，性能等级为 8.8 级，表面氧化的 A 级内六角圆柱头螺钉：

螺钉 GB/T 70.1 M5×20

附表 16　内六角圆柱头螺钉各部分尺寸　　mm

螺纹规格 d	M3	M4	M5	M6	M8	M10	M12	M16	M20
螺距 P	0.5	0.7	0.8	1	1.25	1.5	1.75	2	2.5
b(参考)	18	20	22	24	28	32	36	44	52
d_k max	5.5	7	8.5	10	13	16	18	24	30
k max	3	4	5	6	8	10	12	16	20
t min	1.3	2	2.5	3	4	5	6	8	10
s	2.5	3	4	5	6	8	10	14	17
e min	2.873	3.443	4.583	5.723	6.683	9.149	11.429	15.996	19.437
r min	0.1	0.2	0.2	0.25	0.4	0.4	0.6	0.6	0.8
公称长度 l	5~30	6~40	8~50	10~60	12~80	16~100	20~120	25~160	30~200
l≤表中数值时，制出全螺栓	20	25	25	30	35	40	45	55	65
l 系列	2.5，3，4，5，6，8，10，12，16，20，25，30，35，40，45，50，55，60，65，70，80，90，100，110，120，130，140，150，160，180，200，220，240，260，280，300。								

注：1. 螺纹规格 d=M1.6~M64。d<M3 和 d>M20 的螺钉未列入。

2. 六角槽端部允许倒圆或制出沉孔。

5. 紧定螺钉

开槽锥端紧定螺钉(GB/T 71—2018)，开槽平端紧定螺钉(GB/T 73—2017)，开槽长圆柱端紧定螺钉(GB/T 75—2018)。

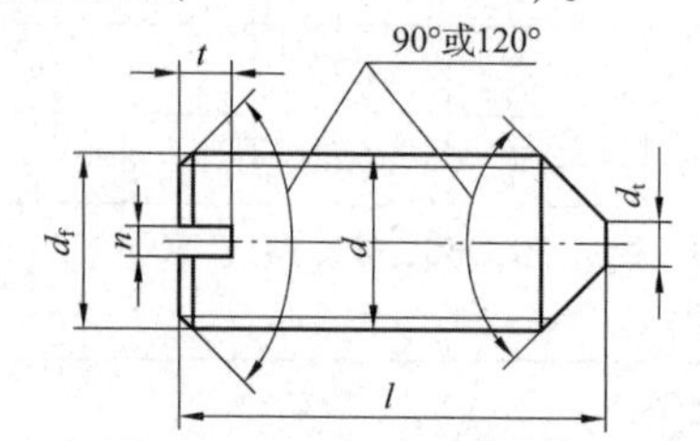

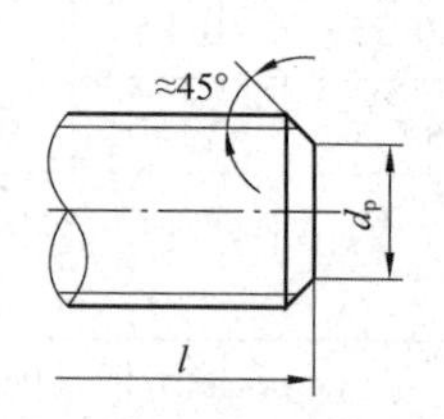

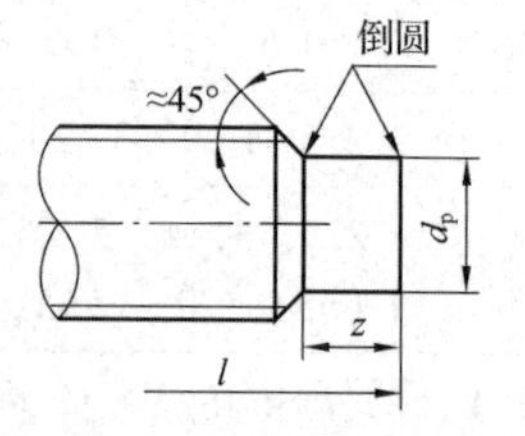

标记示例：螺纹规格 d=M5，公称长度 l=20 mm，钢制，硬度等级为14H 级，表面不经处理，产品等级 A 级的开槽平端紧定螺钉：

螺钉 GB/T 73 M5×20

附表 17　内六角圆柱头螺钉各部分尺寸

mm

螺纹规格 d		M1.6	M2	M2.5	M3	M4	M5	M6	M8	M10	M12
螺距 P		0.35	0.4	0.45	0.5	0.7	0.8	1	1.25	1.5	1.75
n(公称)		0.25	0.25	0.4	0.4	0.6	0.8	1	1.2	1.6	2
t max		0.74	0.84	0.95	1.05	1.42	1.63	2	2.5	3	3.6
d_t max		0.16	0.2	0.25	0.3	0.4	0.5	1.5	2	2.5	3
d_p max		0.8	1	1.5	2	2.5	3.5	4	5.5	7	8.5
z max		1.05	1.25	1.5	1.75	2.25	2.75	3.25	4.3	5.3	6.3
公称长度 l	GB/T 71—2018	2~8	3~10	3~12	4~16	6~20	8~25	8~30	10~40	12~50	14~60
	GB/T 73—2017	2~8	2~10	2.5~12	3~16	4~20	5~25	6~30	8~40	10~50	12~60
	GB/T 75—2018	2.5~8	3~10	4~12	5~16	6~20	8~25	10~30	10~40	12~50	14~60
l 系列		2，2.5，3，4，5，6，8，10，12，(14)，16，20，25，30，35，40，45，50，55，60。									

注：1. 尽可能不用括号内的规格。

2. d_f不大于螺纹小径。在 GB/T 71—2018 中，当 d=M2.5、l=3 mm 时，螺钉两端倒角均为 120°，其余均为 90°。

3. 在 GB/T 71—2018、GB/T 73—2017 中，螺纹规格 d=M1.2~M12；在 GB/T 75—2018 中，螺纹规格 d=M1.6~M12。

(四)螺母

1 型六角螺母(GB/T 6170—2015)，1 型六角螺母 C 级(GB/T 41—2016)，六角薄螺母(GB/T 6172.1—2016)。

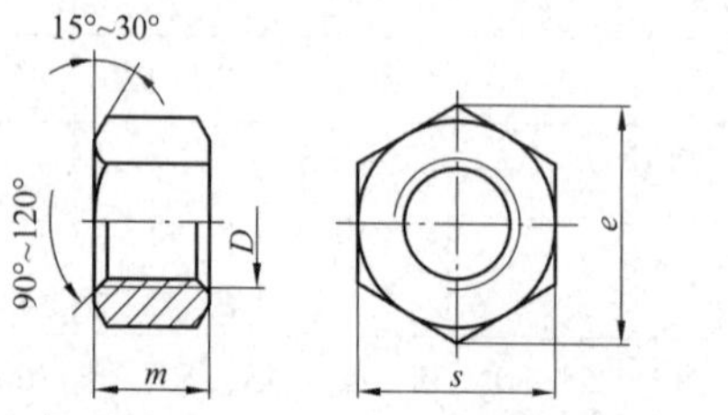

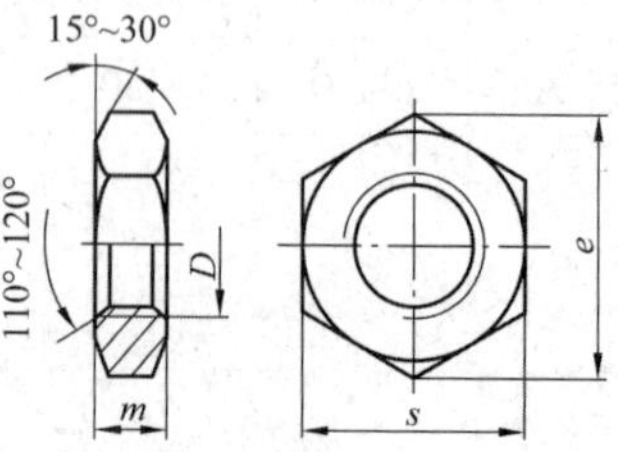

标记示例：螺纹规格 d=M12，性能等级为 5 级，表面不经处理，产品等级为 C 级的 1 型六角螺母：

螺母 GB/T 41 M12

附表 18　螺母各部分尺寸

mm

螺纹规格 D		M3	M4	M5	M6	M8	M10	M12	M16	M20	M24	M30	M36	M42
e	GB/T 41—2016	—	—	8.63	10.89	14.20	17.59	19.85	26.17	32.95	39.55	50.85	60.79	71.30
	GB/T 6170—2015	6.01	7.66	8.79	11.05	14.38	17.77	20.03	26.75	32.95	39.55	50.85	60.79	71.30
	GB/T 6172.1—2016	6.01	7.66	8.79	11.05	14.38	17.77	20.03	26.75	32.95	39.55	50.85	60.79	71.30
s	GB/T 41—2016	—	—	8	10	13	16	18	24	30	36	46	55	65
	GB/T 6170—2015	5.5	7	8	10	13	16	18	24	30	36	46	55	65
	GB/T 6172.1—2016	5.5	7	8	10	13	16	18	24	30	36	46	55	65
m	GB/T 41—2016	—	—	5.6	6.4	7.9	9.5	12.2	15.9	19	22.3	26.4	31.9	34.9
	GB/T 6170—2015	2.4	3.2	4.7	5.2	6.8	8.4	10.8	14.8	18	21.5	25.6	31	34
	GB/T 6172.1—2016	1.8	2.2	2.7	3.2	4	5	6	8	10	12	15	18	21

注：1. A 级用于 $D \leqslant 16$ mm 的螺母；B 级用于 $D>16$ mm 的螺母。

2. 产品等级 A、B、C 由公差取值决定，A 级公差数值小。

3. 在 GB/T 41—2016 中，螺纹规格 D 为 M5～M64；在 GB/T 6170—2015 和 GB/T 6172.1—2016 中，螺纹规格 D 为 M1.6～M64；表中未列入完整的数据。

(五)垫圈

1. 平垫圈

小垫圈 A 级(GB/T 848—2002);平垫圈 A 级(GB/T 97.1—2002);平垫圈 倒角型 A 级(GB/T 97.2—2002)。

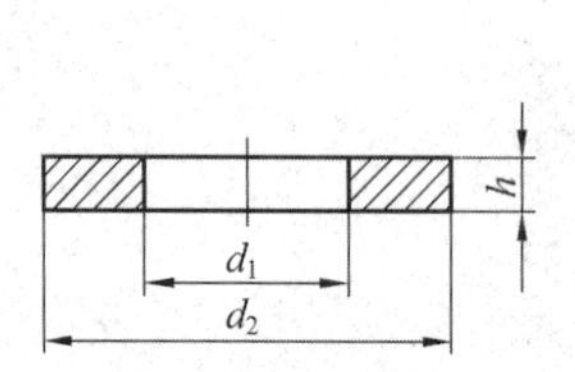

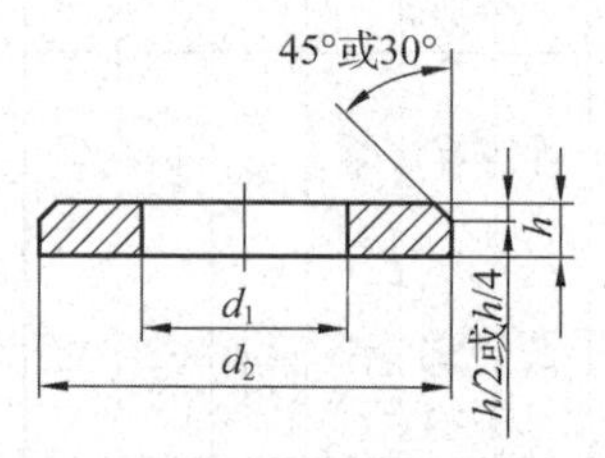

标记示例:标准系列,公称规格为 8 mm,由钢制造的硬度等级为 200HV 级,不经表面处理,产品等级为 A 级的平垫圈:

垫圈 GB/T 97.1 8

附表 19 平垫圈各部分尺寸

mm

公称规格(螺纹大径 d)		1.6	2	2.5	3	4	5	6	8	10	12	16	20	24	30	36
d_1	GB/T 848—2002	1.7	2.2	2.7	3.2	4.	5.3	6.4	8.4	10.5	13	17	21	25	31	37
	GB/T 97.1—2002	1.7	2.2	2.7	3.2	4.	5.3	6.4	8.4	10.5	13	17	21	25	31	37
	GB/T 97.2—2002	—	—	—	—	—	5.3	6.4	8.4	10.5	13	17	21	25	31	37
d_2	GB/T 848—2002	3.5	4.5	5	6	8	9	11	15	18	20	28	34	39	50	60
	GB/T 97.1—2002	4	5	6	7	9	10	12	16	20	24	30	37	44	56	66
	GB/T 97.2—2002	—	—	—	—	—	10	12	16	20	24	30	37	44	56	66
h	GB/T 848—2002	0.3	0.3	0.5	0.5	0.5	1	1.6	1.6	1.6	2	2.5	3	4	4	5
	GB/T 97.1—2002	0.3	0.3	0.5	0.5	0.8	1	1.6	1.6	2	2.5	3	3	4	4	5
	GB/T 97.2—2002	—	—	—	—	—	1	1.6	1.6	2	2.5	3	3	4	4	5

注:1. 在 GB/T 848—2002 中公称规格为 1.6~36 mm;在 GB/T 97.1—2002 中公称规格为 1.6~64 mm;在 GB/T 97.2—2002 中公称规格为 5~64 mm。

2. 表中仅列出 $d \leqslant 36$ mm 的优选尺寸;$d > 36$ mm 的优选尺寸和非优选尺寸未列出。

2. 标准型弹簧垫圈(GB/T 93—1987)

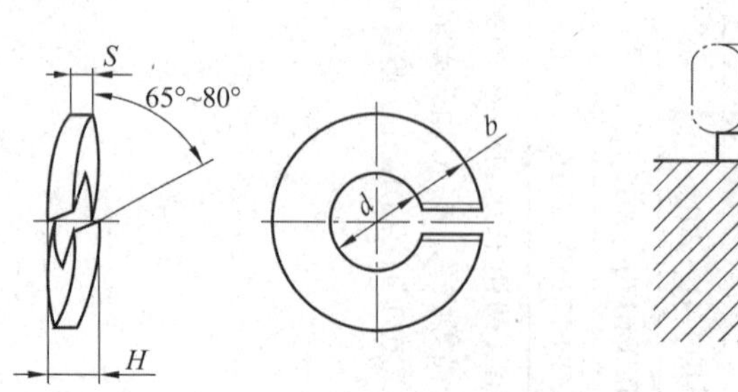

标记示例:规格为 16 mm,材料为 65Mn,表面氧化的标准型弹簧垫圈:

垫圈 GB 93—87 16

附表 20　标准型弹簧垫圈各部分尺寸

mm

规格（螺纹大径 d）		3	4	5	6	8	10	12	（14）	16	（18）	20	（22）	24	（27）	30
d	min	3. 1	4. 1	5. 1	6. 1	8. 1	10. 2	12. 2	14. 2	16. 2	18. 2	20. 2	22. 5	24. 5	27. 5	30. 5
	max	3. 4	4. 4	5. 4	6. 68	8. 68	10. 9	12. 9	14. 9	16. 9	19. 04	21. 04	23. 34	25. 5	28. 5	31. 5
$S(b)$（公称）		0. 8	1. 1	1. 3	1. 6	2. 1	2. 6	3. 1	3. 6	4. 1	4. 5	5	5. 5	6	6. 8	7. 5
H	min	1. 6	2. 2	2. 6	3. 2	4. 2	5. 2	6. 2	7. 2	8. 2	9	10	11	12	13. 6	15
	max	2	2. 75	3. 25	4	5. 25	6. 5	7. 75	9	10. 25	11. 25	12. 5	13. 75	15	17	18. 75
$m \leqslant$		0. 4	0. 55	0. 65	0. 8	1. 05	1. 3	1. 55	1. 8	2. 05	2. 25	2. 5	2. 75	3	3. 4	3. 75

注：1. 规格为 2~48 mm，尽可能不采用括号内的规格。

2. m 应大于 0。

（六）普通型 平键（GB/T 1096—2003） 平键 键槽的剖面尺寸（GB/T 1095—2003）

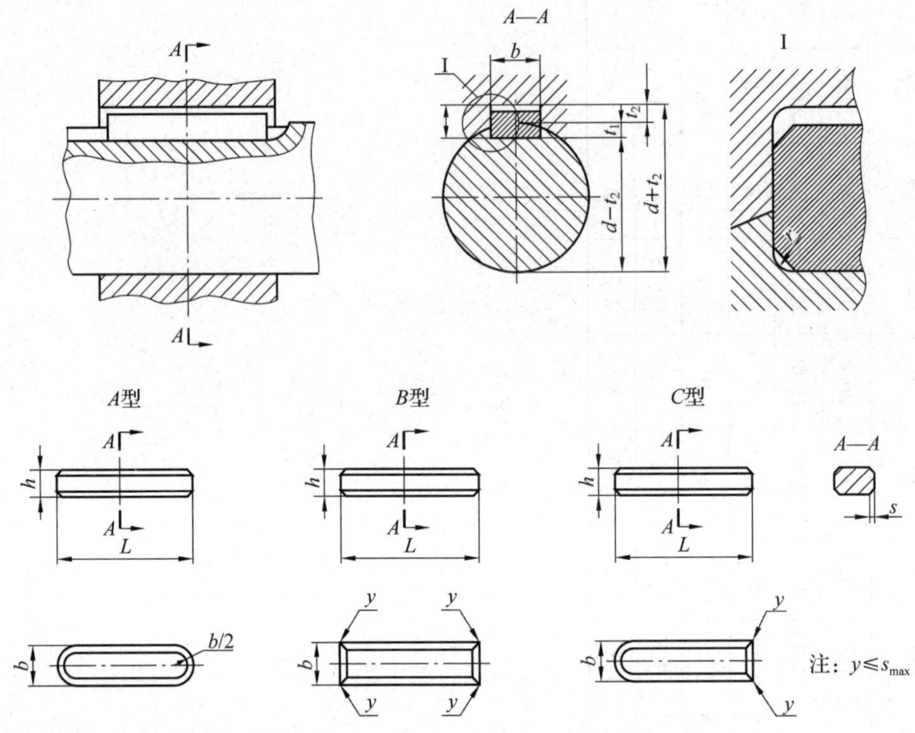

标记示例：普通平键（B 型）$b=16$ mm，$h=10$ mm，$L=100$ mm：

GB/T 1096 键 B 16×10×100

附表 21　普通平键和键槽尺寸

mm

轴		键	键槽										
公称直径 d		公称尺寸 $b\times h$	宽度 b 的极限偏差					深度				半径 r	
			松连接		正常连接		紧密连接	轴 t		毂 t_2			
大于	至		轴 H9	毂 D10	轴 N9	毂 JS9	轴和毂 P9	公称尺寸	极限偏差	公称尺寸	极限偏差	最小	最大
12	17	5×5	+0.030 0	+0.078 0.030	0 −0.03	±0.015	−0.012 −0.042	3.0	+0.1 0	2.3	+0.1 0	0.08	0.016
17	22	6×6						3.5		2.8		0.16	0.25
22	30	8×7	+0.036	+0.098 +0.040	0 −0.036	±0.018	−0.015 −0.051	4.0	+0.20 0	3.3	+0.20 0		
30	38	10×8						5.0		3.3		0.25	0.40
38	44	12×8	+0.043 0	+0.120 +0.050	0 −0.043	±0.0215	−0.018 −0.061	5.0		3.3			
44	50	14×9						5.5		3.8			
50	58	16×10						6.0		4.3			
58	65	18×11						7.0		4.4			
65	75	20×12	+0.052 0	+0.149 0.065	0 −0.052	±0.026	−0.022 −0.074	7.5		4.9		0.40	0.60
75	85	22×14						9.0		5.4			
85	95	25×14						9.0		5.4			
95	110	28×16						10.0		6.4			
键的长度系列		14，16，18，20，22，25，28，32，36，40，45，50，56，63，70，80，90，100，110，125，140，160，180，200，250，280，320，360											

(七)销

1. 圆柱销

圆柱销　不淬硬钢和奥氏体不锈钢(GB/T 119.1—2000),圆柱销　淬硬钢和马氏体不锈钢(GB/T 119.2—2000)。

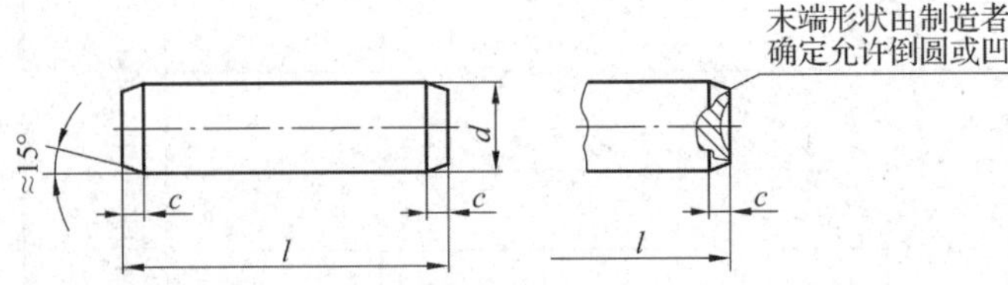

标记示例:公称直径 d=6 mm,公差为 m6,公称长度 l=30 mm,材料为钢,不经淬火,不经表面处理的圆柱销:

销 GB/T 119.1　6m6×30

公称直径 d=6 mm,公差为 m6,公称长度 l=30 mm,材料为钢,普通淬火(A 型),表面氧化处理的圆柱销:

销 GB/T 119.2　6×30

附表 22　圆柱销各部分尺寸　　mm

公称直径 d		3	4	5	6	8	10	12	16	20	25	30	40	50
c≈		0.53	0.63	0.80	1.2	1.6	2.0	2.5	3.0	3.5	4.0	5.0	6.3	8.0
公称长度 l	GB/T 119.1	8~30	8~40	10~50	12~60	14~80	18~95	22~140	26~180	35~200	50~200	60~200	80~200	95~200
	GB/T 119.2	8~30	10~40	12~50	14~60	18~80	22~100	26~100	40~100	50~100	—	—	—	—
l 系列		8,10,12,14,16,18,20,22,24,26,28,30,32,35,40,45,50,55,60,65,70,75,80,85,90,95,100,120,140,160,180,200,…												

注:1. GB/T 119.1—2000 中圆柱销的公称直径 d=0.6~50 mm,公称长度 l=2~200 mm,公差为 m6 和 h8,表中 d<3 mm 的圆柱销未列入。

2. GB/T 119.2—2000 中圆柱销的公称直径 d=1~20 mm,公称长度 l=3~100 mm,公差为 m6,表中 d<3 mm 的圆柱销未列入。

3. GB/T 119.1—2000 中公称长度大于 100 mm、GB/T 119.2—2000 中公称长度大于 200 mm,则按 20 mm递增。

2. 圆锥销(GB/T 117—2000)

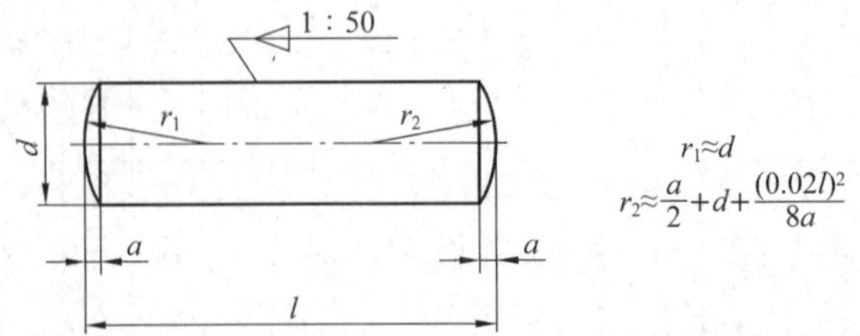

标记示例:公称直径 d=6 mm,公称长度 l=30 mm,材料为 35 钢,热处理硬度 28~38 HRC,表面氧化处理的 A 型圆锥销:

销 GB/T117　6×30

附表 23 圆锥销各部分尺寸 mm

公称直径 d	4	5	6	8	10	12	16	20	25	30	40	50
$a\approx$	0.5	0.63	0.8	1	1.2	1.6	2	2.5	3	4	5	6.3
公称长度 l	14~55	18~60	22~90	22~120	26~160	32~180	40~200	45~200	50~200	55~200	60~200	65~200
l 系列	2，3，4，5，6，8，10，12，14，16，18，20，22，24，26，28，30，32，35，40，45，50，55，60，65，70，75，80，85，90，95，100，120，140，160，180，200，…											

注：1. 本标准规定了公称直径 $d=0.6\sim50$ mm，A 型和 B 型的圆锥销，$d<4$ mm 的圆锥销未列出。

2. A 型为磨削，锥面表面粗糙度 $Ra=0.8$ μm；B 型为切削或冷镦，锥面表面粗糙度 $Ra=3.2$ μm。

3. 表中公称直径 d 的公差为 h10，其他公差需供需双方协议。

4. 公称长度大于 200 mm，则按 20 mm 递增。

(八)滚动轴承

1. 深沟球轴承(GB/T 276—2013)

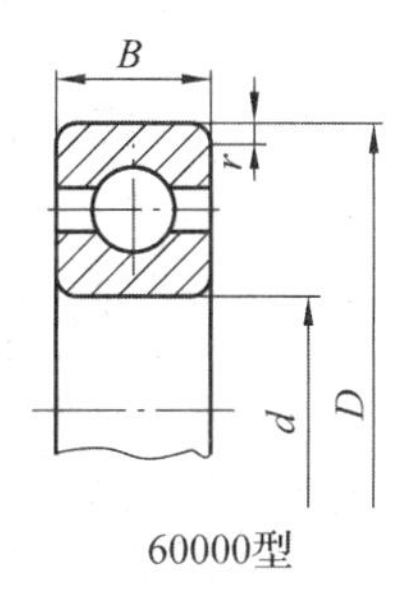

60000型

标记示例：内径 $d=60$ mm，尺寸系列代号为 02 的深沟球轴承：

滚动轴承 6012 GB/T 276—2013

附表 24 60000 型深沟球轴承尺寸 mm

轴承代号	外形尺寸				轴承代号	外形尺寸			
	d	D	B	$r_{s,min}$		d	D	B	$r_{s,min}$
01 系列					03 系列				
6000	10	26	8	0.3	6300	10	35	11	0.6
6001	12	28	8	0.3	63301	12	37	12	1
6002	15	32	9	0.3	6302	15	42	13	1
6003	17	35	10	0.3	6303	17	47	14	1
6004	20	42	12	0.6	6304	20	52	15	1.1
60/22	22	44	12	0.6	63/22	22	56	16	1.1
6005	25	47	12	0.6	6305	25	62	17	1.1
60/28	28	52	12	0.6	63/28	28	68	18	1.1
6006	30	55	13	1	6306	30	72	19	1.1
60/32	32	58	13	1	63/32	32	75	20	1.1
6007	35	62	14	1	6307	35	80	21	1.5

续表

轴承代号	外形尺寸				轴承代号	外形尺寸			
	d	D	B	$r_{s,min}$		d	D	B	$r_{s,min}$
6008	40	68	15	1	6308	40	90	23	1.5
6009	45	75	16	1	6309	45	100	25	1.5
6010	50	80	16	1	6310	50	110	27	2
6011	55	90	18	1.1	6311	55	120	29	2
6012	60	95	18	1.1	6312	60	130	31	2.1
02 系列					04 系列				
626	6	19	6	0.3	6403	17	62	17	1.1
627	7	22	7	0.3	6404	20	72	19	1.1
628	8	24	8	0.3	6405	25	80	21	1.5
629	9	26	9	0.3	6406	30	90	23	1.5
6200	10	30	9	0.6	6407	35	100	25	1.5
6201	12	32	10	0.6	6408	40	110	27	2
6202	15	35	11	0.6	6409	45	120	29	2
6203	17	40	12	0.6	6410	50	130	31	2.1
6204	20	47	14	1	6411	55	140	33	2.1
62/22	22	50	14	1	6412	60	150	35	2.1
6205	25	52	15	1	6413	65	160	37	2.1
62/28	28	58	16	1	6414	70	180	42	3
6206	30	62	16	1	6415	75	190	45	3
62/32	32	65	17	1	6416	80	200	48	3
6207	35	72	17	1.1	6417	85	210	52	4
6208	40	80	18	1.1	6418	90	225	54	4
6209	45	85	19	1.1	6419	95	240	55	4
6210	50	90	20	1.1	6420	100	250	58	4
6211	55	100	21	1.5	6422	110	280	65	4
6212	60	110	22	1.5					

注：1. 最大倒角尺寸规定在 GB/T 274—2000 中。

2. 表中未列入的轴承代号及其他系列尺寸，可查阅相关标准。

2. 圆锥滚子轴(GB/T 297—2015)

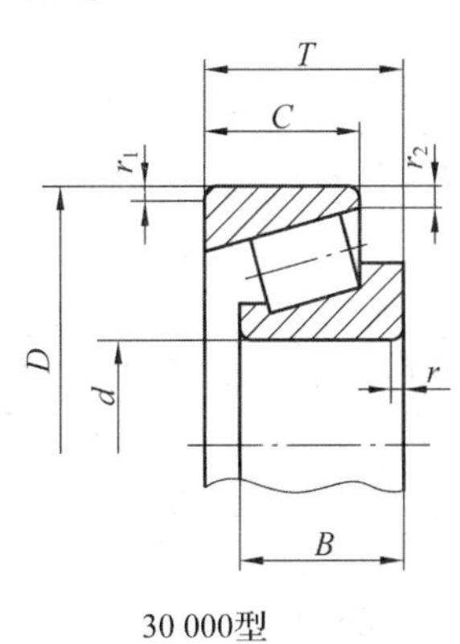

30 000型

标记示例：内径 d=25 mm，尺寸系列代号为02的圆锥滚子轴承：

滚动轴承　30205　GB/T 297—2015

附表25　圆锥滚子轴承尺寸　　mm

轴承代号	外形尺寸							轴承代号	外形尺寸						
	d	D	T	B	C	$r_{s,min}$	$r_{1s,min}$		d	D	T	B	C	$r_{s,min}$	$r_{1s,min}$
02系列								13系列							
30202	15	35	11.75	11	10	0.6	0.6	31305	25	62	18.25	17	13	1.5	1.5
30203	17	40	13.25	12	11	1	1	31306	30	72	20.75	19	14	1.5	1.5
30204	20	47	15.25	14	12	1	1	31307	35	80	22.75	21	15	2	1.5
30205	25	52	16.25	15	13	1	1	31308	40	90	25.25	23	17	2	1.5
30206	30	62	17.25	16	14	1	1	31309	45	100	27.25	25	18	2	1.5
302/32	32	65	18.25	17	15	1	1	31310	50	110	29.25	27	19	2.5	2
30207	35	72	18.25	17	15	1.5	1.5	31311	55	120	31.5	29	21	2.5	2
30208	40	80	19.75	18	16	1.5	1.5	31312	60	130	33.5	31	22	3	2.5
30209	45	85	20.75	19	16	1.5	1.5	31313	65	140	36	33	23	3	2.5
30210	50	90	21.75	20	17	1.5	1.5	31314	70	150	38	35	25	3	2.5
30211	55	100	22.75	21	18	2	1.5	31315	75	160	40	37	26	3	2.5
30212	60	110	23.75	22	19	2	1.5	31316	80	170	42.5	39	27	3	2.5
30213	65	120	24.75	23	20	2	1.5	31317	85	180	44.5	41	28	4	3
30214	70	125	26.75	24	21	2	1.5	31318	90	190	46.5	43	30	4	3
30215	75	130	27.75	25	22	2	1.5	31319	95	200	49.5	45	32	4	3
30216	80	140	28.75	26	22	2.5	2	31320	100	215	56.5	51	35	4	3

续表

轴承代号	外形尺寸							轴承代号	外形尺寸						
	d	D	T	B	C	$r_{s,min}$	$r_{1s,min}$		d	D	T	B	C	$r_{s,min}$	$r_{1s,min}$
03 系列								23 系列							
30302	15	42	14.25	13	11	1	1	32303	17	47	20.25	19	16	1	1
30303	17	47	15.25	14	12	1	1	32304	20	52	22.25	21	18	1.5	1.5
30304	20	52	16.25	15	13	1.5	1.5	32305	25	62	25.25	24	20	1.5	1.5
30305	25	62	18.25	17	15	1.5	1.5	32306	30	72	28.75	27	23	1.5	1.5
30306	30	72	20.75	19	16	1.5	1.5	32307	35	80	32.75	31	25	2	1.5
30307	35	80	22.75	21	18	2	1.5	32308	40	90	35.25	33	27	2	1.5
30308	40	90	25.25	23	20	2	1.5	32309	45	100	38.25	36	30	2	1.5
30309	45	100	27.25	25	22	2	1.5	32310	50	110	42.25	40	33	2.5	2
30310	50	110	29.25	27	23	2.5	2	32311	55	120	45.5	43	35	2.5	2
30311	55	120	31.5	29	25	2.5	2	32312	60	130	48.5	46	37	3	2.5
30312	60	130	33.5	31	26	3	2.5	32313	65	140	51	48	39	3	2.5
30313	65	140	36	33	28	3	2.5	32314	70	150	54	51	42	3	2.5
30314	70	150	38	35	30	3	2.5	32315	75	160	58	55	45	3	2.5
30315	75	160	40	37	31	3	2.5	32316	80	170	61.5	58	48	3	2.5
30316	80	170	42.5	39	33	3	2.5	32317	85	180	63.5	60	49	4	3

注：1 对应的最大倒角尺寸规定在 GB/T 274—2000 中。

2. 本标准未规定尺寸 r_2，但前端面倒角不应该为锐角。

3. 表中未列入的轴承代号以及其他尺寸系列，可查阅相关标准。

3. 滚动轴承　推力球轴承(GB/T 301—2015)

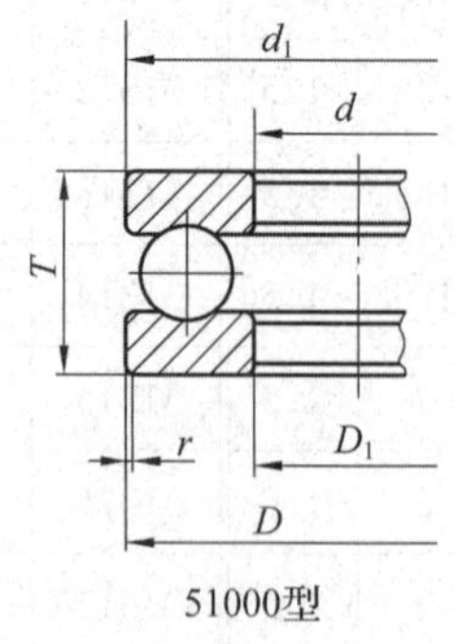

51000型

标记示例：内径 d=50 mm，尺寸系列代号为 12 的推力球轴承：

滚动轴承　51210　GB/T 301—2015

附表 26　推力球轴承尺寸　　mm

轴承代号	外形尺寸						轴承代号	外形尺寸					
	d	D	T	$D_{1s,min}$	$d_{1s,max}$	$r_{s,min}$		d	D	T	$D_{1s,min}$	$d_{1s,max}$	$r_{s,min}$
11 系列							13 系列						
51104	20	35	10	21	35	0. 3	51304	20	47	18	22	47	1
51105	25	42	11	26	42	0. 6	51305	25	52	18	27	52	1
51106	30	47	11	32	47	0. 6	51306	30	60	21	32	60	1
51107	35	52	12	37	52	0. 6	51307	35	68	24	37	68	1
51108	40	60	13	42	60	0. 6	51308	40	78	26	42	78	1
51109	45	65	14	47	65	0. 6	51309	45	85	28	47	85	1
51110	50	70	14	52	70	0. 6	51310	50	95	31	52	95	1. 1
51111	55	78	16	57	78	0. 6	51311	55	105	35	57	105	1. 1
51112	60	85	17	62	85	1	51312	60	110	35	62	110	1. 1
51113	65	90	18	67	90	1	51313	65	115	36	67	115	1. 1
51114	70	95	18	72	95	1	51314	70	125	40	72	125	1. 1
51115	75	100	19	77	100	1	51315	75	135	44	77	135	1. 5
51116	80	105	19	82	105	1	51316	80	140	44	82	140	1. 5
51117	85	110	19	87	110	1	51317	85	150	49	88	150	1. 5
51118	90	120	22	97	120	1	51318	90	155	50	93	155	1. 5
51120	100	135	25	102	135	1	51320	100	170	55	103	170	1. 5
12 系列							14 系列						
51204	20	40	14	22	40	6	51405	25	60	24	27	60	1
51205	25	47	15	27	47	0. 6	51406	30	70	28	32	70	1
51206	30	52	16	32	52	0. 6	51407	35	80	32	37	80	1. 1
51207	35	62	18	37	62	1	51408	40	90	36	42	90	1. 1
51208	40	68	19	42	68	1	51409	45	100	39	47	100	1. 1
51209	45	73	20	47	73	1	51410	50	110	43	52	110	1. 5
51210	50	78	22	52	78	1	51411	55	120	48	57	120	1. 5
51211	55	90	25	57	90	1	51412	60	130	51	62	130	1. 5
51212	60	95	26	62	95	1	51413	65	140	56	68	140	2
51213	65	100	27	67	100	1	51414	70	150	60	73	150	2
51214	70	105	27	72	105	1	51415	75	160	65	78	160	2

续表

轴承代号	外形尺寸						轴承代号	外形尺寸					
	d	D	T	$D_{1s,min}$	$d_{1s,max}$	$r_{s,min}$		d	D	T	$D_{1s,min}$	$d_{1s,max}$	$r_{s,min}$
51215	75	110	27	77	110	1	51416	80	170	68	83	170	2. 1
51216	80	115	28	82	115	1	51417	85	180	72	88	177	2. 1
51217	85	125	31	88	125	1	51418	90	190	77	93	187	2. 1
51218	90	135	35	93	135	1. 1	51420	100	210	85	103	205	3
51220	100	150	38	103	150	1. 1	51422	110	230	95	113	225	3

注：1. 对应的最大倒角尺寸规定在 GB/T 274—2000 中。

2. 表中未列入的轴承代号及其他系列尺寸，可查阅相关标准。

四、极限与配合

附表 27　公差等级应用举例

公差等级	应用条件说明	应用举例
IT01	用于特别精密的尺寸传递基准	特别精密的标准量块
IT0	用于特别精密的尺寸传递基准及宇航设备中特别重要的极个别精密配合尺寸	特别精密的标准量块；个别特别重要的精密机件尺寸；校验 IT6 级轴用量规的校对量规
IT1	用于精密的尺寸传递基准、高精密测量工具、特别重要的极个别精密配合尺寸	高精密标准量规；校验 IT7～IT9 级轴用量规的校对量规；个别特别重要的精密机件
IT2	用于高精密的测量工具、特别重要的精密配合尺寸	校验 IT6、IT7 级工件用量规的尺寸制造公差；校验 IT8～IT11 级轴用量规的校对量规；个别特别重要的精密机械零件
IT3	用于精密测量工具、小尺寸零件的高精度精密配合及与 4 级滚动轴承配合的轴径和外壳孔径	校验 IT8～IT11 级工件用量规和校验 IT9～IT13 级轴用量规的校对量规；与特别精密的 4 级滚动轴承内环孔(≤ϕ100)相配合的机床主轴、精密机械和高速机械的轴径；与 4 级向心球轴承外环外径相配合的外壳孔径；航空工业及航海工业中导航仪器上特别精密的个别小尺寸零件的精密配合
IT4	用于精密测量工具、高精度的精密配合和 4 级、5 级滚动轴承配合的轴径和外壳孔径	校验 IT9～IT12 级工件用量规和校验 IT12～IT14 轴用量规的校对量规；与 4 级轴承孔(>ϕ100)或与 5 级轴承孔相配合的机床主轴、精密机械及高速机械的轴径；与 4 级轴承相配合的机床外壳孔；采油机活塞销及活塞销座孔径；高精度(1～4 级)齿轮的基准孔或轴径；航空及航海工业用仪器中特殊精密的孔径

续表

公差等级	应用条件说明	应用举例
IT5	用于机床、发动机和仪表中特别重要的配合，在配合公差要求很小、形状精度要求很高的条件下，这类公差等级能使配合较为稳定，它对加工要求较高，一般机械制造中较少应用	检验 IT11～IT14 级工件用量规和校验 IT14～IT15 级轴用量规的校对量规；与 5 级滚动轴承相配合的机床箱体孔；与 6 级滚动轴承孔相配合的机床主轴、精密机械及高速机械的轴径；机床尾架套筒，高精度分度盘轴径；分度头轴径、精密丝杠基准轴径；高精度镗套的外径；发动机中主轴的外径，活塞销外径与活塞的配合；精密仪器中轴与各种传动件轴承的配合；航空、航海工业用表中重要精密孔的配合；5 级精度齿轮的基准孔及 5 级、6 级精度齿轮的基准孔
IT6	广泛用于机械制造中的重要配合，配合表面有较高均匀性的要求，能保证相当高的配合性质，使用可靠	检验 IT12～IT15 级工件用量规和校验 IT15、IT16 级轴用量规的校对量规；与 6 级滚动轴承相配合的外壳孔及与滚动轴承相配合的机床主轴轴径；机床制造者，装配式青铜蜗轮、轮壳外径安装齿轮、蜗轮、联轴器、皮带轮、凸轮的轴径；机床丝杠支承轴径、矩形花键的定下心直径、摇臂钻床的立柱等；机床教具的导向件外径；精密仪器、光学仪器、计量仪器和航空、航海仪器仪表中的精密轴；无线电工业、自动化仪表、电子仪器中特别重要的轴；导航仪器中主罗经的方位轴、微电机轴、电子计算机外围设备中的重要尺寸；医疗器械中牙科直车头中心齿轴及 X 线机齿轮箱的精密轴等；缝纫机中重要轴类；发动机中气缸套外径、曲轴主轴径、活塞销、连杆衬套、连杆和轴瓦外径等；6 级精度齿轮的基准孔和 7、8 级精度齿轮的基准轴径，以及特别精密(1 级、2 级精度)齿轮的顶圆直径
IT7	应用条件与 IT6 相似，但精度比 IT6 稍低，在一般机械制造业中应用较普遍	校验 IT4～IT6 级工件用量规和校验 IT6 级轴用量规的校对量规；机床制造中装配式青铜蜗轮轮缘孔径、联轴器、皮带轮、凸轮的孔径、机床卡盘座孔、摇臂钻床的摇臂孔、车床丝杠的轴承孔等；机床夹头导向件的孔(如钻套、衬套、镗套等)；发动机中的连杆孔、活塞孔、铰制螺栓定位孔等；纺织机械中的重要零件；印染机械中要求较高的零件；精密仪器、光学仪器中精密配合的内孔；手表中的离合杆压簧等；导航仪中主罗经壳底座孔、方位支架孔；医疗器械中牙科直车头中心齿轮轴的轴承孔及 X 线机齿轮箱的转盘孔；计算机、电子仪器、仪表、自动化仪表中的重要内孔；缝纫机中的重要轴内孔零件；邮电机械中重要零件的内孔；7、8 级精度齿轮的基准孔和 9、10 级精度齿轮的基准轴

续表

公差等级	应用条件说明	应用举例
IT8	用于机械制造中，属中等精度；在仪器、仪表及钟表制造中，由于基本尺寸较小，因此属于高精度范畴；在配合确定性要求不太高时，是应用较多的一个等级。尤其是在农业机械、纺织机械、印染机械、缝纫机、医疗器械中应用最广	检验IT6级工件用量规，轴承座衬套沿宽度方向的尺寸配合；手表中跨齿轴、棘爪拨针轮与夹板的配合；无线电、仪表工业中的一般配合；电子仪器仪表中重要的内孔；计算机中变数齿轮孔和轴的配合；医疗器械中牙科车头钻头套的孔与车针柄部的配合；电机制造中铁芯与机座的配合；发动机活塞油环槽宽、连轴杆瓦内径、低精度(9~12级精度)齿轮的基准孔和11、12级精度齿轮的基准轴，6~8级精度齿轮的齿顶圆
IT9	应用条件与IT8相类似，但要求精度低于IT8	机床制造中轴套外径与孔，操纵杆与轴、空转皮带轮与轴、操纵系统的轴与轴承的配合；纺织机械、印刷机械中的一般配合；发动机中机油泵体内孔、气门导管内孔、飞轮与飞轮套、圈衬套、混合气预热阀轴、气缸盖孔径、活塞槽环的配合等；光学仪器、自动化仪表中的一般配合；手表中要求较高零件的未注公差尺寸的配合；单键连接中键宽配合；打字机中的运动件配合等
IT10	应用条件与IT9相类似，但要求精度低于IT9	电子仪器仪表中支架上的配合；导航仪器中绝缘衬套与汇电环衬套轴；打字机中铆合件的配合；闹钟机构中的中心管与前夹板；轴套与轴；手表中尺寸小于18 mm时要求一般的未注公差尺寸及大于18 mm要求较高的未注公差尺寸；发动机中油封挡圈孔与曲轴皮带轮毂
IT11	用于配合精度要求较粗糙，装配后可能有较大间隙，特别适用于要求间隙较大，且有显著变动而不会引起危险的场合	机床上法兰盘止口与孔、滑块与滑移齿轮、凹槽等；农业机械、机车车厢部件及冲压加工的配合零件；钟表制造中不重要的零件，手表制造用的工具及设备中的未注公差尺寸；纺织机械中较粗糙的活动配合；磨床制造中的螺纹连接及粗糙的动连接；不作测量基准用的齿轮齿顶圆直径公差
IT12	配合精度要求很粗糙，装配后有很大的间隙，适用于基本上无配合要求的场合或要求较高未注公差尺寸的极限偏差	非配合尺寸及工序间尺寸；发动机分离杆；手表制造中工艺装备未注公差尺寸；计算机行业切削加工中未注公差尺寸的极限偏差；医疗器械中手术刀柄的配合；机床制造中扳手孔与扳手座的连接
IT13	应用条件与IT12相类似，但要求精度低于IT12	非配合尺寸及工序间尺寸；计算机、打字机中切削加工零件及圆片孔、二孔中心距的未注公差
IT14	用于非配合尺寸及不包括在尺寸链中的尺寸	在机床、汽车、拖拉机、冶金矿山、石油化工、电机、电器、仪器、仪表、造船、航空、医疗器械、钟表、自行车、缝纫机、造纸与纺织机械等工业中对切削加工零件为主公差尺寸的极限偏差

续表

公差等级	应用条件说明	应用举例
IT15	用于非配合尺寸及不包括在尺寸链中的尺寸	冲压件、模铸造两件、重型机床制造，当尺寸大于 3 150 mm 时的未注公差尺寸
IT16	用于非配合尺寸及不包括在尺寸链中的尺寸	打字机中浇铸件尺寸；无线电制造中箱体外形尺寸；手术器械中的一般外形尺寸公差；压弯延伸加工用尺寸；纺织机械中木件尺寸公差；塑料零件尺寸公差
IT17	用于非配合尺寸及不包括在尺寸链中的尺寸	塑料成型尺寸公差；手术器械中的一般外形尺寸公差
IT18	用于非配合尺寸及不包括在尺寸链中的尺寸	冷轧、焊接尺寸公差

附表 28　标准公差数值(GB/T 1800. 2—2020)

公称尺寸/mm		标准公差等级																			
		IT01	IT0	IT1	IT2	IT3	IT4	IT5	IT6	IT7	IT8	IT9	IT10	IT11	IT12	IT13	IT14	IT15	IT16	IT17	IT18
大于	至	标准公差值																			
		μm													mm						
—	3	0. 3	0. 5	0. 8	1. 2	2	3	4	6	10	14	25	40	60	0. 1	0. 14	0. 25	0. 4	0. 6	1	1. 4
3	6	0. 4	0. 6	1	1. 5	2. 5	4	5	8	12	18	30	48	75	0. 12	0. 18	0. 3	0. 48	0. 75	1. 2	1. 8
6	10	0. 4	0. 6	1	1. 5	2. 5	4	6	9	15	22	36	58	90	0. 15	0. 22	0. 36	0. 58	0. 9	1. 5	2. 2
10	18	0. 5	0. 8	1. 2	2	3	5	8	11	18	27	43	70	110	0. 18	0. 27	0. 43	0. 7	1. 1	1. 8	2. 7
18	30	0. 6	1	1. 5	2. 5	4	6	9	13	21	33	52	84	130	0. 21	0. 33	0. 52	0. 84	1. 3	2. 1	3. 3
30	50	0. 6	1	1. 5	2. 5	4	7	11	16	25	39	62	100	160	0. 25	0. 39	0. 62	1	1. 6	2. 5	3. 9
50	80	0. 8	1. 2	2	3	5	8	13	19	30	46	74	120	190	0. 3	0. 46	0. 74	1. 2	1. 9	3	4. 6
80	120	1	1. 5	2. 5	4	6	10	15	22	35	54	87	140	220	0. 35	0. 54	0. 87	1. 4	2. 2	3. 5	5. 4
120	180	1. 2	2	3. 5	5	8	12	18	25	40	63	100	160	250	0. 4	0. 63	1	1. 6	2. 5	4	6. 3
180	250	2	3	4. 5	7	10	14	20	29	46	72	115	185	290	0. 46	0. 72	1. 15	1. 85	2. 9	4. 6	7. 2
250	315	2. 5	4	6	8	12	16	23	32	52	81	130	210	320	0. 52	0. 81	1. 3	2. 1	3. 2	5. 2	8. 1
315	400	3	5	7	9	13	18	25	36	57	89	140	230	360	0. 57	0. 89	1. 4	2. 3	3. 6	5. 7	8. 9
400	500	4	6	8	10	15	20	27	40	63	97	155	250	400	0. 63	0. 97	1. 55	2. 5	4	6. 3	9. 7
500	630			9	11	16	22	32	44	70	110	175	280	440	0. 7	1. 1	1. 75	2. 8	4. 4	7	11
630	800			10	13	18	25	36	50	80	125	200	320	500	0. 8	1. 25	2	3. 2	5	8	12. 5
800	1 000			11	15	21	28	40	56	90	140	230	360	560	0. 9	1. 4	2. 3	3. 6	5. 6	9	14
1 000	1 250			13	18	24	33	47	66	105	165	260	420	660	1. 05	1. 65	2. 6	4. 2	6. 6	10. 5	16. 5
1 250	1 600			15	21	29	39	55	78	125	195	310	500	780	1. 25	1. 95	3. 1	5	7. 8	12. 5	19. 5

续表

公称尺寸/mm		标准公差等级																			
		IT01	IT0	IT1	IT2	IT3	IT4	IT5	IT6	IT7	IT8	IT9	IT10	IT11	IT12	IT13	IT14	IT15	IT16	IT17	IT18
大于	至	标准公差值																			
		μm													mm						
1 600	2 000			18	25	35	46	65	92	150	230	370	600	920	1. 5	2. 3	3. 7	6	9. 2	15	23
2 000	2 500			22	30	41	55	78	110	175	280	440	700	1 100	1. 75	2. 8	4. 4	7	11	17. 5	28
2 500	3 150			26	36	50	68	96	135	210	330	540	860	1 350	2. 1	3. 3	5. 4	8. 6	13. 5	21	33

附表 29　孔的极限偏差数值(GB/T 1800.2—2020)

公称尺寸/mm		公差带/μm												
		C	D	F	G	H				K	N	P	S	U
大于	至	11	9	8	7	7	8	9	11	7	7	7	7	7
—	3	+120 +60	+45 +20	+20 +6	+12 +2	+10 0	+14 0	+25 0	+60 0	0 -10	-4 -14	-6 -16	-14 -24	-18 -28
3	6	+145 +70	+60 +30	+28 +10	+16 +4	+12 0	+18 0	+30 0	+75 0	+3 -9	-4 -16	-8 -20	-25 -17	-19 -31
6	10	+170 +80	+76 +40	+35 +13	+20 +5	+15 0	+22 0	+36 0	+90 0	+5 -10	-4 -19	-9 -24	-17 -32	-22 -37
10	18	+205 +95	+93 +50	+43 +16	+24 +6	+18 0	+27 0	+43 0	+110 0	+6 -12	-5 -23	-11 -29	-21 -39	-26 -44
18	24	+240 +110	+117 +65	+53 +20	+28 +7	+21 0	+33 0	+52 0	+130 0	+6 -15	-7 -28	-14 -35	-27 -48	-33 -54
24	30													-40 -61
30	40	+280 +120	+142 +80	+64 +25	+34 +9	+25 0	+39 0	+62 0	+160 0	+7 -18	-8 -33	-17 -42	-34 -59	-51 -76
40	50	+290 +130												-61 -86
50	65	+330 +140	+174 +100	+76 +30	+40 +10	+30 0	+46 0	+74 0	+190 0	+9 -21	-9 -39	-21 -51	-42 -72	-76 -106
65	80	+340 +150											-48 -78	-91 -121
80	100	+390 +170	+207 +120	+90 +36	+47 +12	+35 0	+54 0	+87 0	+220 0	+10 -25	-10 -45	-24 -59	-58 -93	-111 -146
100	120	+400 +180											-66 -101	-131 -166

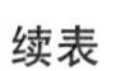

续表

公称尺寸/mm		公差带/μm												
		C	D	F	G	H				K	N	P	S	U
120	140	+450 +200											−77 −117	−155 −195
140	160	+460 +210	+245 +145	+106 +43	+54 +14	+40 0	+63 0	+100 0	+250 0	+12 −28	−12 −52	−28 −68	−85 −125	−175 −215
160	180	+480 +230											−93 −133	−195 −235
180	200	+530 +240											−105 −151	−219 −265
200	225	+550 +260	+285 +170	+122 +50	+61 +15	+46 0	+72 0	+115 0	+290 0	+13 −33	−14 −60	−33 −79	−113 −159	−241 −287
225	250	+570 +280											−123 −169	−267 −313
250	280	+620 +300	+320 +190	+137 +56	+69 +17	+52 0	+81 0	+130 0	+320 0	+16 −36	−14 −66	−36 −88	−138 −190	−295 −347
280	315	+650 +330											−150 −202	−330 −382
315	355	+720 +360	+350 +210	+151 +62	+75 +18	+57 0	+89 0	+140 0	+360 0	+17 −40	−16 −73	−41 −98	−169 −226	−369 −426
355	400	+760 +400											−187 −224	−414 −471
400	450	+840 +440	+385 +230	+165 +68	+83 +20	+63 0	+97 0	+155 0	+400 0	+18 −45	−17 −80	−45 −108	−209 −272	−467 −530
450	500	+880 +480											−229 −292	−517 −580

附表 30　轴的极限偏差数值(GB/T 1800.2—2020)

公称尺寸/mm		公差带/μm												
		c	d	f	g	h				k	n	p	s	u
大于	至	11	9	7	6	6	7	9	11	6	6	6	6	6
—	3	−60 −120	−20 −45	−6 −16	−2 −8	0 −6	0 −10	0 −25	0 −60	+6 0	+10 +4	+12 +6	+20 +14	+24 +18

续表

公称尺寸/mm		公差带/μm												
		c	d	f	g	h				k	n	p	s	u
3	6	-70 -145	-36 -60	-10 -22	-4 -12	0 -8	0 -12	0 -30	0 -75	+9 +1	+16 +8	+20 +12	+27 +19	+31 +23
6	10	-80 -170	-40 -76	-13 -28	-5 -14	0 -9	0 -15	0 -36	0 -90	+10 +1	+19 +10	+24 +15	+32 +23	+37 +28
10	18	-95 -205	-50 -93	-16 -34	-6 -17	0 -11	0 -18	0 -43	0 -110	+12 +1	+23 +12	+29 +18	+39 +28	+44 +33
18	24	-110 -240	-65 -117	-20 -41	-7 -20	0 -13	0 -21	0 -52	0 -130	+15 +2	+28 +15	+35 +22	+48 +35	+54 +41
24	30													+61 +48
30	40	-120 -280	-80 -142	-25 -50	-9 -25	0 16	0 -25	0 -62	0 -160	+18 +2	+33 +17	+42 +26	+59 +43	+76 +60
40	50	-130 -290												+86 +70
50	65	-140 -330	-100 -174	-30 -60	-10 -29	0 -19	0 -30	0 -74	0 -190	+21 +2	+39 +20	+51 +32	+72 +53	+106 +87
65	80	-150 -340											+78 +59	+121 +102
80	100	-170 -390	-120 -207	-36 -71	-12 -34	0 -22	0 -35	0 -87	0 -220	+25 +3	+45 +23	+59 +37	+93 +71	+146 +124
100	120	-180 -400											+101 +79	+166 +144
120	140	-200 -450	-145 -245	-43 -83	-14 -39	0 -25	0 -40	0 -100	0 -250	+28 +3	+52 +27	+68 +43	+117 +92	+195 +170
140	160	-210 -460											+125 +100	+215 +190
160	180	-230 -480											+133 +108	+235 +210

续表

公称尺寸/mm		公差带/μm												
		c	d	f	g	h				k	n	p	s	u
180	200	−240 −530	−170 −285	−50 −96	−15 −44	0 −29	0 −46	0 −115	0 −290	+33 +4	+60 +31	+79 +50	+151 +122	+265 +236
200	225	−260 −550											+159 +130	+287 +258
225	250	−280 −570											+169 +140	+313 +284
250	280	−300 −620	−190 −320	−56 −108	−17 −49	0 −32	0 −52	0 −130	0 −320	+36 +4	+66 +34	+88 +56	+190 +158	+347 +315
280	315	−330 −650											+202 +170	+382 +350
315	355	−360 −720	−210 −350	−62 −119	−18 −54	0 −36	0 −57	0 −140	0 −360	+40 +4	+73 +37	+98 +62	+226 +190	+426 +390
355	400	−400 −760											+244 +208	+471 +435
400	450	−440 −840	−230 −385	−68 −131	−20 −60	0 −40	0 −63	0 −155	0 −400	+45 +5	+80 +40	+108 +68	+272 +232	+530 +490
450	500	−480 −880											+292 +252	+580 +540

附表 31　优先配合选用说明

优先配合		说明
基孔制	基轴制	
$\frac{H11}{c11}$	$\frac{C11}{h11}$	间隙非常大，用于很松、转动很慢的动配合
$\frac{H9}{d9}$	$\frac{D9}{h9}$	间隙很大的自由转动配合，用于精度要求不高，或有大的温度变化，高转速或大的轴颈压力时
$\frac{H8}{f7}$	$\frac{F8}{h7}$	间隙不大的转动配合，用于中等转速与中等轴颈压力的精确转动，也用于装配较容易的中等定位配合
$\frac{H7}{g6}$	$\frac{G7}{h6}$	间隙很小的滑动配合，用于不希望自由转动，但可自由移动和滑动并精密定位时，也可用于要求明确的定位配合

续表

优先配合		说明
基孔制	基轴制	
$\frac{H7}{h6}$	$\frac{H7}{h6}$	均为间隙定位配合，零件可自由装拆，而工作时，一般相对静止不动，最小间隙为 0，最大间隙由公差等级决定
$\frac{H8}{h7}$	$\frac{H8}{h7}$	
$\frac{H9}{h9}$	$\frac{H9}{h9}$	
$\frac{H11}{h11}$	$\frac{H11}{h11}$	
$\frac{H7}{k6}$	$\frac{K7}{h6}$	过渡配合，用于精密定位
$\frac{H7}{n6}$	$\frac{N7}{h6}$	过渡配合，用于允许有较大过盈的更精密定位
$\frac{H7}{p6}$	$\frac{P7}{h6}$	过盈定位配合，即小过盈配合，用于定位精度特别重要时，能以最好的定位精度达到部件的刚性及对中性的要求
$\frac{H7}{s6}$	$\frac{S7}{h6}$	中等压入配合，适用于一般钢件，或用于薄壁件的冷缩配合，用于铸铁件可得到最紧的配合
$\frac{H7}{u6}$	$\frac{U7}{h6}$	压入配合，适用于可以承受高压人力的零件，或不宜承受大压入力的冷缩配合

五、几何公差

附表 32　直线度、平面度的公差值(GB/T 1184—1996)

图例：

主参数 L/mm	公差等级											
	1	2	3	4	5	6	7	8	9	10	11	12
	公差值/μm											
≤10	0.2	0.4	0.8	1.2	2	3	5	8	12	20	30	60
>10~16	0.25	0.5	1	1.5	2.5	4	6	10	15	25	40	60
>16~25	0.3	0.6	1.2	2	3	5	8	12	20	30	50	100

续表

主参数 L/mm	公差等级											
	1	2	3	4	5	6	7	8	9	10	11	12
	公差值/μm											
>25~40	0.4	0.8	1.5	2.5	4	6	10	15	25	40	60	120
>40~63	0.5	1	2	3	5	8	12	20	30	50	80	150
>63~100	0.6	1.2	2.5	4	6	10	15	25	40	60	100	200
>100~160	0.8	1.5	3	5	8	12	20	30	50	80	120	250
>160~250	1	2	4	6	10	15	25	40	60	100	150	300
>250~400	1.2	2.5	5	8	12	20	30	50	80	120	200	400
>400~630	1.5	3	6	10	15	25	40	60	100	150	250	500
>630~1 000	2	4	8	12	20	30	50	80	120	200	300	600
>1 000~1 600	2.5	5	10	15	25	40	60	100	150	250	400	800
>1 600~2 500	3	6	12	20	30	50	80	120	200	300	500	1 000
>2 500~4 000	4	8	15	25	40	60	100	150	250	400	500	1 200
>4 000~6 300	5	10	20	30	50	80	120	200	500	300	800	1 500
>6 300~10 000	6	12	25	40	60	100	150	250	400	600	1 000	2 000

附表 33　平行度、垂直度、倾斜度的公差值(GB/T 1184—1996)

图例：

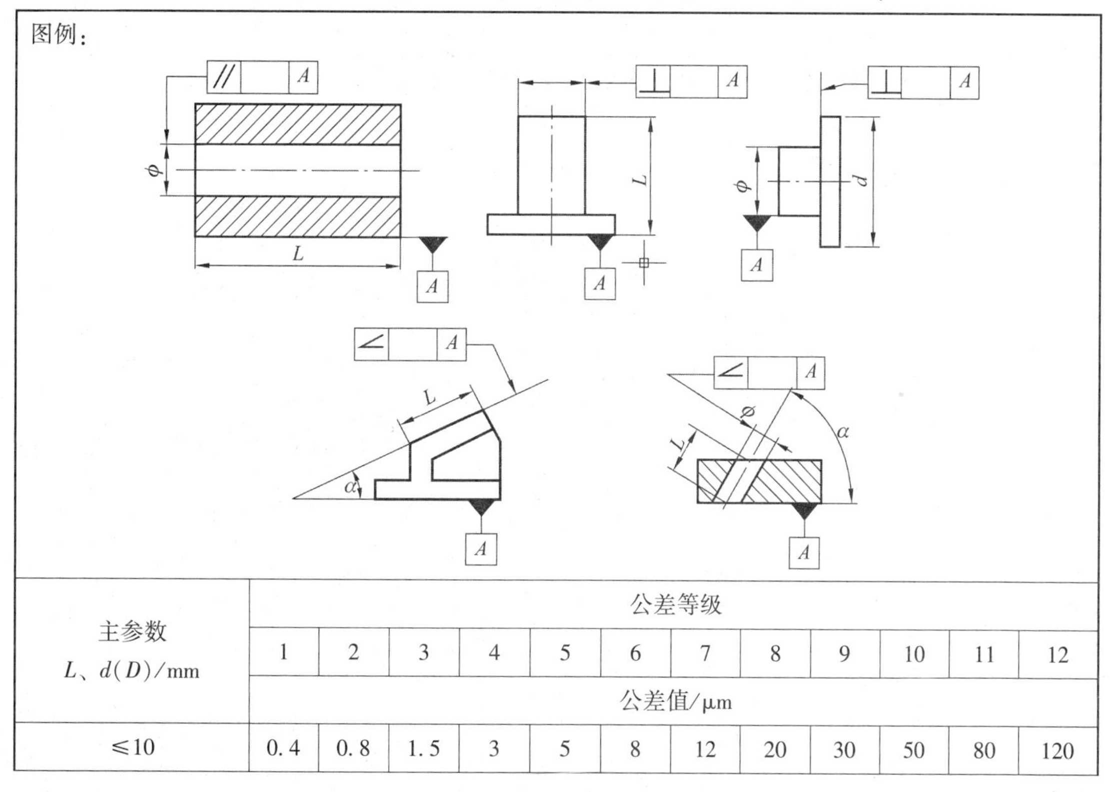

主参数 L、d(D)/mm	公差等级											
	1	2	3	4	5	6	7	8	9	10	11	12
	公差值/μm											
≤10	0.4	0.8	1.5	3	5	8	12	20	30	50	80	120

续表

主参数 L、d(D)/mm	公差等级											
	1	2	3	4	5	6	7	8	9	10	11	12
	公差值/μm											
>10~16	0. 5	1	2	4	6	10	15	25	40	60	100	150
>16~25	0. 6	1. 2	2. 5	5	8	12	20	30	50	80	120	200
>25~40	0. 8	1. 5	3	6	10	15	25	40	60	100	150	250
>40~63	1	2	4	8	12	20	30	50	80	120	200	300
>63~100	1. 2	2. 5	5	10	15	25	40	60	100	150	250	400
>100~160	1. 5	3	6	12	20	30	50	80	120	200	300	500
>160~250	2	4	8	15	25	40	60	100	150	2500	400	600
>250~400	2. 5	5	10	20	30	50	80	120	200	300	500	800
>400~630	3	6	12	25	40	60	100	150	250	400	600	1 000
>630~1 000	4	8	15	30	50	80	120	200	300	500	800	1 200
>1 000~1 600	5	10	20	40	60	100	150	250	400	600	1 000	1 500
>1 600~2 500	6	12	25	50	80	120	200	300	500	800	1 200	2 000
>2 500~4 000	8	15	30	60	100	150	250	400	600	1 000	1 500	2 500
>4 000~6 300	10	20	40	80	120	200	300	500	800	1 200	2 000	3 000
>6 300~10 000	12	25	50	100	150	250	400	600	1 000	1 500	2 500	4 000

附表 34　同轴度、对称度、圆跳动和全跳动的公差值(GB/T 1184—1996)

图例:

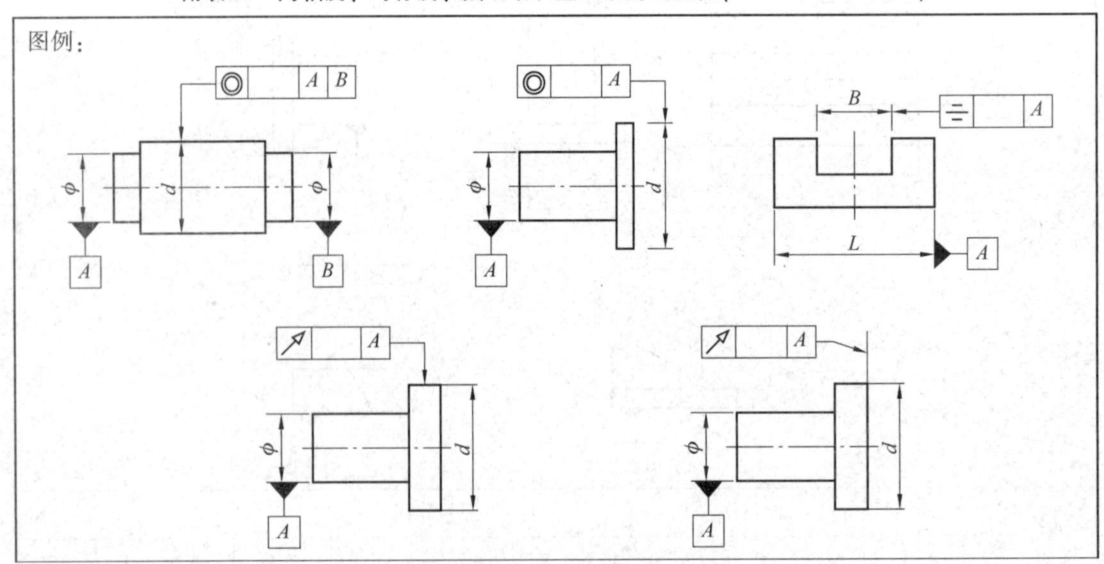

续表

主参数 $d(D)$、B、L/mm	公差等级											
	1	2	3	4	5	6	7	8	9	10	11	12
	公差值/μm											
≤1	0.4	0.6	1.0	1.5	2.5	4	6	10	15	25	40	60
>1~3	0.4	0.6	1.0	1.5	2.5	4	6	10	20	40	60	120
>3~6	0.5	0.8	1.2	2	3	5	8	12	25	50	80	150
>6~10	0.6	1	1.5	2.5	4	6	10	15	30	60	100	200
>10~18	0.8	1.2	2	3	5	8	12	20	40	80	120	250
>18~30	1	1.5	2.5	4	6	10	15	25	50	100	150	300
>30~50	1.2	2	3	5	8	12	20	30	60	120	200	300
>50~120	1.5	2.5	4	6	10	15	25	40	80	150	250	500
>120~250	2	3	5	8	12	20	30	50	100	200	300	600
>250~500	2.5	4	6	10	15	25	40	60	120	250	400	800
>500~800	3	5	8	12	20	30	50	80	150	300	500	1 000
>800~1 250	4	6	10	15	25	40	60	100	200	400	600	1 200
>1 250~2 000	5	8	12	20	30	50	80	120	250	500	800	1 500
>2 000~3 150	6	10	15	25	40	60	100	150	300	600	1 000	2 000
>3 150~5 000	8	12	20	30	50	80	120	200	400	800	1 200	2 500
>5 000~8 000	10	15	25	40	60	100	150	250	500	1 000	1 500	3 000
>8 000~10 000	12	2-	30	50	80	120	200	300	600	1 200	2 000	4 000

附表 35　圆度、圆柱度的公差值(GB/T 1184—1996)

图例：

主参数 $d(D)$/mm	公差等级												
	0	1	2	3	4	5	6	7	8	9	10	11	12
	公差值/μm												
≤3	0.1	0.2	0.3	0.5	0.8	1.2	2	3	4	6	10	14	25
>3~6	0.1	0.2	0.4	0.5	1	1.5	2.5	4	5	8	12	18	30
>6~10	0.12	0.25	0.4	0.6	1	1.5	2.5	4	6	9	15	22	36
>10~18	0.15	0.25	0.5	0.8	1.2	2	3	5	8	11	18	27	43

续表

主参数 $d(D)$/mm	公差等级												
	0	1	2	3	4	5	6	7	8	9	10	11	12
	公差值/μm												
>18~30	0.2	0.3	0.6	1	1.5	2.5	4	6	9	13	21	33	52
>30~50	0.25	0.4	0.8	1	1.5	2.5	4	7	11	16	25	39	62
>50~80	0.3	0.5	1	1.2	2	3	5	8	13	19	30	46	74
>80~120	0.4	0.6	1	1.5	2.5	4	6	10	15	22	35	54	87
>120~180	0.6	1	1.2	2	3.5	5	8	12	18	25	40	63	100
>180~250	0.8	1.2	1.5	3	4.5	7	10	14	20	29	46	72	115
>250~315	1	1.6	2	4	6	8	12	16	23	32	52	81	130
>315~400	1.2	2	3	5	7	9	13	18	25	36	57	89	140
>400~500	1.5	2.5	4	6	8	10	15	20	27	40	63	97	155

附表 36　位置度系数

μm

1	1.2	1.5	2	2.5	3	4	5	6	8
1×10^n	1.2×10^n	1.5×10^n	2×10^n	2.5×10^n	3×10^n	4×10^n	5×10^n	6×10^n	8×10^n

注：n 为正整数。

附表 37　直线度和平面度公差常用等级应用举例

公差等级	应用举例
5	1 级平板，2 级宽平尺，平面磨床的纵导轨、迟滞导轨、立柱导轨及工作台，液压龙门刨床和六角车床床身导轨，柴油机进气、排气阀门导轨
6	普通机床导轨面，如卧式车床、龙门刨床、滚齿机、自动车床等的床身导轨、立柱导轨，柴油机壳体
7	2 级平板，机床主轴箱、摇臂钻床座和工作台，镗床工作台，液压泵盖，减速器壳体结合面
8	机床传动箱体，交换齿轮箱体，车床溜板箱体，柴油机气缸体，连杆分离面，缸盖结合面，汽车发动机缸盖、曲轴箱结合面，液压管件和法兰连接面
9	3 级平板，自动车床床身底面，摩托车轴箱体，汽车变速器壳体，手动机械的支承面

附表 38　圆度和圆柱度公差常用等级应用举例

公差等级	应用举例
5	一般计量仪器主轴、测杆外圆柱面，陀螺仪轴颈，一般机床主轴轴颈及主轴轴承孔，柴油机、汽油机活塞销、活塞销、与 6 级滚动轴承配合的轴径
6	仪表端盖外圆柱面，一般机床主轴及箱体孔，泵，压缩机的活塞、气缸，汽车发动机凸轮轴，减速器轴颈，高速船用柴油机、拖拉机曲轴主轴颈，与 6 级滚动轴承配合的外壳孔，与 0 级滚动轴承配合的轴颈

续表

公差等级	应用举例
7	大功率低速柴油机曲轴轴颈、活塞、活塞销、连杆、气缸，高速柴油机箱体轴承孔，千斤顶或压力液压缸活塞，汽车传动轴，水泵及通用减速器轴颈，与0级滚动轴承配合的外壳体
8	低速发动机、减速器，大功率曲柄轴轴颈，拖拉机气缸体、活塞，印刷机传墨辊，内燃机曲轴，柴油机机体孔、凸轮轴，拖拉机、小型船用柴油机气缸套等
9	空气压缩机缸体，液压传动筒，通用机械杠杆与拉杆用套筒销子，拖拉机活塞环、套筒孔等

附表 39 平面度、垂直度公差常用等级应用举例

公差等级	面对面平行度应用举例	面对线、线对线平行度应用举例	垂直度应用举例
4，5	普通机床，测量仪器，量具的基准面和工作面，高精度轴承座圈，端盖，挡圈的端面等	机床主轴孔对基准面，重要轴承孔对基准面，主轴箱体重要孔之间，齿轮泵的端面等	普通机床导轨，精密机床重要零件，机床重要支承面，普通机床主轴偏摆，测量仪器，刀具，量具，液压传动轴瓦端面，刀具、量具的工作面和基准面等
6，7，8	一般机床零件的工作面和基准面，一般刀具、量具、夹具等	机床一般轴承孔对基准面，床头箱一般孔之间，主轴花键对定心直径，刀具、量具、模具等	普通精密机床主要基准面，回转工作台端面，一般导轨，主轴箱体孔、刀架、砂轮架及工作台回转中心，一般轴肩对其轴线等
9，10	低精度零件，重型机械滚动轴承端盖等	柴油机和燃气发动机的曲轴孔、轴颈等	花键轴轴肩端面，带式运输机法兰盘端面、轴线，手动卷扬机及传动装置中轴承端面，减速器壳体平面等

附表 40 同轴度、对称度和跳动公差常用等级应用举例

公差等级	应用举例
5，6，7	应用范围较广的公差等级。用于几何精度要求较高、尺寸公差等级为IT8及高于IT8的零件。5级常用于机床主轴轴颈、计量仪器的测杆、汽轮机主轴、柱塞油泵转子、高精度滚动轴承外圈及一般精度滚动轴承内圈；6、7级用于内燃机曲轴、凸轮轴轴颈、齿轮轴、水泵轴、汽车后轮输出轴，电机转子、印刷机传墨辊的轴颈、键槽等
8，9	常用于几何精度要求不高、尺寸公差等级为IT9~IT11的零件。8级用于拖拉机发动机分配轴轴颈、与9级精度以下齿轮相配的轴、水泵叶轮、离心泵体、棉花精梳机前后滚子、键槽等；9级用于内燃机气缸套配合面、自行车中轴等

六、粗糙度

附表 41　轴和孔的表面粗糙度参数推荐值

<table>
<tr><td colspan="3">应用场合</td><td colspan="6">Ra/μm</td></tr>
<tr><td rowspan="10">经常拆装零件的配合表面(如挂轮、滚刀等)</td><td rowspan="2">公差等级</td><td rowspan="2">表面</td><td colspan="6">基本尺寸/mm</td></tr>
<tr><td colspan="3">≤50</td><td colspan="3">50~500</td></tr>
<tr><td rowspan="2">IT5</td><td>轴</td><td colspan="3">≤0.2</td><td colspan="3">≤0.4</td></tr>
<tr><td>孔</td><td colspan="3">≤0.4</td><td colspan="3">≤0.8</td></tr>
<tr><td rowspan="2">IT6</td><td>轴</td><td colspan="3">≤0.4</td><td colspan="3">≤0.8</td></tr>
<tr><td>孔</td><td colspan="3">≤0.8</td><td colspan="3">≤1.6</td></tr>
<tr><td rowspan="2">IT7</td><td>轴</td><td colspan="3" rowspan="2">≤0.8</td><td colspan="3" rowspan="2">≤1.6</td></tr>
<tr><td>孔</td></tr>
<tr><td rowspan="2">IT8</td><td>轴</td><td colspan="3">≤0.8</td><td colspan="3">≤1.6</td></tr>
<tr><td>孔</td><td colspan="3">≤1.6</td><td colspan="3">≤3.2</td></tr>
<tr><td rowspan="10">过盈配合的配合表面：用压力机装配，用热孔法装配</td><td rowspan="2">公差等级</td><td rowspan="2">表面</td><td colspan="6">基本尺寸/mm</td></tr>
<tr><td colspan="2">≤50</td><td colspan="2">>50~120</td><td colspan="2">>120~500</td></tr>
<tr><td rowspan="2">IT5</td><td>轴</td><td colspan="2">≤0.2</td><td colspan="2">≤0.4</td><td colspan="2">≤0.4</td></tr>
<tr><td>孔</td><td colspan="2">≤0.4</td><td colspan="2">≤0.8</td><td colspan="2">≤0.8</td></tr>
<tr><td rowspan="2">IT6~IT7</td><td>轴</td><td colspan="2">≤0.4</td><td colspan="2">≤0.8</td><td colspan="2">≤1.6</td></tr>
<tr><td>孔</td><td colspan="2">≤0.8</td><td colspan="2">≤1.6</td><td colspan="2">≤1.6</td></tr>
<tr><td rowspan="2">IT8</td><td>轴</td><td colspan="2">≤0.8</td><td colspan="2">≤1.6</td><td colspan="2">≤3.2</td></tr>
<tr><td>孔</td><td colspan="2">≤1.6</td><td colspan="2">≤3.2</td><td colspan="2">≤3.2</td></tr>
<tr><td rowspan="2">IT9</td><td>轴</td><td colspan="2">≤1.6</td><td colspan="2">≤3.2</td><td colspan="2">≤3.2</td></tr>
<tr><td>孔</td><td colspan="2">≤3.2</td><td colspan="2">≤3.2</td><td colspan="2">≤3.2</td></tr>
<tr><td rowspan="6">滚动轴承的配合表面</td><td rowspan="2">公差等级</td><td rowspan="2">表面</td><td colspan="6">基本尺寸/mm</td></tr>
<tr><td colspan="2">≤50</td><td colspan="2">>50~120</td><td colspan="2">>120~500</td></tr>
<tr><td rowspan="2">IT6~IT9</td><td>轴</td><td colspan="6">≤0.8</td></tr>
<tr><td>孔</td><td colspan="6">≤1.6</td></tr>
<tr><td rowspan="2">IT10~IT12</td><td>轴</td><td colspan="6">≤1.6</td></tr>
<tr><td>孔</td><td colspan="6">≤3.2</td></tr>
<tr><td rowspan="4">精密定心零件的配合表面</td><td rowspan="2">公差等级</td><td rowspan="2">表面</td><td colspan="6">径向跳动公差/μm</td></tr>
<tr><td>2.5</td><td>4</td><td>6</td><td>10</td><td>16</td><td>25</td></tr>
<tr><td rowspan="2">IT5~IT8</td><td>轴</td><td>≤0.05</td><td>≤0.1</td><td>≤0.1</td><td>≤0.2</td><td>≤0.4</td><td>≤0.8</td></tr>
<tr><td>孔</td><td>≤0.1</td><td>≤0.2</td><td>≤0.2</td><td>≤0.4</td><td>≤0.8</td><td>≤1.6</td></tr>
</table>

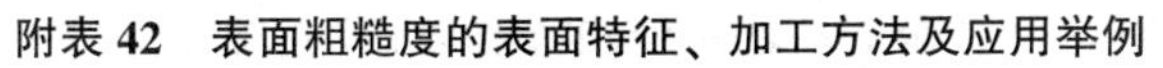

附表 42　表面粗糙度的表面特征、加工方法及应用举例

表面微观特性		Ra/μm	Rz/μm	加工方法	应用举例
粗糙表面	微见刀痕	≤20	≤80	粗车、粗刨、粗铣钻、毛锉、锯断	半成品粗加工过的表面，非配合的加工表面，如端面、倒角、钻孔、齿轮或带轮侧面、键槽底面、垫圈接触面等
半光表面	可见加工痕迹	≤10	≤40	车、刨、铣、镗、钻、粗铰	轴上不安装轴承、齿轮处的非配合表面，紧固件的自由装配表面，轴和孔的退刀槽等
	微见加工痕迹	≤5	≤20	车、刨、铣、镗、磨、拉、粗刮、滚压	半精加工表面，箱体、支架、盖面、套筒等其他零件结合而无配合要求的表面，需要法兰的表面等
	看不清加工痕迹	≤2.5	≤10	车、刨、铣、镗、磨、拉、刮、滚压、铣齿	接近于精加工表面，箱体上安装轴承的镗孔表面，箱体的工作面
光表面	可辨加工痕迹方向	≤1.25	≤6.3	车、镗、磨、拉、精铰、磨齿、滚、压	圆柱销、圆锥销，与滚动轴承配合的表面，卧式车床导轨面，内、外花键定心表面等
	微辨加工痕迹方向	≤0.63	≤3.2	精铰、精镗、磨、滚压	要求配合性质稳定的匹配和表面，工作时受交变应力的重要零件，较高精度车床的导轨面
	难辨加工痕迹方向	≤0.32	≤1.6	精磨、珩磨、研磨	精密机床主轴锥孔、顶尖圆锥面，发动机曲轴、凸轮轴工作表面，高精度齿轮齿面
极光表面	暗光泽面	≤0.16	≤0.8	精磨、研磨、普通抛光	精密机床主轴颈表面，一般量规工作表面，气缸套内表面，活塞销表面等
	亮光泽面	≤0.08	≤0.4	超精磨、精抛光、镜面磨削	精密机床主轴颈表面，滚动轴承的滚珠，高压油泵中柱塞和柱塞配合的表面
	镜状光泽表面	≤0.04	≤0.2		
	镜面	≤0.01	≤0.05	镜面磨削、超精研	高精度量仪、量块的工作表面，光学仪器中的金属镜面

附表 43　表面粗糙度参数值的适用表面

Ra/μm	适用的零件表面
12.5	粗加工非配合表面。如轴端面、倒角、钻孔、键槽非工作表面、垫圈接触面、不重要的安装支承面、螺钉、铆钉孔等表面
6.3	半精加工表面。用于不重要零件的非配合表面，如支柱、轴、支架、外壳、衬套、盖等的端面；螺钉、螺栓和螺母的自由表面；不要求定心和配合特性的表面，如螺栓孔、螺钉通孔、铆钉孔等；飞轮、带轮、离合器、联轴节、凸轮、偏心轮的侧面；平键及键槽上下面，花键非定心表面，齿顶圆表面；所有轴和孔的退刀槽；不重要的连接配合表面；犁铧、犁侧板、深耕铲等零件的摩擦工作面；插秧爪面等
3.2	半精加工表面。外壳、箱体、盖、套筒、支架等和其他零件连接面而不形成配合的表面；不重要的紧固螺纹表面，非传动用梯形螺纹、锯齿形螺纹表面；燕尾槽表面；键和键槽的工作面；需要发蓝的表面；需要滚花的预加工表面；低速滑动轴承和轴的摩擦表面；张紧链轮、导向滚轮与轴的配合表面；滑块及导向面(速度 20~50 m/min)；收割机械切割器的摩擦器动刀片、压力片的摩擦面；脱粒机隔板工作表面等
1.6	要求有定心及配合特性的固定支承、衬套、轴承和定位销的压入孔表面；不要求定心及配合特性的活动支撑面，活动关节及花键结合面；8 级齿轮的齿面，齿条齿面；传动螺纹工作面；低速传动的轴颈；楔形键及键槽上、下面；轴承盖凸肩(对中心用)，V 带轮槽表面，电镀前金属表面等
0.8	要求保证定心及配合特性的表面。锥销和圆锥销表面；与 G 和 E 滚动轴承相配合的孔和轴颈表面；中速转动的轴颈；过盈配合孔 IT7，间隙配合孔 IT8，花键定心表面，滑动导轨面
0.4	不要求保证定心及配合的活动支承面；高精度的活动球状接头表面；支承垫圈、榨油机螺旋轧辊表面等
0.2	要求能长期保持配合特性的孔(IT6、IT5)，6 级精度齿轮齿面，蜗杆齿面(6~7 级)，与 D 级滚动轴承配合的孔和轴颈表面；要求保证定心及配合特性的表面；滚动轴承轴瓦工作表面；分度盘表面；工作时受交变应力的重要表面；受力螺栓的圆柱表面，曲轴和凸轮轴工作表面，发动机气门圆锥面，与橡胶油封相配合的表面等
0.1	工作时受较大交变应力的重要零件表面；保证疲劳强度、防腐蚀性及在活动接头工作中耐久性的一些表面；精密机床主轴箱与套筒配合的孔；活塞销的表面；液压传动用孔的表面、阀的工作表面，气缸内表面，保证精确定心的椎体表面；仪器中承受摩擦的表面，如导轨、槽面等
0.05	滚动轴承套圈滚道、滚珠及滚柱表面，摩擦离合器的摩擦表面，工作量规的测量表面，精密刻度盘表面，精密机床主轴套筒外圆面等
0.025	特别精密的滚动轴承套圈滚道、滚珠及滚柱表面；量仪中较高精度间隙配合零件的工作表面；柴油机高压泵中柱塞副的配合表面；保证高度气密的接合表面等
0.012	一起的测量面；量仪中高精度间隙配合零件的工作表面；尺寸超过 100 mm 的工作表面等

附录 B

附表 44 AutoCAD 常用功能

序号	快捷键	快捷键说明	序号	快捷键	快捷键说明
1	F1	获取帮助	7	F7	栅格显示控制
2	F2	实现作图窗和文本窗口切换	8	F8	正交模式控制
3	F3	控制是否实现对象自动捕捉	9	F9	捕捉模式控制
4	F4	三维对象捕捉控制	10	F10	极轴追踪控制
5	F5	等轴测平面切换	11	F11	对象追踪控制
6	F6	控制状态行上坐标的显示方式	12	F12	动态输入控制

附表 45 AutoCAD 绘图命令

序号	快捷键	快捷键说明	序号	快捷键	快捷键说明
1	PO	Point(点)	11	DO	Donut(圆环)
2	L	Line(直线)	12	EL	Ellipse(椭圆)
3	XL	Xline(射线)	13	REG	Region(面域)
4	PL	Pline(多段线)	14	MT	Mtext(多行文字)
5	ML	Mline(多线)	15	T	Text(文字)
6	SPL	Spline(样条曲线)	16	B	Block(块定义)
7	POL	Polyfon(正多边形)	17	I	Insert(插入块)
8	REC	Rectangle(矩形)	18	W	Wblock(定义块文件)
9	C	Circle(圆)	19	DIV	Divide(等分)
10	A	Arc(圆弧)	20	H	Bhatch(填充)

附表 46 AutoCAD 修改命令

序号	快捷键	快捷键说明	序号	快捷键	快捷键说明
1	CO	Copy(复制)	10	EX	Extend(延伸)
2	MI	Mirror(镜像)	11	S	Stretch(拉伸)
3	AR	Array(阵列)	12	LEN	Lengthen(直线拉长)
4	O	Offset(偏移)	13	SC	Scale(比例缩放)
5	RO	Rotate(旋转)	14	BR	Break(打断)
6	M	Move(移动)	15	CHA	Chamfer(倒角)
7	E 或 XDEL	Erase(删除)	16	F	Fillet(倒圆角)
8	X	Explode(分解)	17	PE	Pedit(多段线编辑)
9	TR	Trim(修剪)	18	ED	Edit(修改文本)

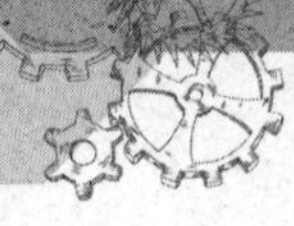

附表 47 AutoCAD 尺寸标注命令

序号	快捷键	快捷键说明	序号	快捷键	快捷键说明
1	DLI	Dimlinear(直线标注)	8	TOL	Tolerance(标注形位公差)
2	DAL	Dimaligned(对齐标注)	9	LE	Qleader(快速引出标注)
3	DRA	Dimradius(半径标注)	10	DBA	Dimbaseline(基线标注)
4	DDI	Dimdiameter(直径标注)	11	DCO	Dimcontinue(连续标注)
5	DAN	Dimangular(角度标注)	12	D	Dimsttle(标注样式)
6	DCE	Dimcenter(中心标注)	13	DED	Dimedit(编辑标注)
7	DOR	Dimordinate(点标注)	14	DOV	Dimoverride(替换标注系统变量)

附表 48 AutoCAD 常用 Ctrl 快捷键

序号	快捷键	快捷键说明	序号	快捷键	快捷键说明
1	Ctrl+1	Properties(修改特性)	9	Ctrl+C	Copyclip(复制)
2	Ctrl+2	Adcenter(设计中心)	10	Ctrl+V	Pasteclip(粘贴)
3	Ctrl+O	Open(打开文件)	11	Ctrl+B	Snap(栅格捕捉)
4	Ctrl+N 或 Ctrl+M	New(新建文件)	12	Ctrl+F	Osnap(对象捕捉)
5	Ctrl+P	Print(打印文件)	13	Ctrl+G	Grid(栅格)
6	Ctrl+S	Save(保存文件)	14	Ctrl+L	Ortho(正交)
7	Ctrl+Z	Undo(放弃)	15	Ctrl+W	Tracking(对象追踪)
8	Ctrl+X	Cutclip(剪切)	16	Ctrl+U	Polar(极轴)

参 考 文 献

[1]张贺，郭维城. 工程制图与 3D 建模[M]. 北京：北京理工大学出版社，2021.

[2]高红，李彪，张陈. AutoCAD 上机指导与项目实训[M]. 北京：中国电力出版社，2013.

[3]高红，张贺. 机械零部件测绘[M]. 2 版. 北京：中国电力出版社，2012.

[4]李国东. 零部件测绘与 CAD 制图实训[M]. 北京：机械工业出版社，2019.

[5]裴承慧，刘志刚. 机械制图测绘实训[M]. 北京：机械工业出版社，2017.

[6]大连理工大学工程图学教研室. 机械制图[M]. 7 版. 北京：高等教育出版社，2013.

[7]郑雪梅. 机械制图与典型零部件测绘[M]. 2 版. 北京：电子工业出版社，2020.

[8]CAD 辅助设计教育研究室. AutoCAD 2014 实用教程[M]. 北京：人民邮电出版社，2015.

[9]庄竞. AutoCAD 基础与实训教程[M]. 3 版. 北京：化学工业出版社，2017.

[10]闻邦椿. 机械设计手册[M]. 6 版. 北京：机械工业出版社，2018.